초보 탐조기

- 초보 탐조인이 전하는 처음 삼 년 이야기 -

초보 탐조기

초판 1쇄 발행일 2024년 9월 24일

지은이 우재욱

펴낸이 이선희

펴낸곳 팥배나무 **출판등록일** 2024년 6월 20일 **등록번호** 제 2024-34호

주소 서울시동대문구전농로16길 51, 102동 404호(전농동)

전화 (02) 2245-7953   **이메일** patbae70@naver.com

ISBN 979-11-988475-0-8 (03470)

ⓒ 우재욱, 2024

* 이책의 전부 또는 일부 내용을 재사용하려면 사전에 저작권자와 팥배나무의 동의를 받아야 합니다.

* 잘못된 책은 구입하신 곳에서 바꾸어 드립니다.

탐조

나뭇가지에 앉은 박새 한 마리를 본다.
수많은 곤충이 그 가지에 앉아 있다.
무수한 꽃이 피어 알알이 열매로
그 나무에 달려 있다.

박새 한 마리를 본다는 것은
수많은 생명 앞에 서는 일
그 생명의 합창을 듣는 일

사람들의 경이로운 이 버릇이
영원히 이어지기를
박새가 앉았던 나무도
다른 나무와 어깨동무하며
나날이 무성해지기를

들어가는 글

　탐조는 새를 만나고 관찰하는 행위이다. 우리나라에서는 탐조가 아직 생소하고 저변이 넓지 않지만, 미국이나 영국 같은 서구에서는 많은 사람이 즐기는 중요 취미이다. 나는 이 책에 탐조를 시작한 후 3년간의 경험을 스케치하듯 담았다. 무슨 일이든 처음 시작했을 때가 어설프지만 가장 인상 깊게 기억된다. 앞으로의 탐조에 밑바탕이 되는 소중한 이 시기를 기록하고 공유하고 싶었다. 이 책은 새의 생태를 관찰한 내용도 담았지만, 탐조라는 경험에 더 초점을 두었다. 새는 종류가 많고 행동도 다양하다. 그러한 새의 생태를 깊이 다루는 일은 전문적인 일인데, 초보자인 나의 식견으로는 적절하지 않다. 차라리 폭이 좁지만, 한 개인의 초기 탐조 경험을 공유하려 한다.
　책을 쓰며 나와 같은 탐조 초보자나 이제 막 탐조에 관심을 둔 사람을 우선 염두에 두었다. 초보에겐 고수의 조언이 필요하지만, 얼마 전에 시작한 사람의 경험도 도움이 된다고 보았다. 같은 초보이기에 공감될 부분이 있으리라 본다. 이 책에는 탐조 초보 시기에 경험한 일과 관찰한 새의 생태를 담았다. 자료 조사하거나 귀동냥으로 들은 토막지식과 탐조 노하우도 함께 적었다. 탐조 초보자에게 도움이 되었으면 하는 바람이다. 그리고 나의 경험은 이렇게 탐조한 이도 있구나 하고 참고만 해주길 바란다. 독자의 경험은 이 책의 내용과 교집합도 있겠지만 다른 부분도 많을 것이다. 탐조인은 각자의 독특한 경험을 하기 때문이다.
　탐조를 상당 기간 한 사람에게는 처음의 시간을 떠올리는 읽을거리가 되었으면 한다. 초보의 부족한 경험과 생각이니 너른 이해를 구한다. 과학적인 규명에 이르지 못한 한정된 관찰의 기술과 유추도 있다. 그런 부분에 오류가 있다면 어떤 경로로든 조언을 준다면 정말 감사하겠다.

이 책은 크게 네 가지 내용으로 구성되었다. 1장어는 탐조를 시작하게 된 과정을 적고, 탐조하는 데 도움이 되는 여러 기법을 담았다. 다른 탐조인과 함께 하기, 일과로 가까운 곳부터 탐조하기, 종의 동정방법, 탐조장비와 도감 활용 등 실용성 있는 내용을 소개했다. 탐조가 가진 즐거움과 매력에 대해서도 적었다.

2장에는 동네에 사는 새를 관찰한 경험을 적었다. 내가 사는 아파트와 동네 뒷산의 새들을 관찰한 내용과 느낀 점을 적었다. 철 따라 피는 꽃처럼 순서대로 찾아오는 여러 새와 그 행동을 보면서 사계의 흐름을 느꼈다. 봄 여름에 짝을 맺고 새끼를 키워 독립시키고 가을 겨울에는 무리로 다니며 추위를 슬기롭게 넘기는 모습은 신기하면서도 경건했다.

3장에는 여러 다른 장소에서 새를 만난 경험을 적었다. 공원, 숲, 농촌, 하천, 습지, 갯벌, 섬 등 특성이 다른 장소에서 탐조한 내용이다. 다른 곳에 가면 다른 새를 만날 수 있어 동네새 탐조와는 다른 즐거움이 있었다. 새뿐 아니라 우리 국토를 만나는 느낌도 정말 좋았다.

4장에는 탐조 경험을 바탕으로 인간과 새의 공존에 관한 단상(斷想)을 적었다. 새와의 공존은 워낙 범위가 넓고 생각할 부분이 많다. 이 책에서는 내가 경험한 사례를 위주로 제한적으로 다루었다. 새들이 아파트에서 번식을 잘하게 인공새집을 설치하고, 물을 마시도록 논을 므방한 화분을 설치하는 등 나름 시도했던 일을 적었다. 그 외 새의 도시 내 이동통로 조성, 서식지 보전 등 새가 잘 살게 하는 데 고민이 필요한 주제를 다루었다. 유리창 충돌, 길고양이 문제, 이른바 유해조수로 불리는 새와의 관계 등 갈등 소재도 다루었다. 제한된 경험이지만 새와의 공존에 대해 생각할 거리를 제공하고 싶었다.

초보 탐조 과정은 즐거우면서 배움도 많고 왠지 위안받는 느낌이었다. 많은 사람이 이런 값진 경험을 같이했으면 하는 마음에 이 책을 탐조 초대장으로 보낸다. 그리고 나의 초보 탐조와 이 책을 쓰는 데 도움을 주었던 분들에게 고마움을 전하려 한다. 먼저 탐조를 먼 곳만이 아니라 사는 곳에서 일상으로 할 수 있음을 알려준 탐조책방 박임자 대표님에게 감사드린다. 탐조책방의 아파트탐조단 프로그램을 통해 탐조 전반을 접할 수 있었다. 그때 들은 여러 조언이 탐조를 알아가고 즐기는 데 많은 도움이 되었다. 서울의새 이진아 대표님과 권양희 선생님, 그 외 운영진들께도 감사드린다. 나는 특별할 정도로 새를 못 찾고 구분할 줄 몰랐다. 그들과 같이 탐조하고 배우면서 새를 찾아내고 알아보는 능력을 조금씩 늘려갈 수 있었다. 서울에 사는 새의 개체수를 꾸준히 모니터링하고, 시민들에게 탐조 현장교육을 재능 기부하는 그들의 모습은 정말 멋져 보였다. 개인적으로는 처음으로 북디자인을 해보았다. 부족한 많은 점을 바로잡아 주어, 책의 모양을 갖게 해준 서울의새 이혜진님에게도 고마움을 전한다. 그리고 늘 첫 번째 독자가 되어 원고에 대한 조언을 해주는 아내와 책을 낸 기쁨을 같이하려 한다.

차 례

들어가는 글 … 4

1장 탐조의 시작

1. 불현듯 탐조를 시작하다 … 12

어느 날 문득 찾아간 한강 / 아파트탐조단 / 산아래아파트 탐조 / 파랑새와의 만남 / 차원이 다른 평택 아파트 탐조

2. 탐조 방향을 잡다 … 21

혼자 그리고 함께 탐조하기 / 일과로 탐조하기 / 가까운 곳부터 탐조하기 / 종의 동정과 행동 관찰 / 탐조 장비는 쌍안경이 우선 / 그림도감과 사진도감, 작은 디지털카메라 / 스마트폰은 재간둥이 / 탐조의 매력 / 새의 매력

2장 동네새 탐조

1. 봄, 새소리의 향연 … 42

꽃처럼 순서대로 피는 새 / 뒷산과 아파트의 환경 / 소리탐조를 접하다 / 이 봉우리 저 봉우리 새소리 / 드러밍으로 사랑을 부르는 딱다구리 / 새소리는 다양하고 동정은 어렵다 / 새소리를 말로 옮겨 기억하기 / 뒷산 새들의 번식과 영역 활동 / 아파트의 다양한 텃새 / 아파트정원 내 새의 번식 / 검은이마직박구리와의 만남 / 개체수 모니터링 시작

2. 여름, 고요 속의 움직임 … 70

아기새 합창 / 매미소리가 새소리를 덮다 / 까치와 물까치의 텃새

/ 다시 만난 새와 처음 만난 새 / 여름 막바지 / 아파트 정원의 여름

/ 다른 곳 탐조 / 서울의새 모임

3. 가을, 열매를 찾아 동네로 오는 새 … 89

되지빠귀 떠나고 노랑지빠귀 오고 / 겨울을 준비하는 새

/ 감나무 까치밥 / 새에 대한 예의 / 해마다 다른 새

4. 겨울, 추위를 견디며 봄을 준비하는 새 … 102

뒷산 새들의 겨울나기 / 사랑을 시작하는 겨울새

/ 겨울에 찾아온 맹금류 / 아파트 새들의 겨울나기

/ 겨울에야 만난 새 / 눈 내리는 날 탐조

/ 일 년간 개체수 모니터링 결과

5. 불안한 봄 … 116

순서 없이 꽃이 피었던 봄 / 다른 생명에 대한 염려 / 기후변화의 위험

3장 다른 장소 탐조

1. 탐조지의 분류 … 122

2. 녹지 탐조 … 124

도시공원 / 수목원 / 고궁 / 왕릉 / 공동묘지 / 숲 / 농촌 마을

3. 습지 탐조 … 152

습지공원 / 하천 / 호수 / 논습지 / 늪 / 갯벌 / 섬 / 해안

4장 새와 함께 살기

1. 좋은 도시 서식지 만들기 … 220

한정된 종만 번성하는 도시 / 종의 수와 녹지와의 거리

/ 배봉산에서 북한산까지 도로 탐조 / 좋은 녹지를 만들고 연결하자

/ 옥상정원

2. 직박구리연못 투쟁기 … 228

　직박구리연못 / 장미 전정 참가 / 아파트대표회 발표
　/ 노랑어리연 화분과 논화분 설치 / 녹조와의 전쟁 / 가을 연못
　/ 다음 해 연못 / 논화분 / 센서캠

3. 곤줄박이 인공새집 … 249

　인공새집 설치 / 좀처럼 새가 깃들지 않았다 / 곤줄박이의 이소
　/ 버려진 땅이 좋은 서식지 / 수목소독에 대한 지침이 필요하다
　/ 인공새집 재배치 / 인공새집마다 새가 들어오다
　/ 왜곡된 서식조건의 회복

4. 서식지 보호 … 265

　수라갯벌 들기 / 가능한 한 그대로 두기

5. 유리창 충돌 … 272

　청딱다구리의 유리창 충돌 / 산솔새의 죽음

6. 길고양이에 대하여 … 276

　길고양이가 새에게 치명적일까 / 집비둘기를 물리친 오복이
　/ 들고양이 문제

7. 집비둘기와의 갈등 … 282

　집비둘기는 사랑받던 새였다 / 집비둘기는 억울해
　/ 집비둘기와 함께 살기 / 생태적 거리두기

맺는 글 … 292

참고문헌 … 294

1장 탐조의 시작

1장 탐조의 시작

1. 불현듯 탐조를 시작하다

어느 날 문득 찾아간 한강

마음속에 담고 있으면 언젠가는 하게 되는가 보다. 어린 시절 생물학자가 되고 싶었지만, 지하철에서 직장인으로 근무했다. 원래의 꿈과는 달랐지만 보람 있는 시간이었다. 하지만 동식물을 좋아하고 관찰하고 싶은 바람은 마음 한편에 늘 있었다. 물론 새도 관찰하고 싶은 중요한 대상 중 하나였다. 그런 바람에서 우리나라 탐조의 바이블이라는 LG상록재단의 '한국의 새' 조류도감 초판을 이미 2000년도에 샀다. 그러나 책꽂이에 둔 채 아무것도 하지 않고 시간을 보냈다. 누구나 그러하듯 당장 급한 일상에 쫓겨 살았다. 하지만 동식물을 관찰하고 싶은 생각을 완전히 잊지 않으니 묵은 생각에 점점 힘이 생겼다. 결국 동물 관찰을 시작했고 들개와 길고양이를 관찰해서 그 결과를 엮어 책을 썼다. 다음 대상은 자연스럽게 새에게로 생각이 닿았다.

'한국의 새'를 산 후 20년도 더 지난 3월의 어느 날, 별안간 마음이 동해서 오래되었지만 손때가 전혀 안 묻은 도감을 들고 한강을 찾아갔다. 한강에 가면 왠지 새가 많을 듯했다. 한강을 찾기 전에 인터넷으로 쌍안경을 하나 샀다. 잘 모르지만 크기가 커야 잘 보일 듯해서 좀 묵직해 보이는 것으로 샀다. 한강을 찾아가 보니 기대에 어긋나지 않게 새들이 많았다. 한강은 넓고 평화로웠다. 멀리 강물 위로 유유히 떠 있는 새들을 보기 위해 쌍안경을 눈에 가져갔다. 쌍안경으로 보니 그냥 눈으로 볼 때와 완전히 다른 느낌이었다. 훨씬 크고 선명해서 마치 요지경을 보듯이 재미있었다. 사람을 의식하지 않고 움직이는 새를 보면서, 자연의 진짜 모습을 포착하는 느낌이었다. 일정 거리를 걷다가 새가 나타나면 쌍안경으로 보고 그러다 다시 걸었다. 이런 단순한 행동을 반복할 뿐인데 그렇게 즐거울 수가 없었다. 그때부터 나는 정말로 탐조를 시작했다. 그 후로 탐조는 계속 내게 즐거움을 주고 있다. 남은 삶 동안에도 계속 그러리라 기대한다.

그전에도 새를 유심히 본 적이 종종 있긴 했다. 평소 직장 근처의 청계천을 걸을 때면 청둥오리, 흰뺨검둥오리, 왜가리를 만났다. 그러면 잠시 멈추어서 그들을 보는데 아무 이유 없이 좋았다. 처음 쌍안경을 들고 한강에 갔던 날, 청계천에서 볼 수 없던 흰죽지, 논병아리, 뿔논병아리, 민물가마우지, 물닭을 보았다. 전에 못 보았던 새들을 만나니 마음이 더 풍족해지는 느낌이었다.

귀가해서 첫 탐조를 되돌아보았다. 즐거운 하루였다. 그러나 무언가 어설펐다. 목에 걸었던 쌍안경이 너무 무거워 힘들었다. 새를 보고 그 자리에서 도감을 뒤적여 무슨 새인지 알아내기도 쉽지 않았다. 그리고 시작은 했는데 앞으로 어디에 가서 어떻게 탐조할까 하는 생각도 들었다. 시간 나는대로 한강에 들르면 될까? 그냥 이렇게 탐조를 자주 하다 보면 새를 잘 알게 되나? 앞으로 어떻게 탐조해야 할지 좀 막연했다.

아파트탐조단

한강 탐조 후 어떻게 탐조할지 몰라 한동안 지지부진했다. 그러던 차에 전에 가입한 자연환경 관련 밴드에서 아파트탐조단 공지를 우연히 보았다. 북한산 아래 한 아파트에서 탐조하니 희망자는 신청하라는 내용이었다. 아파트탐조단은 멀리 있는 탐조지가 아니라 자신이 사는 아파트에 무슨 새들이 어떻게 사는지를 탐조하는 모임이었다. 직장인이라 먼 곳을 자주 탐조하기 어려운 내게 딱 맞았다.

　아파트탐조단은 코로나19로 마음대로 다닐 수 없던 시기에 박임자 단장이 자신이 사는 아파트단지의 새를 어머니와 언니와 함께 관찰하면서 시작되었다. 박임자 단장은 아파트를 탐조하면서 답답한 코로나19 상황에서 마음의 위안을 얻을 수 있었고, 사람이 사는 곳에 의외로 많은 새가 살고 있음도 알게 되었다고 한다. 그 후 사람과 가까이 사는 새들을 관찰하고 공존을 모색하는 프로그램을 활발히 진행하고 있다. 또한, 박임자 단장은 국내 최초로 탐조 전문 책방을 운영하고 있다. 책을 읽으며 새에 대한 이해를 넓히는 과정도 탐조의 즐거움 중 하나이다.

　5월 초순의 휴일에 아파트탐조단 모임에 처음으로 참석했다. 그날 모임은 아파트탐조단 회원이면서 새를 주제로 작품활동을 하는 도예가 이옥환의 초대로 이루어졌다. 새들은 아침에 활발히 활동하기 때문에 이른 아침에 북한산 아래 아파트에서 모였다. 모임 장소에 도착해서 보니 참가자 모두 작고 가벼운 쌍안경을 가지고 있었다. 아령같이 커다란 내 쌍안경이 두드러져 보였다. 아파트를 돌며 쌍안경을 사용해 보니 다른 사람처럼 가벼운 것을 사용해야겠다 생각되었다. 탐조 중에 쌍안경을 목에 걸 때가 많은데 내 쌍안경은 그러기엔 너무 무거웠다. 그에 비해 가벼운 쌍안경은 편하고 기동성 있었다.

　그날 모임에는 오래 새를 관찰한 선배 탐조인도 몇 명 참석했다. 그들이 들려준 이런저런 탐조 얘기도 유익하고 흥미 있었다. 초대자 이옥환도 자기 아파트에 사는 새들에 관해 여러 설명을 들려주며 이해를 도왔다. 북한산 아래 아파트는 조경이 잘 되어 식물이 많아서인지 꽤 새가 많았다. 아파트를 도는 중에 탐조 선배들이 눈썰미 있게 새 둥지 몇 개를 발견했다. 새가 모래 목욕을 해서 땅이 움푹 파인 흔적도 발견했다. 여럿이 같이하니 배우는 것도 많고 함께 하는 즐거움이 있었다. 2시간 정도의 아파트 탐조가 끝난 후 느낌을 서로 얘기하며 자리를 마무리했다. 그런데 모임을 끝내면서 갑자기 다음 탐조지가 내가 사는 아파트로 정해졌다.

산아래아파트 탐조

국토교통부 발표에 의하면 2022년 기준 우리나라 인구의 51.9%가 아파트에 살고 있다. 아파트는 이제 가장 많은 사람이 사는 주거 형태가 되었다. 즉, 아파트단지에 사는 새는 인간과 상호작용을 가장 많이 하는 새라고 볼 수 있다. 북한산아파트를 탐조하면서 우리 주변에 생각보다 많은 새가 살고 있음을 알았다. 아파트에는 왜 새들이 많이 살까? 일정 규모가 되는 아파트 정원 때문이다. 도시의 개인주택이나 다가구주택은 식물이 자라는 공간이 별로 없다. 반면 일정 면적이 되는 아파트는 나무와 꽃이 심어진 조경공간이 있다. 특히 근래에 세워진 아파트는 주차장이 지하에 설치되어 지상의 조경 면적을 더 넓힐 수 있다. 이렇게 조성된 정원이 새들의 서식지가 되고 있다. 실제로 아파트탐조단에서 2024년 2월 기준 139종의 새를 관찰하였다. 이는 우리나라에서 '한국의 새' 도감에 한 번이라도 관찰된 적이 있다고 수록된 총 573종의 24.3퍼센트에 달한다. 아파트 정원에서도 풍부한 탐조 경험을 할 수 있다.

이 책의 상당 부분은 내가 사는 아파트와 그 뒷산인 배봉산에서 탐조한 내용이다. 이후에는 편의상 '내가 사는 아파트'는 배봉산 아래에 있는 특성에 따라 '산아래아파트'로 적었다. 배봉산도 필요한 경우 이외에는 '뒷산'으로 적었다. 산아래아파트도 북한산아파트처럼 새가 많을까? 내가 사는 아파트도 비교적 조경이 잘 된 편이다. 그리고 아파트 경계부가 동네 야산인 배봉산과 연결되어 있어서 새들이 산과 아파트를 넘나들며 살기 좋은 조건이다. 그러면 산아래아파트에도 새가 많이 있어야 하지 않을까?

탐조 모임이 있기 전 퇴근길에 산아래아파트를 돌며 탐조했다. 몇 주를 돌며 관찰했지만, 까치, 직박구리, 참새, 박새, 멧비둘기 그리고 흔히 비둘기라 불리는 집비둘기, 뱁새라고도 불리는 붉은머리오목눈이 이렇게 7종만 볼 수 있었다. 너무 종 수가 빈약해서 모임 때 탐조가 원활치 않으면 뒷산 탐조를 제안하려 생각했다. 그러나 이런 생각은 기우였다.

모임에는 박임자 단장과 앞서 북한산 아파트로 초대했던 도예가 이옥환만 왔다. 참가자가 적어 머쓱했지만, 오히려 그래서 더 많은 대화를 하며 탐조를 할 수 있었다. 탐조 선배가 오니 그동안 안 보이던 새들이 보였다. 그날 하루 동안 무려 16종을 만났다. 내가 못 보았을 뿐 여러 종의 새가 살고 있었다. 눈이 보배라는 말이 맞았다. 새를 찾는 능력이 늘어야 더 풍부한 탐조 경험도 가능하다.

아파트에 도착하자마자 박임자 단장은 여러 새소리 중에서 특이하게 들리는 소리를 하나 구분했다. 새소리를 쫓아가니 큰 느티나무가 있었고 나뭇가지 사이를 쇠솔새가 옮겨 다니고 있었다. 그날 쇠솔새를 처음으로 만났다. 잘 모르는 새를 만나니 진귀하고 이색적인 느낌이 들었다. 그리고 산아래아파트에 그렇게 큰 느티나무가 있다는 것도 처음 알았다. 느티나무는 전부터 있었지만, 평소 무심하게 지나치던 내게는 없는 나무와 진배없었다. 새를 만나려 하니 나무도 만나게 되었다.

파랑새와의 만남

그날 쇠딱다구리, 물까치처럼 전에 못 보았던 새들을 만나 신기했다. 무엇보다 파랑새가 가장 인상적이었다. 흰 무늬가 또렷한 날개를 펴고 날아가는 모습을 보고 박임자 단장이 파랑새라 알려주었다. 파랑새는 아파트단지의 하늘을 가로질러 날아 뒷산 아까시나무의 마른 가지에 앉았다. 틸틸과 미틸 남매가 찾았던 동화 속 파랑새는 왠지 작고 여린 새를 떠올리게 한다. 그런데 현실의 파랑새는 파란색이 아닌 녹색에 가까운 깃털을 가진 당당한 체격의 새였다. 파랑새가 '게게게게' 하고 우는 소리도 좀 투박했다. 그렇게 처음 만난 파랑새는 그해 여름이 끝날 때까지 뒷산을 날아다니며 존재감을 뽐냈다.

파랑새는 까치둥지를 이용해 번식한다. 까치는 번식기마다 둥지를 새로 만든다. 까치가 버린 둥지를 여러 새가 다시 사용하는데 파랑새도 그렇다. 아파트에서 보이는 뒷산의 능선을 새삼 올려다보니 정말 많은 까치집이 있었다. 저 둥지 중 어느 한 곳에 둥지를 튼다면 파랑서가 새끼를 키우는 모습을 볼 수 있겠다고 기대되었다.

그날 새로운 종류의 새 외에도 다양한 장면을 보았다. 참새들이 목욕하는 장면, 쇠딱다구리가 갓 둥지를 떠난 어린 새에게 먹이를 주는 모습, 나뭇가지에 숨겨져 있는 멧비둘기 둥지를 보았다. 까치가 나뭇가지에 앉은 새끼에게 먹이를 주는 모습도 보았다. 덩치가 비슷해 보이지만 어린 까치는 꼬리가 짧은 것으로 어미와 구분할 수 있음도 배웠다. 대체로 어린 새는 꼬리가 짧고 입꼬리가 야무지게 아물지 않아 약간 어리숙해 보인다. 곤줄박이나 박새처럼 깃털 무늬가 어미보다 흐릿한 새도 많다. 여러 모로 그날 탐조는 깊은 인상을 내게 주었다. 더 열심히 탐조하고 싶어서 탐조를 일과 중 하나로 하겠다고 마음먹었다.

차원이 다른 평택 아파트 탐조

의욕에 차서 아파트 탐조를 시작했지만, 탐조 선배들이 다녀간 후로 다시 새들이 별로 안 보였다. 제대로 탐조능력을 갖추게 되려면 더 많은 시간과 경험이 필요했다. 그러던 차에 아파트탐조단에서 평택에 있는 아파트를 탐조할 의향이 있는지 묻는 연락이 왔다. 집에서 꽤 거리가 있었지만, 다른 사람들은 어떻게 아파트 탐조를 하는지 궁금해서 참가하였다.

평택 아파트에서는 김영철 부부가 단지 내 탐조코스를 안내해 주었다. 부부가 같은 관심사를 가지고 탐조하는 모습이 보기 좋았다. 평택 아파트는 내가 사는 곳과는 차원이 달라 정말 많은 새를 만날 수 있었다. 아파트 구역 자체의 식물 환경은 산아래아파트와 별 차이가 없었다. 그러나 주변 환경이 상당히 달랐다. 주변에 야산만 있는 산아래아파트와 달리, 평택 아파트는 도시화 된 지역에 있는데도 산과 함께 논밭이 가까이 있었다. 논과 밭은 인간이 만든 공간이지만 습지와 초지 역할을 하므로 새들에게 좋은 서식처가 된다. 새들은 아파트와 주변을 오가기 때문에, 평택 아파트처럼 주변에 다양한 서식공간이 있을수록 더 많은 종을 아파트에서 만날 수 있다.

그날은 2시간 정도 탐조했는데 무려 27종의 새를 보았다. 어떤 생물종인지 구분하는 것을 '동정(同定)'이라 하는데, 다양한 새를 동정하면서 발견하고 알아보는 재미를 온전히 즐겼다. 황로, 검은등뻐꾸기처럼 처음 만나는 새가 많았다. 여러 새 중 방울새가 가장 관심이 갔다. '방울새'라는 동요로 친숙하지만 실제로 본 적이 없었던 방울새를 보니 신기했다. 내가 사는 동네에는 왜 방울새가 없을까? 아쉬웠다. 분명 서식조건의 어떤 차이 때문일 것이다. 방울새가 큰금계국 씨앗을 좋아한다는데, 평택 아파트 주변에 흐드러지게 피어 있는 큰금계국도 방울새가 많이 사는 데 일조했을지 모른다.

오랜만에 제비가 날아다니는 모습도 보았다. 예전에는 서울에도 제비가 많이 살았다. 어릴 적 살던 집에도 제비가 집을 지었다. 지붕 아래 전구가 고장 난 전등이 있었는데, 그 위에 둥지를 틀어 제비 똥이 계속 떨어졌다. 싫을 만도 한데 어머니는 제비를 반기셨고, 제비집 아래에 미끌미끌한 비료 포대를 깔아 제비 똥을 그 위로 떨어지게 하셨다. 어릴 적 익숙하게 만나던 제비를 오랜만에 보니 반가웠다.

아파트 가까이에서 물까치가 둥지에서 새끼에게 먹이를 주는 모습도 보았다. 물까치의 둥지는 돔형의 까치둥지와 달리 평평한 바구니 모양이었다. 어미가 새끼를 먹이고 돌보는 모습에서 정감이 느껴졌다. 평택 아파트에서 여러 사람이 어울려 많은 종을 동정하며 즐겁게 탐조했다. 도시도 야생 공간만큼이나 많은 새가 사는 중요한 서식지라 생각되었다.

평택에서 만났던 방울새. 어린 시절 즐겨 부르던 동요가 떠올랐다.

우리나라에는 얼마나 많은 종의 새가 있을까

도감마다 우리나라에서 관찰된 종의 수는 다소 차이가 있다. 2020년 '한국의 새' 개정판에는 573종, 또 다른 도감인 2022년 '야생조류 필드가이드'에는 586종이 수록되어 있다. 전 세계 조류 종수는 약 1만 1천 종이 넘는다고 한다. 우리나라 면적이 전 세계 면적의 0.01%에 불과한데 전 세계 조류 종의 5.3% 이상이 동정 되었다. 우리나라보다 면적이 큰 중국에서 약 1,300종, 일본에서 약 700종이 조사되었다. 면적어 비해 조류 종이 많은 이유는 우리나라가 사계절이 뚜렷하고 철새의 주요 이동 경로에 있어, 철새와 나그네새가 많기 때문이다. 이러한 경로는 세계에 5개가 있는데 우리나라는 동아시아와 오세아니아를 이어주는 철새 이동 경로에 있다. 조류의 종은 우리나라에 사는 시기에 따라 다음과 같이 분류한다.

- **텃새** : 사계절 우리나라에 사는 새
- **여름철새** : 봄에 동남아 등 남쪽에서 우리나라를 찾아와 번식하고 가을에 되돌아감(꾀꼬리, 큰유리새 등 산새가 많음)
- **겨울철새** : 가을에 시베리아 등 북쪽에서 우리나라를 찾아 월동한 후 봄에 되돌아감(고방오리, 흰죽지 등 물새가 많음)
- **나그네새(통과철새)** : 우리나라보다 북쪽에서 번식하고 더 남쪽에서 월동하는 새로 봄·가을에 잠시 우리나라를 거쳐 감(쇠솔새와 같은 솔새류, 벌매 같은 맹금류가 있고, 갯벌 등의 습지에는 도요물떼새류가 들름)
- **길잃은새(미조)** : 태풍 등으로 원래의 이동 경로나 서식지를 이탈하여 불규칙하게 우리나라에서 목격되는 새

이러한 분류는 상대적이다. 같은 종이면서 텃새와 철새의 모습을 모두 보이는 종이 많다. 철새이면서 나그네새인 경우도 있다. 원래 철새였지만 서식 조건이 좋으면, 이동하지 않고 우리나라에 살기도 한다. 그리고 성조와의 번식과 먹이 경쟁을 피하려고 미성숙한 개체가 철새가 되기도 한다. 텃새 중에는 우리나라 안에서 지역을 이동하는 종류도 있다. 길잃은새가 꾸준히 목격되면 철새나 나그네새로 분류된다.

2. 탐조 방향을 잡다

평택 아파트 탐조에 자극되어 더 열심히 탐조하고 싶어졌다. 그리고 무작위로 경험하지 말고 방향을 가지고 해야겠다고 생각했다. 탐조를 순수하게 즐겨도 좋겠지만 무엇인가 의미 있는 경험으로 접하고 싶었다. 처음에는 탐조 방향을 잡기가 막연했지만, 탐조를 시작한 첫해를 보내면서 윤곽이 잡혀 갔다. 그러니까 방향을 잡고 경험했다기보다는 경험하면서 방향을 잡은 셈이다. 어쩌면 되돌아보고 정리해 보니 이러하였다가 더 맞을 것이다. 탐조 방향은 흔히 하는 누가, 언제, 어디서, 무엇을, 어떻게, 왜의 육하원칙에 따라 정리해 보았다.

혼자 그리고 함께 탐조하기

'누가 탐조할까'라는 질문에는 내가 탐조한다는 당연한 답이 떠오른다. 특히 사는 곳 주변은 혼자 탐조할 수밖에 없다. 그러나 몇 번의 아파트 탐조를 통해 여럿이 함께할 때 더 즐겁고 풍부한 경험을 하게 됨을 알았다. 비록 많은 시간을 혼자 탐조하겠지만 기회가 될 때마다 여럿이 같이 탐조하겠다고 방향을 잡았다.

박임자 단장 가족이나 김영철 부부를 보면서 좋아하는 사람과 탐조하면 좋겠다고 생각했다. 그렇지만 내 가족과 친구 중에는 아무도 탐조에 관심이 없었다. 탐조를 권해보기는 했지만, 반응이 적극적이지 않았다. 결국, 여건이 되는 대로 탐조단체의 모임에 참가하기로 했다. 그 모임에는 온라인 모임도 포함된다. 탐조인은 전국에 흩어져 있어 온라인 강좌에서 지식을 습득하고 소통하기도 한다. 조류 전문가의 강의와 수강자와의 질의응답을 들으며 많이 배울 수 있었다.

우리나라 탐조인은 얼마나 될까

우리나라의 탐조 인구가 얼마나 되는지 정확한 통계는 없다. 2024년 위키백과에는 10만 명 이상이 있는 것으로 되어 있지만, 2019년 신문보도에는 1만 명 미만으로 적혀있다. 탐조인을 정확히 산출하기 어렵고 어떤 사람까지 탐조인으로 볼지도 애매하지만, 탐조를 즐기려는 사람이 꾸준히 늘고 있는 것만은 분명하다. 그러함에도 탐조는 우리나라에서 아직 희소한 취미이다.

반면 미국에서는 2011년 기준으로 인구의 약 15%인 4천7백만 명이 탐조를 즐기며, 영국에서도 약 100만 명 이상이 탐조하고, 가까이 일본에서는 일본 야조회에 정기 회비를 내는 회원만 10만 명이다. 이런 나라에서는 탐조가 우리나라의 낚시나 등산과 같이 보편적인 취미이다.

우리나라에서 탐조는 많이 보아야 인구의 0.2%가 안 되는 사람이 즐기는 드문 취미다. 내가 탐조한다고 말하니 주변 사람들은 호기심 어린 눈으로 보았다. 탐조에 대해 간단히 설명해 주면 듣는 표정이 비교적 긍정적이었다. 독특하면서도 자연과 가까이하는 취미여서로 보인다. 좋은 취미지만 어디에 살던 탐조하는 사람은 주변에 자기 혼자일 가능성이 크다. 더 많은 사람이 탐조에 관심을 가지고 서로 교류했으면 하는 바람이다.

일과로 탐조하기

언제 탐조할지에 대한 방향은 하루의 일과로 탐조하기로 정했다. 그러나 결국은 주말에 주로 탐조하게 되었다. 직장인이기에 먼 곳을 긴 시간을 들여 탐조하기 어려웠다. 그래서 가까운 곳을 시간 나는 데로 탐조하기로 했다. 처음에는 우선 출퇴근길에 아파트를 탐조하려 했다. 퇴근길에는 뒷산도 한 바퀴 돌아서 내려왔다. 새들이 아침과 저녁에 활발히 움직이므로 출퇴근길에 탐조하면 새를 많이 만날 듯했다. 비교하면 저녁보다 아침에 새들이 훨씬 많았고 더 활발히 움직였다. 그러고 보면 같은 조류인 닭도 이른 아침에 울지 않던가.

아침에 탐조하면 가장 좋겠지만, 출근해야 한다는 갑박감 때문에 출근길 탐조는 얼마 뒤 멈추었다. 대신 퇴근길 탐조는 꾸준히 하려 했다. 퇴근길 탐조는 운동을 겸해서 했다. 따로 하는 운동도 없던 차에 탐조하며 걷는 것으로 건강관리를 하려 했다. 산책하며 탐조하는 느낌은 편안하고 기분이 좋았다. 그러나 늦가을이 되어 날이 짧아지면서 퇴근 탐조를 멈추게 되었다. 이듬해 봄이 되어서도 이런저런 이유로 퇴근 탐조를 꾸준히 하지 않았다. 그래도 간혹 퇴근길에 뒷산을 들렀다. 호젓한 저녁에 걸으면 기분이 차분해지고 좋았다.

결국은 출퇴근의 부담이 없는 휴일 아침에 주로 아파트 정원과 뒷산을 탐조하게 되었다. 덕분에 휴일에도 늦잠을 자지 않고 일찍 일어났다. 피로를 풀게 그 시간에라도 늦잠을 자야 한다고 말할 수도 있겠으나, 휴일에 일찍 일어나 산책하는 것도 나름 괜찮았다. 주말에 시간이 될 때면 사는 동네 외에 다른 장소로도 탐조를 가려 했다. 동네에서 못 보던 새를 다른 장소에서 만나면 탐조하는데 새로운 활력이 생겼다. 전체적으로 보면 나는 탐조를 열심히 한다기보다는 운동 삼아 여건이 되는대로 편하게 했다. 새의 행동을 몰입도 있게 관찰하면 바람직하겠지만 취미가 부담되게 하고 싶지 않았다. 그래서 '편하게 하되 꾸준히 하자'는 마음으로 탐조하려 했다.

새들은 왜 아침에 활발히 지저귈까

새는 짝을 찾고 영토를 지키기 위해 지저귄다. 그래서 새는 잠들었던 밤사이에 생긴 세력권의 공백을 메우기 위해 이른 아침에 지저귄다. 암컷은 대부분 아침에 알을 낳고 그 직전에 수정하는 경우가 많다. 자기 암컷에 수정을 시도하는 다른 수컷을 막기 위해 새는 아침에 적극적으로 운다. 밤새 쌓인 남성 호르몬인 테스토스테론이 이런 행동을 더 촉진한다.

이른 아침에 소리가 잘 전달되기 때문에 이 시간에 집중적으로 지저귄다고도 한다. 이른 아침에는 햇빛이 공기와 지면을 가열해서 발생하는 미세난류가 거의 없어 대기가 안정적이다. 아침에는 소음도 적다. 소리는 습한 공기에서 잘 퍼지는데 아침은 습도도 높다. 그래서 아침에는 정오보다 20배가량 더 소리가 잘 전파된다.

그래서 이른 아침에 탐조하면 새소리를 더 많이 들을 수 있다. 소리는 조류 개체수 조사에 매우 유용하다. 그래서 개체수 조사는 통상 새의 활동이 활발해지는 동트기 30분 전부터 시작한다. 다만 겨울에는 어느 정도 기온이 올라가야 새의 활동이 많아져 9시~11시 정도에 주로 조사한다.

가까운 곳부터 탐조하기

어디서 관찰할지와 관련해서 가장 중요한 탐조지는 아파트 정원과 뒷산이었다. 가장 부담 없이 관찰할 수 있는 곳이어서 꾸준히 탐조하려 했다. 또, 자연조건이 풍부하지는 않지만, 세상에서 나만이 관찰하는 곳이기에 어떤 장소보다 의미가 있다고 생각했다. 어쩌면 다른 곳에서 볼 수 없는 독특한 새가 올지도 모른다는 기대도 했다. 나중에 안 일이지만 뒷산은 인근 대학 탐조동호회의 주요 탐조지여서 나만이 관심을 두는 곳은 아니었다.

주말 탐조지도 역시 부담이 없도록 가까운 곳 위주로 갔다. 다만 다양한 새를 만나기 위해 환경 특성이 다른 장소들로 탐조하려 했다. 우선 물새를 보기 위해 가까이 있는 중랑천에 들렀고 간혹 한강도 찾았다. 작은 하천과 큰 하천은 서식조건이 다르기 때문이다. 산새를 보기 위해서는 가까운 여러 녹지를 가려고 했다. 수목원, 도시공원, 궁궐, 왕릉 등 교통편이 편한 녹지를 돌아가면서 주말에 들렀다.

가까운 곳을 주로 탐조하려 했지만, 여건이 될 때는 서울을 벗어나 탐조하려 했다. 봄가을에 나그네새와 철새를 많이 볼 수 있다는 섬과 갯벌 탐조를 하려 했다. 그리고 겨울에는 겨울철새가 많이 온다는 하천, 호수, 논습지 등을 가보려 했다.

종의 동정과 행동 관찰

무엇을 관찰할지와 관련해서는 우선은 새의 '동정'을 배우려 했다. 탐조의 기본은 새를 찾아내고 지금 발견한 새가 무엇인지를 알아보는 일이다. 그런데 이 동정이 상당히 재미가 있어서 탐조가 주는 핵심적인 즐거움 중 하나이다. 동정할 새의 종류도 많아 무궁무진하게 즐거움을 누릴 수 있다. 주변에서 늘 보는 새도 있지만, 철 따라 다른 새가 찾아오고 장소마다 다른 새를 만날 수 있다. 어떤 종을 처음 접하고 동정하면 '종추'라고 하는데, 종추를 할 때마다 기분이 짜릿하다.

동정을 제대로 즐기려면 종의 구분을 위한 단서를 공부해야 한다. 골격 특성, 깃털 색, 찾아오는 계절, 행동 방식 등 새의 특징을 많이 알수록 동정을 정확하게 할 수 있다. 조류는 같은 종 안에서도 변이가 다양하다. 암수, 성조와 유조, 여름과 겨울의 깃털 색이 다른 경우가 많다. 제대로 동정하기 위해 이러한 지식도 꾸준히 공부하리라 마음먹었다.

종의 구분에서 나아가 새의 행동을 관찰하고 의미 있는 맥락을 도출하고 싶었다. 그러나 행동 관찰은 어려웠다. 새는 개체 구분을 하기 어렵기 때문이다. 탐조를 시작하기 전에 들개와 길고양이 관찰을 한 시기가 있었다. 들개와 길고양이는 얼굴과 체형의 차이로 개체를 구분해서 한 마리 한 마리에 이름을 붙여 관찰할 수 있었다. 개체 간에 어떻게 상호작용하는지를 알 수 있으므로, 관찰을 계속하면 그들 사이의 이야기가 쌓이고 행동의 맥락을 포착할 수 있었다. 반면에 새는 개체 구분이 어려워 이름을 붙일 수 없었다. 갑돌이 까치와 갑순이 까치로 구분할 수 없다 보니 그들 간의 상호작용을 파악하기 어려웠다. 새는 개나 고양이 같은 포유류와 달리 표정이 거의 없다. 그래서 표정을 통해 새의 감정을 읽기도 힘들었다.

개체를 구분할 수 없지만, 종을 구별할 수는 있었다. 그래서 종 간의 상호작용을 살피려 노력했다. 그러나 종 간에는 같은 종 내와 비교하면 상호작용의 빈도가 낮다. 또 새들은 주로 멀리 떨어져 있고, 어쩌다 눈앞에 있더라도 잠깐 머물다 날아가 관찰이 어렵다. 행동 관찰은 지지부진했지만, 짧은 관찰 내용이라도 기록하려 했다. 그런 관찰내용도 쌓이면 의미 있는 맥락이 도출되리라 생각했다.

탐조 장비는 쌍안경이 우선

어떻게 탐조할지는 '간편하고 효율적으로 하자'라고 방향을 잡았다. 그렇게 탐조하는 데는 탐조 장비와 스마트폰이 도움이 되었다. 탐조는 큰 비용을 들이지 않고 장비를 마련해 시작할 수 있다. 탐조 장비로는 쌍안경, 도감, 소형디지털카메라를 마련했다.

탐조를 위해서는 쌍안경이 우선 필요하다. 새는 사람과 떨어져 있기 때문이다. 또, 새가 불편하지 않게 최소한으로 접근하기 위해서도 쌍안경이 필수적이다. 탐조를 조금 하고 나서 제일 먼저 쌍안경을 가벼운 것으로 바꾸었다. 아령같이 무거운 쌍안경보다 좀 덜 확대되더라도 가벼운 쪽이 사용하기 편했다. 8×34 규격의 국산 제품으로 바꾸었는데 기능이 만족스러웠다. 나중에 알게 되었지만, 무거운 쌍안경도 부담 없이 고정해서 소지할 수 있는 어깨띠가 있기는 했다. 나는 쌍안경을 목에 걸지 않고. 우체부가 가방을 메듯이 줄을 목과 한쪽 어깨에 걸쳤다. 쌍안경 줄을 길게 하면 충분히 걸칠 수 있다. 목에 하중을 주지 않아 오래 탐조할 때 좋았다.

막상 쌍안경으로 새를 보려면 찾기 어려웠다. 쌍안경은 먼 곳의 일부를 확대해서 보여주어 시야가 좁기 때문이다. 그래서 분명 새가 있는 것을 보고 쌍안경을 눈에 댔는데 새가 렌즈에 안 들어오는 경우가 많았다. 이 문제에 대해서는 탐조 선배들이 들려준 아래 그림과 같은 요령이 도움이 되었다.

쌍안경으로 새를 잘 찾기 위해서는 눈으로 먼저 새를 보고, 그 각도를 유지한 상태로 쌍안경을 눈에 가져간다. 그래도 못 찾는 경우는 위 그림의 꽃처럼 특징 있는 지형지물을 먼저 쌍안경으로 보고 서서히 움직여 새를 찾는다.

주의할 점도 있었다. 새를 찾을 때 쌍안경을 눈에 대고 이동하지 말아야 한다. 그렇게 하다 돌부리에 걸려 넘어질 뻔한 적이 있다. 탐조도 안전 확보가 무엇보다 우선이다. 쌍안경으로 태양을 직접 보아서도 안 된다. 쌍안경에는 볼록렌즈가 있어 이를 투과한 태양광에 눈이 노출되면 좋지 않다. 수면 위의 반짝반짝 빛나는 반사광도 직접 보지 말아야 한다.

쌍안경보다 멀리 볼 수 있는 필드스코프는 상당히 고가여서 좀 더 시간을 두고 마련할지를 결정하려 했다. 필드스코프는 배율이 20~60배가 넘는 망원경으로 바다나 호수처럼 새들이 멀리 있어 쌍안경으로 보기 어려운 장소에서 사용한다. 배율이 커서 상이 흔들리지 않도록 삼각대로 고정하여 본다. 내가 그렇게 멀리 있는 물새를 볼 일은 없을 것 같았다. 그런데, 후에 팔당대교에서 처음으로 큰고니를 만났을 때, 주변에 많은 오리류가 있었는데 쌍안경으로는 동정이 어려웠다. 필드스코프가 있었다면 어떤 새들이 있는지 쉽게 알았을 텐데 아쉬웠다.

쌍안경의 적정규격과 조작법

쌍안경에는 다음 그림의 ①접안렌즈와 ②대물렌즈가 있다. 접안렌즈는 눈에 접하고 대물렌즈는 사물을 향한다. 쌍안경의 규격은 8×26, 10×32와 같은 형태로 표시된다. 여기서 앞의 8이나 10은 사물이 확대되어 보이는 배율을 뜻한다. 26이나 32는 대물렌즈 지름을 밀리미터로 나타낸 숫자이다. 언뜻 렌즈의 확대배율이 높을수록 좋다고 생각하나 8이나 10배율이 추천된다. 더 커지면 상이 흔들리고 쌍안경의 시야가 좁아져 새를 발견하기 어렵다. 대물렌즈의 지름이 클수록 렌즈로 들어오는 빛의 양이 많아 밝게 상을 얻을 수 있다. 그러나 렌즈가 커질수록 쌍안경이 무거워져 무조건 큰 것을 사면 불편하다. 통상 대물렌즈의 지름은 32~40이 추천된다.

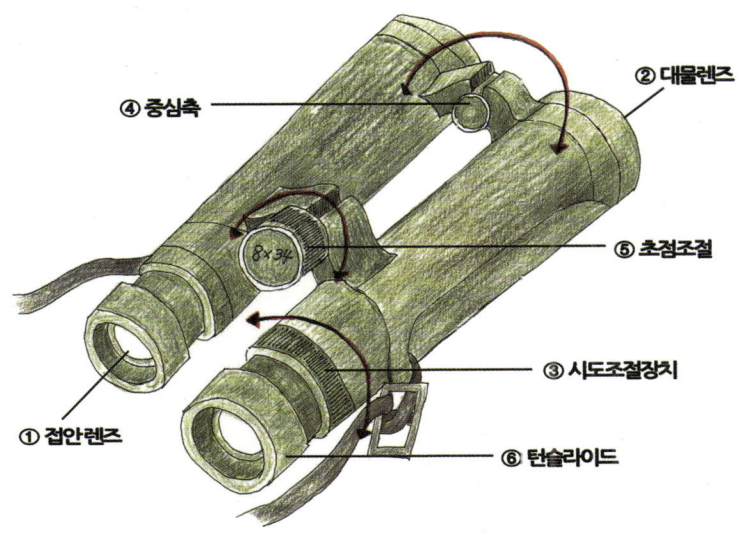

- 양안시력에 차이가 있는 사람은 위 그림 ③의 시도조절 장치를 돌려 맞춘다. 먼저 오른쪽 눈을 손으로 가리고 그림 ⑤의 초점조절링을 돌려 왼쪽 눈의 초점을 맞춘다. 그다음 왼쪽 눈을 가리고 접안렌즈 아래에 있는 시도조절 장치를 돌려 오른쪽도 같은 초점을 얻도록 하면, 양안시력 차이를 보정할 수 있다.

- 양손으로 쌍안경을 잡고 ④ 중심축을 접거나 펴서 양쪽 눈에 맞도록 렌즈 간격을 조절한다. 간격이 맞으면 쌍안경으로 보이는 상이 하나의 원형으로 모아서 보인다.

- ⑤의 초점조절 장치를 돌려 거리를 맞춘다. 대상이 멀리 있으면 초점조절 장치를 왼쪽으로 돌리고, 가까이 있으면 오른쪽으로 돌려 초점을 맞춘다. 새가 이동하여 거리가 달라지거나 다른 거리에 있는 새를 보려면 다시 초점을 맞춘다.
- 안경을 쓴 사람은 ⑥의 턴슬라이드를 오른쪽으로 잠가 짧게 하고, 안경을 안 쓰는 사람은 왼쪽으로 풀어 길게 하여 본다.

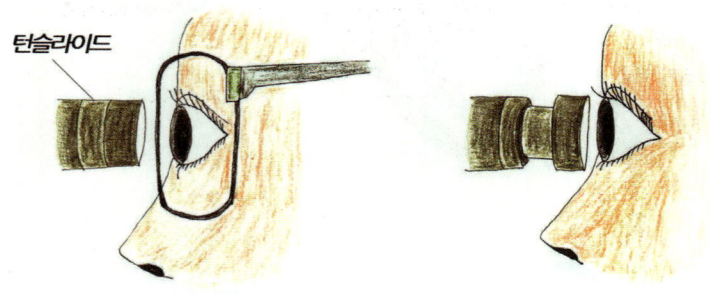

그림도감과 사진도감, 작은 디지털카메라

쌍안경 다음으로 도감을 준비했다. 도감은 그림도감과 사진도감을 각 1개 이상 마련하도록 추천되고 있다. 그림과 사진을 비교하면 동정의 정확도를 높일 수 있다. 그림도감은 새의 특징을 잘 묘사한 장점이 있고 사진도감은 현장에서 볼 수 있는 모습을 여러 각도에서 보여주어 도움이 된다. 도감 앞쪽에는 조류 관찰에 대한 일반적인 사항들이 있는데 이 내용도 매우 유용하다.

탐조 시작 후 상당 기간 도감을 제대로 읽지 않았었다. 내용도 어렵고 눈에 잘 들어오지 않았기 때문이었다. 동정할 때 잠깐 해당 새가 실린 부분만 보고, 맞는지 안 맞는지만 확인하니 동정의 원리에 대한 습득이 부족했다. 나중에 조류도감에 대한 강좌를 들을 기회가 있었는데, 그 후 도감을 좀 더 친근하게 느낄 수 있었다. 강좌를 통해 도감의 문장 하나하나가 모두 의미가 있으며 허투루 없음을 알았다. 도감을 아주 천천히 음미하며 읽으면 그 의미가 다가오면서 재미가 있음을 배웠다. 이후 탐조하면서 접한 대부분의 관찰이 도감의 문장 안에 있었다. 앞선 사람들이 쌓은 지식을 누리는 일은 재미있고 고마운 일이다.

다음으로 호주머니에 넣을 수 있는 작은 디지털카메라를 마련했다. 관찰한 새를 현장에서 도감과 비교하여 바로 동정하기는 매우 어렵다. 그래서 모르는 새를 만나면 카메라로 새를 촬영하고 나중에 도감과 비교할 때가 많았다. 스마트폰으로 찍을 수도 있으나 아무리 화소가 많아도 멀리 있는 새를 찍으면, 사진을 확대했을 때 뭉그러져 보이는 경우가 많았다. 탐조에는 망원줌 기능이 있는 디지털카메라가 좋았다. 나는 동정을 위해 찍었기 때문에 주머니에 넣을 수 있는 작은 카메라로 충분했다.

화질이 좋은 사진을 원한다면 렌즈교환식 카메라를 삼각대에 고정하여 찍어야 한다. 고가이고 무겁기도 해서 처음부터 고려하지 않았다. 나는 무조건 편한 걸 좋아한다. 좀 더 화질을 개선하고 싶어 나중에 좀 더 큰 하이엔드카메라를 구매했지만 역시 무거워서 처음엔 활용도가 낮았다. 이 책의 사진들은 대부분 처음 마련한 소형카메라로 찍었다. 나중에 탐조 모임 서울의새에서 권양희 선생으로부터 배낭에 등산용 비너를 연결하고, 여기에 카메라를 연결하는 요령을 배웠다. 기기가 목이 아닌 몸에 기대어져 하중 부담이 없어져서 편했다. 그 후로는 하이엔드카메라도 많이 사용했다. 새 사진을 잘 찍는 일이 탐조의 필수 요소는 아니고 상당한 기술도 필요한 영역이어서, 이 책에서는 크게 다루지 않았다.

카메라를 배낭의 비너와 연결하니 카메라가 몸 앞에 기대어져 덜 무거웠다. 쌍안경도 목과 어깨에 걸쳐 메니 무게가 별 부담이 안 되었다.

동정용 사진을 찍을 때 참고사항

수준 있는 새 사진은 전문 기술과 경험이 필요하다. 다만 동정에 쓸 정도의 선명도만 필요하다면 다음과 같은 사항이 도움이 된다.

- 아침과 저녁이 사진 찍기에 좋다. 빛이 적당해서 좋은 사진이 나오고 다른 시간보다 새들이 많이 활동한다.
- 사진의 밝기를 적절히 하려면 빛을 등지거나 마주하기보다는 빛 방향의 옆에서 찍으면 좋다. 빛을 등지면 사진이 지나치게 밝아지고 마주하면 너무 어두워진다.
- 동물의 눈에 초점을 맞추어 찍고 가능한 눈높이를 같이 해서 찍으면 더 좋은 구도를 얻을 수 있다.
- 새에게 접근하기보다는 새가 가까이 다가오면 찍는다.

- 작은 새는 몸을 계속 움직이므로 사진을 찍으면 새의 모습이 흔들려서 나온다. 1/1,000 정도로 셔터 속도를 높여 찍으견 명료한 상을 얻을 수 있다. 다만 셔터 속도를 높이면 사진이 어두워진다. 셔터 속도를 높여도 덜 어둡게 찍히는 카메라를 마련하는 것도 방법이다.
- 내가 만난 탐조인들은 보통 f5.9나 8.0 정도의 조리갯값을 썼다. 배경을 적당히 흐리게 하고 새를 좀 더 부각해서 찍을 수 있다고 한다.

스마트폰은 재간둥이

스마트폰도 탐조에 유용하다. 조류도감도 검색할 수 있어 현장에서 즉시 동정에 활용할 수 있다. 또 스마트폰으로 새소리를 녹음할 수 있다. 녹음한 파일은 새소리를 인터넷에서 검색해 비교하거나, 새소리를 동정하는 앱을 적용하면 동정에 유용하다. 스마트폰은 관찰한 내용이나 생각을 현장에서 기록하는 데도 유용하다. 탐조 경험이 잊히지 않고 축적되려면 기록이 중요하다. 시간이 지나면 사람은 경험한 바를 대부분 잊어버리는데, 기록하면 경험이 사라지지 않는다. 혹 잊어버리더라도 기록을 읽으면 되살아난다. 또 기록을 읽다 보면 경험을 연결하여 의미 있는 먹락을 포착할 수 있다. 노트에 기록해도 되지만 별도로 노트 없이 스마트폰 앱을 이용해 기록해도 좋다. 나는 관찰한 내용이나 떠오른 생각을 즉석에서 말해서 스마트폰으로 녹음한 후, 귀가하여 PC로 정리하는 방식을 많이 썼다. 현장에서 기록하느라 지체되는 시간을 줄일 수 있어 좋았다.

스마트폰에 설치한 자연관찰 프로그램인 네이처링 앱도 기록에 유용했다. 네이처링은 물론 PC에서도 사용할 수 있다. 앱으로는 탐조 중 찍은 사진, 동영상, 음성파일을 네이처링에 올릴 수 있다. 이때 정성적인 관찰내용도 같이 기록할 수 있다. 네이처링은 무엇보다 탐조인 간에 연결되는 느낌이 있어 좋았다. 네이처링에는 여러 주제의 미션이 진행되고 있는데, 미션을 하면서 참가자 간에 관심을 공유할 수 있다. 관찰기록을 올리면 네이처링 사용자들이 공유한다. 관찰내용에 대해 공감을 표하거나 댓글과 답글을 남기기도 한다.

내게는 '이름을 알려주세요'란 기능이 도움이 많이 되었다. 탐조한 새를 모를 때 '이름을 알려주세요'라고 올리면 다른 사람이 동정하여 이름을 추천하는 기능이다. 그러면 추천된 새를 도감에서 찾아보고 사진과 대조하여 맞다 판단되면 채택하였다. 스스로 찾아 대조하여 동정하면 확실히 각인된다고 하지만, 나는 다른 사람의 도움을 받아 효율적으로 해도 나쁘지 않다고 생각했다.

나는 '아파트탐조단', '서울의새-한강', '서울의새-중랑천'과 같은 자신이 정한 탐조지와 관련된 미션에 주로 기록을 남겼다. 네이처링에 남긴 기록이 쌓이면서 탐조 경험의 기록장 역할을 해주었다.

앱을 통한 기록 외에 별도로 기록장을 만들어 관찰 경험을 남기는 사람도 있다. 관찰한 장소, 일시, 주변 환경, 관찰내용, 개체수 등을 상세히 적고 스케치도 하면 자신만의 의미 있는 기록장이 된다. 손때 묻은 기록장을 만들면 탐조를 풍부한 감성으로 즐기게 된다. 나도 그런 기록장을 갖고 싶지만, 간편함을 우선해서 스마트폰과 PC로 기록하고 있다.

탐조의 매력

탐조를 왜 하는지 물으면 아마 많은 사람이 '그냥 좋아서'라고 답하지 않을까 싶다. 이는 꽃이 좋아 정원을 가꾸거나 그림이 좋아 미술을 배우는 행동과 같다. 탐조하는 데는 순수하게 좋아한다는 이유만으로 충분하다. 나도 같았다. 나는 동물을 워낙 좋아해서 동물의 한 종류로서 새도 그저 좋았기에 탐조하려 했다. 그런데 탐조하면서 다른 취미와 구분되는 독특한 여러 매력이 있음을 느꼈다. 아래에 그 매력들을 열거해 보았다. 물론 이러한 매력의 총합이 탐조를 좋아하는 이유를 다 설명할 수는 없다. 새를 만나면 왠지 기분이 좋고 위안받는 느낌이 든다. 역시 탐조는 그냥 좋다.

첫째, 탐조는 자연 그대로의 새를 볼 수 있어 즐겁다. 입장료를 내면서 동물원에 가는 것에서 알 수 있듯이, 사람은 새를 포함해 동물 보기를 좋아한다. 그런데 탐조하면 인간의 간섭을 받지 않고 원래 사는 모습 그대로를 보게 된다. 우리 속에 갇힌 동물원의 동물을 보는 것과는 다른 살아있는 체험이다. 예측 불가능한 점도 탐조의 매력을 더해 준다. 어디에서 어떤 새를 만날지 모른다는 점은 보물찾기 놀이를 닮았다.

둘째, 탐조는 경험을 수집하는 즐거움이 있다. 탐조는 우표, 그림, 골동품 같은 유형물이 아니라 새를 관찰하는 경험을 수집하는 취미다. 그 경험은 물론 좋은 기억으로 남는다. 그리고 무형의 기억만이 아니라, 메모나 탐조일지, 사진, 스케치와 같은 유형물로도 남는다. 관찰 내용이 사라지지 않게 하려는 작업 자체가 즐거움을 주고, 결과물이 늘어나면서 수집으로서 쏠쏠한 재미가 있다. 탐조인들은 만났던 새의 목록과 관찰 일시와 장소 같은 세부 사항을 기록으로 가지고 있곤 한다. 나는 네이처링에 이런 기록을 사진, 동영상, 음성파일과 함께 올렸다.

셋째, 탐조는 새에 대한 지식과 사랑을 키우는 매력이 있다. 숨어 있는 새를 찾아내고 종을 구분하고 새의 행동을 파악하는 탐조는 수수께끼 놀이 같다. 아는 새의 종류, 행동과 생태에 대한 지식이 늘면 자신의 탐조 내공이 쌓이는 느낌이 든다. 그리고 탐조지식이 늘면서 새에 대한 사랑도 커진다. 많이 알수록 애정도 깊어지기 마련이다. 탐조를 계속하면 자신이 자연을 더 많이 알고 사랑하는 사람이 돼가는 좋은 느낌이 든다.

넷째, 탐조는 좋은 운동이다. 탐조하면 새를 찾아 자연스럽게 걷게 된다. 속도를 마음대로 조절할 수 있어 부상 위험이 적다. 산과 강, 공원 등의 자연을 접하며 운동하기에 기분이 더 좋다. 또 실외 활동이어서 햇빛을 충분히 쏘일 수 있다. 햇빛은 현대인에게 부족한 비타민 D를 생성하여 뼈를 튼튼하게 한다. 멜라토닌 분비가 늘어서 숙면을 할 수 있고, 세로토닌도 분비되어 면역력이 강화된다. 햇빛은 우울증을 막고 혈압을 낮추는 등 건강에 매우 유익하다.

다섯째, 탐조는 훌륭한 명상이자 휴식이다. 새를 화두로 하여 새를 찾고 새 소리에 귀를 기울이면 잡념이 사라진다. 산책할 때는 잡념이 사라진다는데, 나는 이상하게 잡념이 자꾸 떠오르는 편이다. 그런데 탐조하면서 산책할 때는 잡념이 거의 안 생긴다. 온갖 생각이 떠돌아다니는 상태에서 벗어나야 인간의 뇌는 온전히 쉴 수 있다고 한다. 새를 발견하고 그 모습을 바라보면 마음이 차분해진다. 무언가를 심취해서 보면 마음이 평온해지고 휴식을 얻게 된다. 잠시 멈추어선 느낌이 좋다.

여섯째, 탐조하면 아름다운 우리 국토를 만날 수 있다. 새를 찾으면서 산과 들, 논과 밭, 갯벌과 호수를 함께 만나게 된다. 아름다운 풍경과 함께 그 속에 새와 함께 깃들어 사는 풀, 나무, 꽃, 곤충을 만난다. 자연과 더불어 여러 마을 구경도 한다. 그 마을에서 접하는 문화재와 먹거리도 즐거움을 준다.

일곱째, 다른 취미활동이 그러하듯이 탐조도 탐조인들 간에 친교를 갖게 된다. 탐조 경험담, 새와 탐조 장소에 대한 지식, 탐조 노하우를 나누면서 탐조인은 서로 연결된다. 함께 탐조하면 새를 더 잘 볼 수 있고 즐거움도 커진다. 그리고 새와 인간의 공존에 관한 관심을 공유하는 긍정적인 효과도 있다.

여덟째, 탐조는 시민과학의 역할을 한다. 조류학자와 달리 탐조인은 직업이 아니라 즐기는 취미로서 탐조한다. 그러나 탐조 중에 축적된 자료는 학문에 긍정적인 영향을 준다. 예를 들어 탐조인이 기록한 특정 지역의 종수와 개체수는 조류 군집과 이동, 서식지 변화 추이를 파악하는 자료로 활용될 수 있다. 당연히 조류 보호에 도움이 된다. 실제로 내가 만났던 많은 탐조인이 전문가 수준의 지식을 가지고 있었다. 탐조가 몰입도가 높으면서 계속 지식을 쌓아가는 취미이기에 가능한 일이다.

탐조의 역사

새를 만나고 관찰함을 즐기는 탐조는 20세기에 들어서면서 본격적으로 활성화되었다. 과거에 인류는 새를 오직 사냥감과 식량으로만 여겼지만, 18세기 영국에서 자연사 연구가 발달하면서 조류를 연구 대상으로 관심 두기 시작했다. 당시에는 죽은 조류의 표본 수집이 주 관심사였다. 19세기 들어 영국 왕립조류보호협회(Royal Society for the Protection of Birds), 미국 오듀본협회(Audubon Society * 미국의 조류학자이자 화가인 John James Audubon을 기려 협회의 이름을 정하였다.)와 같은 단체가 활동하면서 조류 보호 운동이 시작되었고, 자연 그대로 새를 관찰하는 탐조에 대한 관심이 촉발되었다. 이후 20세기에 쌍안경과 카메라의 발달로 멀리 있는 새를 보고 사진을 찍을 수 있게 되면서 탐조가 발달하기 시작했다. 자동차가 발달하여 여러 탐조지에 쉽게 접근하게 되면서 탐조는 더 확산됐다.

서구에서 탐조는 인기 있는 취미여서, 미국의 경우 연간 약 410억 달러의 경제효과를 만드는 중요 취미활동이다. 동양에서는 일본에서 탐조가 활성화되었으며 그 외 다른 나라에서도 탐조가 취미이자 시민과학으로 점점 발전해 가고 있다.

탐조는 종종 동정을 경쟁하는 방식으로 이루어진다. 예를 들어 우리나라의 '강화빅버드레이스'는 3~4명이 팀을 이루어 24시간 동안 탐조한 후, 가장 많은 종을 동정한 '탐조왕'을 가린다. 미국의 빅이어(The Big Year)는 한 해 동안 누가 가장 많은 종을 동정하는지를 겨룬다.

탐조는 조류 서식지에 대한 여행 형태로도 이루어진다. 이러한 여행은 생태적 감수성을 키우고 서식지 보호에 관심을 두게 하는 환경교육의 역할을 한다. 아울러 여행 중 소비로 지역경제에 도움을 주는 역할도 한다. 또 탐조인들의 활동으로 특정 지역의 조류 서식밀도와 철새의 이동패턴에 대한 데이터가 만들어진다. 이러한 자료가 축적되면 전문가 그룹과 연계하여 조류 연구와 서식지 보호에 활용된다. 전 세계로부터 조류 개체수 모니터링 자료를 모으고 있는 코넬대학의 eBird가 이에 해당한다.

새의 매력

여러 장점이 있지만, 탐조의 가장 큰 매력은 새라는 매력 있는 생명체와의 만남이다. 우선 새는 아름답다. 그런데 사람이 새의 아름다움에 특별히 끌리는 것은 비슷한 감각 체계를 가지고 있기 때문이다. 사람과 새는 모두 시각과 청각을 중심으로 세상을 감지하는 동물이다. 당연히 시각과 청각 중심의 표현이 발달했다. 사람이 여러 색상의 옷을 입듯이 새도 화려한 깃털을 가진 종류가 많다. 유선형의 몸매나 날아다니는 모습도 아름답다. 사람이 언어로 대화하듯이 새도 여러 소리를 내서 동족과 의사소통한다. 대부분의 새 소리는 아름다운 음악처럼 듣기에 좋다.

새는 위험하지 않다. 인간과의 충돌이 종종 있는 포유류나 파충류와 달리 검독수리같이 강력한 힘을 가진 맹금류조차 사람을 해치지 않는다. 그래서인지 인간은 새가 같은 공간에 있어도 별로 신경 쓰지 않는다. 멧돼지, 쥐, 뱀이 주변에 나타나면 기겁하는 모습과 대조된다. 새가 인간에 대한 공격성이 없기도 하지만 땅 위의 사람에게 하늘의 새는 공간적으로 간접화되어 멀리 느껴진다. 가려는 길에 개가 있으면 돌아가지만, 머리 위에 독수리가 날아다녀도 숨으려고 안 한다.

새는 쉽게 만날 수 있다. 새는 개체수가 많으면서 눈에 잘 띄는 충분히 큰 동물이다. 또 새는 사람을 그다지 두려워하지 않는다. 물론 새도 사람을 꺼리지만, 다른 육상 척추동물과 비교하면 적극적으로 피하려는 경향이 덜하다. 새는 사람이 별로 안 위험하다는 것을 알 뿐 아니라 언제든지 날아갈 수 있다는 자신감도 있기 때문으로 보인다. 부엉이 같은 예외가 있긴 하지만, 새는 인간과 같은 시간에 활동하는 주행성 동물이어서 만나기도 쉽다. 공룡을 피해 다니면서 야행성으로 진화한 포유류와 비교되는 면이다. 양서류와 파충류는 물속이나 눈에 안 띄는 구석진 곳에 숨어 있다. 곤충은 너무 작아 찾기 어렵다. 찾아 나서면 어쨌든 새를 만날 수 있다는 점은 관찰하려는 입장에서 매력적이다. 그만큼 탐조는 취미로서 확장성이 있다.

새는 그 공간의 생태계를 대표한다. 날개는 새가 방해 안 받고 장소를 옮겨 다니게 해준다. 그래서 어디든 그 지역의 서식조건에 맞는 새들이 날아든다. 새는 그 지역 생태계를 대표하는 꽃과 같은 정수다. 어떤 새가 산다는 것은 그럴 수 있는 생태계가 그곳에 있음을 의미한다. 박새 한 마리를 만났다면, 그것은 박새가 먹는 곤충과 그 곤충들이 살 수 있는 나무와 풀이 있음을 말한다.

이처럼 아름답고, 위험하지 않으며, 만나기 쉽고, 생태계를 대표하는 새는 종류까지 다양하다. 탐조하면 우리가 사는 주변에 이렇게 많은 새가 있는가 놀라게 된다. 탐조하는 장소를 넓혀가면 더 많은 종류의 새를 만난다. 그만큼 더 다양한 모습, 깃털색, 행동을 접하는 재미를 느낄 수 있다. 경험이 확장되는 느낌은 즐겁고 뿌듯하다. 이렇게 매력적인 새를 만나는 일이 즐거워 많은 사람이 탐조한다.

날기 위한 새의 신체 특성

타조와 같은 예외가 있지만 새의 가장 큰 특징은 날 수 있다는 점이다. 날기 위해서 날개 외에도 새는 다음과 같은 신체 특성이 있다.

- 새는 가볍다. 이빨과 무거운 턱 대신 부리를 가졌고, 두개골이 얇다. 뼈의 밀도도 낮으며 깃털도 가볍다.
- 몸이 유선형이어서 공기의 저항을 최소화하며 날 수 있다.
- 폐와 연결된 공기주머니가 여럿 있어서 몸이 가볍고 공중에 뜨기 좋다. 새는 맥박이 빠르고 에너지 대사율이 높아 체온이 42도 정도나 된다. 공기주머니는 비행 중 몸을 식히면서 호흡이 잘 되게 한다.
- 에너지 대사율이 높은 새는 곤충 등 동물질과 과실이나 곡류처럼 영양분이 높은 것을 주로 먹는다. 초식 포유류처럼 풀이나 나뭇잎만을 먹는 새는 드물어 대부분 장이 짧아 몸이 가볍다.
- 장이 짧은데 방광도 없어 수시로 배설한다. 소화할 수 없는 털이나 뼈 등의 이물질도 펠릿으로 즉시 뱉어낸다. 이 또한 몸을 가볍게 한다.

2장 동네새 탐조

2장 동네새 탐조

1. 봄, 새소리의 향연

꽃처럼 순서대로 피는 새
작가 박완서는 자신의 산문집 '호미'에서 이렇게 적고 있다.

> 일전에는 아는 분이 우리 마당에 어떤 꽃들이 피는지 물었다. 나는 으스대며 백 가지도 넘는 꽃이 있다고 말했다. 그건 누구한테나 그렇게 말하는 내 말버릇이다. 그러나 거짓말은 아니다. 듣는 사람은 아마 백화난만한 꽃밭을 생각하겠지만 그것들은 한꺼번에 피지 않고 순서 껏 차례차례 핀다. 그리고 흐드러지게 피는 목련부터 눈에 띄지도 않은 돌나물꽃까지를 합쳐서 그렇다는 소리다. 그런데 어떻게 그 가짓수를 다 셀 수 있냐 하면 그것들은 차례차례로 오고 나는 기다리기 때문이다.

계절 흐름에 따라 다른 꽃을 만나며 사람들은 아름다움을 느낀다. 나는 새가 움직이는 꽃처럼 느껴진다. 이 나무에서 저 나무로 새가 날아다니면 꽃이 옮겨 다니며 피는 듯하다. 동네에서는 꽃처럼 아름다운 새들을 철 따라 차례차례 만나게 된다. 그리고 새들이 하는 행동도 계절마다 다르다.

탐조를 시작하면서 봄에 여름철새를 만나 여름까지 흘렀다. 새들이 노래를 불러 짝을 찾고, 알을 낳고 새끼를 키우고 둥지를 떠나보내는 모습을 보았다. 가을이 되면 다른 새들이 찾아와 겨울을 가득 채웠다. 늘 주변에 있는 텃새와 잠시 머물다가는 나그네새도 만났다. 나는 새를 통해 계절의 흐름을 느끼는 것이 좋았다. 이쯤 오리라 생각한 새를 정말 만나면 반가웠다. 이 흐름이 언제까지나 계속되어야 한다는 바람도 들었다.

뒷산과 아파트의 환경

나는 탐조를 시작하면서 우선 가까이 사는 동네새를 만나는 데 중점을 두었다. 동네새는 아파트 정원과 뒷산에서 만났다. 뒷산은 정상이 약 106m밖에 안 되는 야트막한 산이다. 면적도 작아서 1시간 내외면 둘레길을 모두 산책할 수 있다. 8월경에 뒷산의 식물을 동정해 보았는데 94종을 구분했다. 물론 모든 종을 구분해 내지는 못했다. 구분한 식물 중에는 참나무류, 팥배나무, 때죽나무가 압도적으로 많고 그 외 종의 비중은 작았다. 그래도 어느 정도 분포하고 있는 나무는 일부 구역에 숲을 이룬 소나무, 70년대 식목운동 때 심어진 아까시나무, 리기다소나무, IMF 때 숲가꾸기 운동으로 시민들이 기증 식수한 벚나무류가 있다. 이처럼 인위적으로 심기도 했지만, 자연의 천이가 식물상을 만드는 기본 동력이어서, 참나무류가 소나무와 아까시나무를 밀어내고 있다. 뒷산에는 교목 중 참나무류, 벚나무류, 팥배나무와 같이 열매를 맺는 나무가 많아 새의 먹이가 풍부하다. 비록 작은 산이지만 새들에게 꽤 괜찮은 서식지이다.

산아래아파트는 비교적 정원이 잘 조성되어 있는 아파트이다. 뒷산을 조사할 때 함께 동정한 바로는 92종의 식물이 관찰되어 종수가 뒷산과 비슷했다. 천이가 아니라 인위적으로 식물을 골고루 심어 정원을 만들어서 특별한 우점종이 없다.

소리탐조를 접하다

뒷산과 아파트 정원을 탐조할 때면 새소리가 매우 인상적으로 느껴졌다. 특히 아침에 사방에서 들려오는 새소리는 햇빛을 받은 이슬방울처럼 반짝이는 느낌이었다. 처음에는 새를 잘못 찾고 동정도 못 했지만, 새소리를 듣는 것만으로 기분이 좋았다. 그런데 새소리가 탐조에서 중요한 열쇠가 됨을 길동생태공원에서 알게 되었다.

주말 탐조지로 찾아간 길동생태공원에서 신기하게도 이십 년도 더 전에 특수대학원 환경 관련 학과에서 같이 석사과정을 받았던 김지연 박사를 만났다. 그때 이후에도 김지연 박사는 생태환경 분야로 정진하여 길동생태공원에서 근무하면서 학술 활동을 병행하고 있었다. 온전히 자신이 바라는 길을 걸어온 모습이 대단하고 보기 좋았다.

내가 최근에 탐조를 시작하였고 새를 잘 찾을 수 없다고 했더니, 김지연 박사는 소리탐조에 대해 알려주었다. 새를 찾기 어려우면 눈을 감고 가만히 있으면 새소리가 들리니 그 소리를 따라가 보라 했다. 소리가 탐조의 중요한 단서가 된다면서, 그때 들리던 소리 중 박새와 흰눈썹황금새의 소리를 구분하여 알려 주었다. 김지연 박사는 소리가 들리는 쪽을 보며 참을성 있게 기다리면 새를 만날 수 있을 거라고 했다.

길동생태공원을 들르고 얼마 후 아파트탐조단에서 나그네새에 대한 강의를 들었는데, 그 강의에서도 소리탐조에 대한 내용을 접했다. 새소리는 현장에서 녹음한 소리를 인터넷에서 검색된 소리와 비교하면서 동정할 수 있다. 강의에서 소리탐조에 유용한 xeno-canto.org란 사이트에 대해 들었다. xeno-canto에는 새 종류별로 소리가 게시되어 있고 필요하면 해당 파일을 내려받을 수 있다.

나중에 접한 코넬대학의 Merlin 스마트폰 앱도 유용했다. 소리로 동정하기 메뉴를 누르고 현장에서 바로 새소리 방향으로 실행해 동정하거나, 별도로 녹음한 파일을 불러서 어떤 새의 소리인지 판별할 수 있었다. 그런데 새소리가 상당히 잘 녹음되어야만 제대로 판독할 수 있었다. 현장에서는 다른 새소리, 사람 소리 등 여러 잡음이 있다. 앱이 만능은 아니며 참고로 활용해야 한다. 그래도 Merlin은 관찰된 새의 특징으로 동정하기, 사진으로 동정하기, 새에 대한 여러 정보를 안내하는 메뉴가 있어서 매우 유용했다.

네이처링의 소리탐조 미션도 매우 유용했다. 소리탐조 미션은 참여자가 소리를 동정하고 음성파일이나 동영상을 게시하는 방식으로 운영되고 있다. 그런데 어떤 새의 소리인지 알 수 없을 때 '이름을 알려주세요'라 올리면 아는 사람이 종명을 제안한다. 특히 운영자인 이진아 대표는 당장 동정이 안 되더라도 시간을 들여 자료를 조사해 종명을 제안했다. 제안받은 종의 소리를 xeno-canto 등 인터넷에서 찾아보고 내가 녹음한 파일과 비교하면 동정에 도움이 되었다.

소리탐조의 현장 활용

소리탐조는 특히 숲처럼 나뭇잎에 가려 새를 발견하기 어려운 장소에서 유용하다. 산새들은 대부분 작은 명금류인데 이 종류는 자주 울어서 소리로 동정하기 좋다. 새소리 자체로 동정할 수 있지만, 소리를 실마리로 새의 위치를 추적해 동정할 수도 있다. 작은 새일수록 천적을 경계하여 부산하게 움직이는 경향이 있어, 소리가 들리는 쪽을 보면서 기다리면 새가 움직이는 모습이나 나뭇잎의 흔들림을 알아챌 때가 많다. 그렇게 따라가면서 저 소리와 나뭇잎 떨림의 주인공이 누구인지 알아내는 것이 탐조의 즐거움 중 하나이다.

물론 이렇게 해도 새를 찾지 못할 때가 있다. 때로는 부산하게 움직이기 때문에 오히려 못 찾기도 한다. 소리가 들리는 곳을 확인하는 사이에 새가 이동한 걸 모르고 처음 들었던 곳 주변에 주의가 머물기도 하기 때문이다. 새소리의 방향을 알아도 소리가 시작된 지점을 확인하기는 쉽지 않다. 동정도 어찌 보면 확률 게임이다. 시도한다고 전부 동정하지는 못하며 어느 정도 확률로 무슨 새인지 알 수 있다.

이 봉우리 저 봉우리 새소리 ♣ 뒷산

봄에는 여러 꽃이 핀다. 뒷산에 진분홍색 진달래가 피고 나면, 팥배나무, 아까시나무, 때죽나무의 꽃이 신록 위로 내린 눈처럼 하얗게 핀다. 아파트 정원에서는 매화와 산수유꽃이 피고 나면 개나리와 목련이 피고, 왕벚나무가 화려하게 피다가 영산홍이 이어서 핀다. 이 중 왕벚나무가 피는 시기에는 직박구리가 벚꽃의 꿀을 빨아 먹는 모습을 종종 볼 수 있다. 꿀을 빨기도 하지만 꽃잎을 따 먹기도 한다.

뒷산의 새들은 소리로 봄이 왔음을 알렸다. 그중에는 소리가 아름답다고 널리 알려진 꾀꼬리도 있었다. 꾀꼬리는 선명한 노랑 깃털을 가지고 있어 모습이 무척 아름답다. 다만, 경계심이 강해서 나뭇잎 뒤에 숨어 지내 그 모습을 자주 볼 수는 없었다. 그래서 주로 소리로 존재를 알 수 있었다. 소리도 모습만큼이나 아름다웠다. 그런데 어떨 때는 쥐라기 익룡 같은 괴이한 소리도 냈다.

보통 번식기에 짝짓기를 위해 암컷을 유혹하는 소리를 송(song)이라 한다. 송은 대부분 길고 아름답다. 사람으로 따지면 연인에게 부르는 노래와 같다. 반면 상대에게 자신의 위치를 알리거나 천적의 출현을 알리는 등 일상적인 소통을 위한 소리는 콜(call)이라 한다. 콜은 대부분 짧고 날카롭다. 꾀꼬리의 아름다운 소리는 송이고 괴이한 소리는 콜이다.

봄철 뒷산에는 새들이 번식을 위해서 송을 불러 소리의 향연이 펼쳐졌다. 새소리를 가장 많이 즐길 수 있는 정점의 시기는 봄날 아침이다. 큰유리새는 꾀꼬리에 버금가는 아름다운 송을 했다. 큰유리새는 마치 변주하듯이 다양한 소리로 노래했다. 울새의 소리도 아름다웠는데, 아주 짧은 기간 온 산을 소리로 덮듯이 많이 울었다. 그러나 나그네새여서인지 일정 시기가 지나자, 거짓말처럼 전혀 들을 수 없었다. 울새와 비슷하게 노래하는 되솔새 소리도 들었다. 다만 울새가 '또로로로' 하며 또렷하고 길게 지저귀고 소리의 끝 음조가 내려가는 데 반해, 되솔새는 소리가 좀 덜 분명하고 상대적으로 짧으면서, 높낮이가 또렷하지 않았다. 박새류들은 박새, 쇠박새, 곤줄박이가 종류별로 다른 송을 했는데 모두 듣기 좋았다.

이처럼 봄에는 많은 새가 짝을 얻기 위해 아름다운 소리로 울었다. 사람이 듣기에는 아름답지만, 새에게는 종족 보존을 위한 절실함이 배어 있는 소리이다. 내가 가장 좋아한 여름철새 소리는 되지빠귀- 조용조용하게 속삭이는 듯이 내는 소리였다. '꼬롱꼬롱' 하는 소리를 들으면 왠지 마음이 편안했다. 봄에 뒷산을 산책하면 대여섯 개 지점에서 되지빠귀 노래를 들을 수 있었다. 탐조를 시작한 둘째 해의 봄에는 되지빠귀 소리로 계절이 돌아왔음을 또렷이 느꼈다. 4월 초 퇴근길에 뒷산 쪽에서 선명하게 들려오는 되지빠귀 소리를 들었다. 계절의 흐름에 따라 다시 찾아온 되지빠귀가 반가웠다. 그해에는 되지빠귀와 더불어 흰배지빠귀도 만났다. 두 종은 소리가 비슷한 데 되지빠귀는 같은 구절을 반복적으로 내지만 흰배지빠귀는 좀 불규칙하게 소리를 낸다고 한다. 음조는 약간 다르지만 둘 다 소리가 아름답다. 나는 사실 구분하기 어려웠다. 뒷산에는 둘 중 되지빠귀가 더 많은 듯했다. 흰배지빠귀는 딱 한 번 만났는데, 되지빠귀는 숲 아래로 다니는 모습을 종종 볼 수 있었다.

그해 뒷산을 찾았던 파랑새 한 쌍. 파랑새는 부리부리한 눈, 주황색 부리와 다리, 선명한 녹색 깃털이 대비되어 인상이 또렷했다.

뒷산을 찾아온 여름철새 중 존재감이 가장 강한 새는 파랑새였다. 선명한 녹색 깃털, 짙은 주황색의 부리와 다리가 강한 느낌을 주었다. 파랑새는 흰 무늬가 뚜렷한 날개를 펴고 아파트와 뒷산을 가로지르며 날다가, 큰키나무의 마른 가지에 앉고는 했다. 뒷산에는 위쪽 가지가 말라 죽은 아까시나무가 많다. 파랑새는 아까시나무의 마른 가지에 앉기 좋아했다. 까치나 큰부리까마귀도 그런 가지에 앉기 좋아했다. 자신의 전투력에 나름대로 자신 있는 새들은 시선이 트인 곳에 모습을 드러냈다. 박새나 붉은머리오목눈이 같은 작은 새가 덤불이나 나뭇가지 사이로 움직이는 모습과 대조되었다.

파랑새가 둥지를 틀지도 모른다는 기대에 까치집들을 유심히 보았다. 아파트에서 바라보면 뒷산 나무 위에 까치집이 정말 많았다. 그 둥지 중 어느 곳엔가 번식하기를 기대했다. 자세히 보니 파랑새는 한 쌍이 아니라 여러 쌍인 것 같아 더 기대되었다. 그러나 파랑새는 내가 점 찍어 둔 까치집 어디에도 둥지를 틀지 않았다. 둘레길 덱 로드와 가까워 불안했는지 파랑새는 뒷산 어딘가 보이지 않는 장소에서 번식한 듯했다. 이렇게 봄철 꽃이 만발한 뒷산과 아파트 정원을 탐조하면서 새 사진을 찍고 소리를 녹음했다. 그리고 사진과 소리 파일을 네이처링에 게시했다. 탐조는 즐거웠고 중독성이 있었다.

새가 소리를 내는 이유

- 새가 소리를 내는 가장 큰 이유는 자신의 존재를 알리기 위함이다. 왜 존재를 알리는지는 상황에 따라 다르다. 번식기의 송은 자신이 이곳에 있음을 이성과 경쟁자에게 알리기 위해서 낸다. 자신의 존재를 과시해서 이성에게 짝이 되기를 청하고, 경쟁자에게는 자신의 영역에 들어 오지 말라고 경고한다. 보통 송은 길고 복잡한 구성으로 되어 있으며, 자신의 에너지를 과시하는 역할을 한다. 새는 번식기가 아니어도 매우 흥분하면 송을 한다. 새에게 남성 호르몬을 주입했더니 송을 했다는 실험 결과도 있다.
- 콜도 마찬가지여서 새들이 만날 때 내는 소리는 서로의 존재를 알려 교감하기 위함이다. 고니는 호수에 앉아 콜을 끊이지 않고 낸다. 직박구리도 겨울이 되면 무리를 이루어 계속 소리를 내며 교감한다. 콜은 무리와 떨어지지 않게 하는 역할도 한다. 먹이활동하다가 콜이 안 들리면 행동을 멈추고 무리를 따라간다. 콜은 천적이 나타나면 경계음으로도 낸다. 이런 소리는 듣기에 빠르고 시끄러워 급박함이 느껴진다. 새는 다른 종의 새가 내는 경계음도 알아듣고 천적을 피한다. 새는 날아오를 때도 소리를 내는데, 천적을 감지하고 날아가니 모두 주의하라는 의미로 낸다. 철새는 이동 중에 자신을 따라서 날라는 의미로 소리를 낸다.
- 전 세계 약 1만 1천 여종의 새 중 약 5천 여종 이상이 참새목에 속하면서 노래하는새인 명금류이다. 포유류 중 인간이 소리를 극도로 발전시켜 언어로 말하듯이, 명금류는 조류 중 소리를 발달시켜

서 의사소통한다. 이 중 박새는 문법을 가지고 조합된 소리를 낸다고 한다. 박새에게 경계를 의미하는 '삐이-삐'와 집합을 뜻하는 '치치치치'를 조합해 '삐이-삐 치치치치'라는 순서로 들려주면, 주위를 경계하면서 소리가 나는 곳으로 접근했다는 실험 결과가 있다.

드러밍으로 사랑을 부르는 딱다구리 ♣ 뒷산

짝을 부르는 소리는 주로 목으로 내지만, 딱다구리류는 부리로 나무를 쪼아 드러밍이라고 하는 두드리는 소리를 낸다. 봄철 뒷산에도 딱다구리류의 드러밍이 곳곳에서 들렸다. 드러밍은 일반적으로 딱다구리가 나무를 쫄 때 나는 '딱, 딱, 딱, 딱' 하는 단조로운 소리와 다르다. 드러밍은 '따라라라라~'처럼 들리는 좀 더 공명감이 있는 소리다. 한 번은 오색딱다구리가 드러밍하는 모습을 오래 지켜보았는데, 일정한 박자로 머리를 좌우로 왔다 갔다 하다가 같은 지점을 반복해 찍으며 소리를 냈다. 박자감이 있는 규칙적인 동작이었다. 이처럼 번식기에 새들은 꼭 송이 아니어도 어떤 방식으로든 소리를 내서 짝을 부르는 경우가 많다.

딱다구리류는 나무껍질 틈에 있는 곤충을 바로 잡기도 하지만, 부리로 나무를 두드려서도 찾는다. 주로 곤충의 애벌레를 먹는데 나무를 두드려서 진동으로 먹이가 있는지 확인한다. 먹이를 감지하면 부리로 구멍을 판 뒤 긴 혀를 집어넣어 먹이를 찾는다. 몇몇 종은 혀가 몸길이의 3분의 2가 될 정도로 길다. 혀끝에는 민감한 신경이 있어 진동을 감지하여 먹이의 위치를 추적한다. 혀끝에는 날카로운 피침과 끈끈한 액체가 있어 먹이를 놓치지 않고 잡을 수 있다.

딱다구리류는 둥지를 암수가 함께 나무줄기에 구멍을 파서 만든다. 먼저 수컷이 여러 곳에 작은 구멍을 만들고 암컷을 유혹한다. 암컷이 마음에 드는 구멍을 고르면 암수가 함께 작업한다. 구멍은 나무줄기 중 곧은 부위나 아래쪽을 향한 부위에 파서 빗물이 들어오지 않게 한다. 딱다구리류가 번식한 구멍은 다른 새들이 둥지로 쓴다. 딱다구리류는 주로 속이 비거나 조직이 물러진 나무에 구멍을 파는데 이러한 행동이 죽은 나무조직을 빨리 자연으로 돌아가게 해 생태계를 풍부하게 한다.

다른 산새들은 주로 나뭇가지를 옮겨 다니며 활동하는데, 딱다구리류는 나무줄기를 활발하게 타고 다닌다. 그래서 딱다구리류는 나무줄기를 안정감 있게 타도록, 발가락이 앞뒤 방향으로 두 개씩 향하고 있다. 반면에 다른 산새들은 나뭇가지를 잡기 좋게 네 개의 발가락 중 세 개는 앞으로 하나는 뒤로 향하고 있다. 딱다구리류는 그런 발가락으로 나므를 올라가면서 먹이활동을 한다. 한 나무에서 먹이활동이 끝나면 다른 나두의 주로 아래쪽으로 이동하여 위로 올라가며 먹이활동을 반복한다. 아래 탕향으로도 잘 내려가는 모습을 보기는 했다.

길동생태공원에서 만났던 드러밍하는 큰오색딱다구리

새소리는 다양하고 동정은 어렵다 ♣ 뒷산

다양하고 아름다운 새소리를 들어 좋았지만, 소리탐조는 쉽지 않았다. 새소리를 들어도 기억하기 어려웠다. 인터넷 자료를 활용해 나름 학습해도, 현장에서 새소리를 들었을 때 기억을 떠올려 비교하기는 쉽지 않았다. 소리를 동정에 적용할 정도로 정교하게 기억하기는 한계가 있었다.

새소리가 워낙 다양한 점도 동정을 어렵게 했다. 다른 새들이 비슷한 소리를 내기도 하고, 한 종류의 새가 여러 다른 소리를 냈다. 특히 명금류는 다양한 소리를 낸다. 예를 들어 곤줄박이의 송은 8가지, 박새는 12가지나 된다고 한다. 그래서 완전히 새로운 소리를 들었다고 생각해 따라가 보면 이미 알고 있는 새의 다른 소리인 경우가 많았다. 어치와 같은 새는 다른 동물의 소리도 흉내 낸다. 고양이나 맹금류의 소리를 흉내를 내 다른 새를 쫓아내기도 한다. 나는 어치가 밀화부리처럼 예쁘게 속삭이는 소리를 봄에 들은 적이 있다. 새들은 지역에 따라서도 다른 소리를 낸다. 새는 해마다 같은 지역을 찾아와 지역별로 군집을 형성한다. 미성숙한 새는 자신이 속한 군집 내 성조의 소리를 듣고 모방한다. 그래서 같은 종도 지역마다 소리가 다르다. 마치 사람이 지역마다 다른 방언을 쓰는 것과 같다.

이처럼 새소리가 다양하기에 몇 가지 소리를 익혔다고 종을 완벽히 동정할 수는 없었다. 우선은 각 조류 종의 특징적인 소리 몇 가지를 익혀서 동정에 활용하려 했다. 그리고 소리로 동정할 때 가능하면 눈으로도 함께 확인해서 동정의 신뢰성을 높이려고 했다. 물론 모든 경우에 그럴 수 있지는 못했다. 동정이 완료된 소리 파일을 스마트폰에 저장해 두면 유용했다. 어떤 새소리인지 아리송할 때 자신이 전에 동정한 적이 있는 녹음파일을 현장에서 틀어 비교하면 유용했다. 무엇이든 손때 묻어야 진짜 자기 것이다.

새소리를 말로 옮겨 기억하기

새소리를 말로 옮겨 기억하면 동정에 도움이 된다. 이 방법을 적용해 뒷산에서 산솔새를 동정할 수 있었다. 산솔새는 아주 맑고 또렷하게 우는데, 인터넷에서 들었을 때 내게는 '비비추비~'라고 들렸다. 그런데 어느 날 의성어로 기억한 산솔새 소리를 떠올려 동정에 성공했다. 뒷산에 봄철이면 솔새류가 찾아오는데, 워낙 작고 부산하게 움직여서 동정이 어려웠다. 그래도 처음 동정한 후로는 '비비추비~' 소리만 들으면 산솔새가 있음을 알 수 있었다.

솔새류는 외형이 비슷해서 구분하기 어렵다. 그러나 소리는 종마다 달라서 동정에 유용했다. 봄철에 못 들어본 소리를 들으면 자료를 찾아보거나 네이처링에 물어 조금씩 알아갔다. 그리고 이런저런 의성어로 기억해 보려 했다. 새소리에 대해 하나하나 알아가는 일은 즐거웠다. 그래서 어디서든 새소리를 들으면 잠시 멈추어 이 소리는 어느 새의 것인지 생각하는 버릇이 생겼다. 새소리가 들리지 않으면 가끔 멈추어서 귀를 기울였다. 의외로 발걸음 소리가 새소리를 안 들리게 할 때가 많았기 때문이다.

파형도를 이용한 동정

소리 동정에는 새소리를 녹음한 후 파형도(sonogram)를 비교하는 방법이 있다. 파형도는 시간에 따른 주파수의 변화를 나타낸 그림이다. 반복되는 새소리의 구절을 모티프(motif)라 하는데, 반복되는 그림으로 파형도에 나타나며 이를 비교하여 새소리를 동정한다.

나는 모르는 새소리를 들으면 녹음한 후 해당 음성파일을 Merlin으로 불러들여 동정하곤 한다. 음성파일을 읽은 Merlin이 동정 종을 추천하는데, 이때 내가 녹음한 파일의 파형도를 함께 볼 수 있다. 이 파형도를 Merlin이 목록화하여 제공하는 새소리의 파형도와 비교할 수 있다.

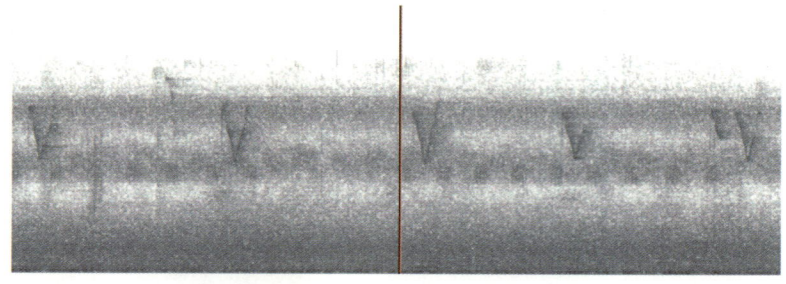

뒷산에서 만난 노랑눈썹솔새의 파형도. "쥬잇"이란 소리를 나타내는 쐐기 모양의 모티프가 반복된다.

뒷산 새들의 번식과 영역 활동 ♣ 뒷산

봄은 번식의 계절이다. 특히 3~4월에 뒷산과 아파트 정원에서 짝을 찾는 새소리를 많이 들을 수 있었다. 개체수가 많아서인지 박새류의 노래가 가장 많이 들렸다. 박새, 쇠박새, 곤줄박이가 내는 다른 소리가 어우러져 공간을 가득 메웠다. 어느 날 아침, 박새 한 마리가 나무의 가장 윗가지에서 자신을 드러내고 아주 오랜 시간 울었다. 봄철에 새는 소리든 모습이든 자신을 공공연히 드러내고 알렸다. 사랑은 위험을 기꺼이 감수하게 한다.

송을 하는 박새. 평소 나뭇가지 사이로 숨어다니던 작은 새들이 봄에는 짝을 찾기 위해 위험을 무릅쓰고 자신을 드러내고 소리를 낸다.

5월이 되니 꾀꼬리와 되지빠귀 소리를 제외하면 쯕을 찾는 노래가 잦아들었다. 짝짓기를 한 뒤에는 알을 낳는 산란, 알을 품는 포란, 태어난 새끼를 먹이는 육추, 새끼를 데리고 둥지를 떠나는 이소가 이어졌다. 뒷산에선 나뭇잎에 가려 까치둥지를 제외하면 둥지를 발견하기는 어려웠다. 그래서 산란과 육추의 과정을 보기는 어려웠다. 대신 이소가 이루어진 후 어미와 새끼가 같이 다니는 모습을 볼 수 있었다. 쇠딱다구리, 까치, 물까치가 이소 한 새끼에게 먹이를 주는 모습을 보았다. 어미가 주는 먹이를 새끼가 받아먹는 모습을 보면 절로 미소가 지어졌다.

　새들끼리 싸우는 모습도 가끔 보았다. 영역을 방어하기 위한 행동으로 보였다. 새들은 번식기에 둥지를 중심으로 영역을 만들고 방어한다. 야생동물은 공간을 행동권과 세력권으로 나누어 달리 행동한다. 행동권은 먹이활동, 이동, 짝짓기, 양육 등 모든 활동에 사용되는 공간이다. 세력권은 행동권 가운데 배타적으로 지배하며, 동족이나 다른 동물이 들어오는 것을 방어하는 공간이다. 새들은 번식기에 둥지를 중심으로 세력권을 만들고 다른 동물의 접근을 방어한다.

　그런데 새들은 둥지와 상관없이도 공간을 두고 자주 다투었다. 까치를 보면 가까이에 다른 까치가 있으면 공격하여 쫓아내곤 했다. 그런데 어떤 때는 아무 일 없는 듯이 같은 나무에 나란히 있었다. 새들은 기본적으로 자신의 주변에 일정 공간을 확보하고 싶어 하는 듯했다. 참새나 붉은머리오목눈이처럼 무리로 다니는 새도 자세히 보면 다닥다닥 몸을 붙이지 않고 일정 거리를 두고 움직였다. 사실 사람도 아주 친밀한 사이가 아니면 서로 일정 거리를 두어야 심리적으로 편안하다. 공간 다툼은 직박구리와 까치처럼 서로 다른 종 간에도 보였다. 보통 덩치가 더 큰 까치가 직박구리를 쫓아냈지만 의외로 직박구리가 까치를 쫓아낼 때도 있었다.

　가만히 보면 새들은 직접 타격을 가하기보다는 공격하는 척해서 상대를 쫓아냈다. 상대의 근처까지 날아가서 부리로 살짝 쪼는 시늉을 하고 되돌아오곤 했다. 싸우면서 안전거리를 확보하는 방식으로 보였다. 그러면 기가 눌린 쪽이 먼저 자리를 떴다. 몸이 뒤엉키는 물리적 격투보다는 기세로만 싸워 상처 없이 문제를 해결하는 현명한 방법으로 보였다. 야생동물은 상처를 입으면 치료받을 수 없어서 심각한 상황에 놓일 수 있기 때문이다.

새의 번식

- **번식 과정** : 새의 번식은 세력권 설정 → 짝짓기 → 산란 → 포란 → 육추 → 이소 순으로 이루어진다. 번식기가 되면 주로 수컷이 번식하려는 장소에 세력권을 만들어 다른 수컷이 들어오지 못하게 한다. 그리고 송을 부르는 등 구애 행동을 해서 암컷을 오게 하여 짝을 맺는다. 평소 무리를 이루어 다니던 새 종류도 번식기에는 짝을 이룬 두 마리만의 세력권을 둥지를 중심으로 만들고, 다른 새가 접근하지 못하게 한다.
- **암수 관계** : 박새나 곤줄박이처럼 크기가 작은 명금류는 대부분 번식기에만 짝을 유지한다. 반면 큰 새 중에는 기러기류, 고니류, 두루미 같이 지속해서 짝을 유지하는 종류도 많다. 금실 좋은 부부를 상징하는 원앙은 사실 번식기에만 부부관계를 유지하고 이듬해에는 새로운 짝을 찾는다. 다만 번식기 동안만은 잠시도 안 떨어지고 같이 움직여 다정한 부부를 상징하게 되었다. 지속성이 있는 부부관계를 가진 새들도 대부분 바람을 피운다. 바람을 피우는 이유는 수컷은 여러 암컷에 자기 유전자를 옮기기 위함이며, 암컷은 배우자 외의 우수한 유전자를 받기 위해서이다.

이외에도 새의 암수 관계는 다양하다. 상당수의 새가 일부일처제 형태를 가지지만, 한 마리의 수컷이 여러 암컷과 짝 짖는 일부다처제인 새도 있다.

이러한 종은 암컷이 새끼를 키우기를 도맡아 한다. 이런 종은 온갖 노고를 감당하는 암컷의 환심을 사는 게 중요하므로, 수컷이 송을 부르고 깃털도 더 아름답다. 반면 암컷이 여러 수컷과 짝짓기하고 수컷이 양육을 전담하는 일처다부제인 호사도요와 같은 새도 있다. 이러한 새는 암컷이 수컷보다 훨씬 화려한 모습을 가지고 있다.

- **교미와 산란** : 짝이 맺어지면 새들은 둥지를 만드는 등안 여러 차례 교미한다. 새는 약 10초 정도의 짧은 시간 동안 총배설강을 맞추어 수컷이 암컷에게 정자를 보내는 방식으로 교미한다. 결합이 불완전하므로 교미 횟수를 늘려 번식 확률을 높인다. 둥지가 완성되면 알을 낳는 산란(産卵)을 한다. 보통 하루에 하나의 알을 낳는다. 알의 수는 새마다 다른데 대체로 작은 새가 많이 낳는다.

- **포란** : 산란 뒤에는 알을 품는 포란(抱卵)을 한다. 포란 중에는 새의 배와 가슴 부위의 깃털이 빠져 맨살이 된다. 이곳에 혈관이 발달한 포란반이 생겨 따듯하게 알을 품는다. 포란반은 보통 저절로 만들어지나, 일부 종은 포란반을 만들기 위해 깃털을 뽑기도 한다.

 포란은 마지막 알을 낳은 전날이나 그 직후부터 시작한다. 가능한 같은 시기에 부화하여 새끼들의 크기가 다르지 않게 해 대부분을 키워내기 위한 행동이다. 크기가 다르면 큰 새끼가 먹이를 독점해서 다른 새끼가 도태되기 때문이다. 반면 맹금류와 같은 새는 알을 낳는 대로 포란한다. 그래서 새끼마다 크기와 성장 정도가 다르다. 이 경우 먼저 태어난 새끼가 먹이를 독점해서 압도적으로 생존에 유리하다. 이러한 방식은 먹이가 부족한 상황에서 한정된 수의 새끼라도 확실하게 양육하는 효과가 있다.

- **육추** : 새끼가 태어나면 먹이를 날라서 주는 육추(育雛)를 한다. 어미는 새끼가 먹이를 달라고 내는 소리, 크게 벌린 입 안의 밝은색, 바르르 떠는 날갯짓에 이끌려서 먹이를 계속 나른다. 육추는 눈을 안 뜨고 깃털이 없는 미

성숙 상태로 부화하는 만성성(晚成性) 조류에서만 보인다. 완전한 모습으로 부화하는 조성성(早成性) 조류는 새끼 스스로 먹이를 찾아 먹는다. 육추 동안 새끼는 창자 끝에서 분비되는 점액으로 쌓인 배설물을 눈다, 그래서 어미는 배설물을 깔끔하게 밖으로 버리거나 먹어, 둥지를 청결하게 유지할 수 있다.

- **이소** : 육추기간이 지나면 새끼가 둥지를 떠나는 이소(離巢)가 이루어진다. 이소할 때가 되면 어미는 먹이를 주지 않고 둥지 밖에 앉아서 새끼의 이소를 유도한다. 이소 후에도 한동안 새끼는 나는 능력이 완전하지 않아 어미가 새끼에게 먹이를 준다.

- **성장단계에 따른 분류** : 새는 번식과정의 발달단계에 따라, 갓 부화했을 때를 새끼(雛)라 하며 이를 키우는 일을 육추(育雛)라고 한다. 육추가 끝나고 나서 1회 겨울깃으로 갈기 전까지는 어린새(유조)라 한다. 유조가 1회 겨울깃으로 갈면 미성숙새(아성조)가 된다. 이후 성장을 거쳐 번식이 가능한 성조가 된다. 성조가 되는 기간은 새의 종류에 따라 다르다. 보통 작은 산새들은 1회 겨울깃을 버리고 1회 여름깃으로 갈고 나면 성조가 된다. 수컷의 경우 겨울깃은 비번식깃 또는 변환깃, 여름깃은 번식깃이라고도 부른다. 작은 산새는 1회 번식깃을 갖게 되면 바로 번식을 시도한다. 반면 맹금류와 같이 큰 새는 여러 해를 지나야 번식할 수 있는 성조가 된다. 동정할 때 깃털을 비롯한 미성숙새의 특징을 알아두는 일이 중요하다. 탐조할 때 만날 새 중에는 미성숙새가 꽤 많다. 자연은 생존경쟁이 치열하다. 성조가 됨은 능력과 행운이 따라야 가능한 어려운 일이다.

아파트의 다양한 텃새

♣ 아파트

계절이 봄이니만큼 여름철새와 나그네새를 기다렸지만, 아파트 정원에서는 텃새를 주로 만났다. 봄에 아파트에서 인상적으로 본 장면은 박새가 정자 지붕에서 새끼를 키우던 모습이다. 정자는 코로나19와 시설 노후로 폐쇄된 상태였는데 지붕 구조물 틈에 박새가 둥지를 틀었다. 정자는 뒷산과 맞닿는 장소에 있었는데, 산에서 벌레를 물어와서 정자 지붕으로 들어가곤 했다.

까치는 쓰레기 분리수거장에서 자주 만났다. 종량제봉투 안에 음식물이 있는 것인지 봉투를 뜯곤 했다. 분리수거일에 사람들이 쓰레기 분리수거장으로 많이 나오면, 까치는 떨어져서 유심히 사람들을 바라보았다. 음식물이 나오는지 지켜보는 것 같았다. 사람들이 가고 나면 다시 쓰레기봉투에 접근했다. 집비둘기처럼 까치도 도시의 음식물쓰레기에 완벽히 적응했다.

첫해에 아파트에서 32종을 동정했다. 그런데 상당수는 단지 내부가 아니라 아파트와 뒷산이 닿는 산기슭에서 동정했다. 아파트와 뒷산이 연결되어 있고, 아파트 정원에 새가 머물 만한 식물이 많지만, 단지로 내려오지 않고 뒷산에 머무는 종이 대부분이었다. 아파트에서 보이는 새도 늘 있는 종도 있지만, 보였다 안 보였다 하는 종도 있었다. 이러한 종은 좀 더 큰 활동 영역 중 일부가 아파트 정원이 아닐까 싶었다. 안 보이는 날은 활동 영역의 다른 곳에 있는 것으로 보였다.

아파트 정원 안에는 우선 참새, 직박구리, 까치가 압도적으로 많았고 박새류도 많았다. 박새류는 박새, 쇠박새, 곤줄박이 순으로 많은데 그중 박새가 월등히 많았다. 멧비둘기와 집비둘기도 꾸준히 관찰되었다. 오목눈이도 종종 모습을 보였다. 붉은머리오목눈이는 참새와 더불어 화살나무나 영산홍처럼 아파트 정원에 있는 관목들을 따라서 단지 내부를 이동했다. 교목류만 있는 아파트가 꽤 있는데 관목류를 함께 심으면 붉은머리오목눈이처럼 좀 더 다양한 조류가 살리라 보였다. 봄에 만난 붉은더리오목눈이 무리는 크지 않

쓰레기봉투를 뜯는 까치. 까치는 도시에서 배출되는 음식물쓰레기에 적응했다. 이는 집비둘기, 길고양이가 택한 도시 생존전략과 같다.

앉다. 이들은 일 년 내내 무리를 이루지만, 번식기에는 작은 무리를 이루고 겨울이 되면 큰 무리를 만든다. 번식은 겨울 무리의 영역 안에서 짝을 골라 한다. 둥지를 떠나면 그 해 태어난 새끼는 다른 지역으로 가고 다른 새들이 들어온다. 이런 행동은 근친교배를 막는 효과가 있다. 그 외 나머지 종들은 가끔 눈에 띄어 아파트단지를 서식지로 한다고 보기는 어려웠다. 그런 새들은 뒷산에서 대부분 시간을 보내다 어쩌다 아파트 정원에 들르는 듯했다.

아파트 정원 내 새의 번식 ♣ 아파트

정자 지붕에서 본 박새 이외에도 까치, 직박구리, 멧비둘기, 오목눈이, 붉은머리오목눈이가 아파트 정원에서 번식했다. 아파트에서 새들은 각각의 종에 맞는 식물에 둥지를 틀었다. 까치는 아주 키가 큰 나무의 끝이나 높은 가지에 둥지를 만들었다. 호전적인 성격이라 방어할 자신이 있어서인지 까치는 둥지를 숨기지 않고 드러나는 곳에 만들었다. 까치는 4곳의 나무에 둥지를 틀었다. 이 중 세 곳은 키 큰 소나무였고 나머지 하나는 역시 크게 자란 대왕참나무였다. 아파트에 까치가 번식하기 위해서는 큰키나무가 필요함을 알 수 있었다.

까치는 둥지 근처에 사람이 다가가면 시끄럽게 울었다. 까치가 둥지에 다가오는 사람을 공격하는 사례도 있으므로 까치가 격앙된 듯이 울면 일단 물러나야 한다. 까치는 나뭇가지를 얼기설기 엮어서 둥지를 만들었다. 까치는 한 번 쓴 둥지를 재사용하지 않는다. 번식과정에서 생긴 배설물 등으로 지저분해진 둥지 대신 깨끗한 집을 새로 만든다. 다만 예전 둥지의 나뭇가지를 재활용하기도 한다. 쓸 만한 나뭇가지를 재활용하면 둥지 재료를 찾느라 걸리는 시간과 노력을 줄일 수 있다.

까치와 달리 다른 새들은 둥지를 숨겨서 지었다. 오목눈이는 가이즈까향나무 안에서 번식했다. 오목눈이는 나무 안으로 수시로 드나들며 새끼에게 먹이를 주었다. 다른 아파트에서도 같은 번식 사례를 확인한 적이 있어서, 오목눈이의 번식에 가이즈까향나무가 적합한 나무로 보였다. 나뭇가지와 잎이 치밀해서 안을 들여다보기 어려운 점을 오목눈이가 좋아하는 듯했다. 나뭇가지가 수평으로 조밀하게 뻗어 있는데, 그 위에 둥지를 만드는 것으로 추정되었다. 번식이 끝난 후 나무 안을 들여다보았는데, 여기저기 깃털은 보이지만 둥지는 보이지 않았다. 둥지를 눈에 안 띄게 절묘하게 설치하는 것으로 보였다.

멧비둘기가 단풍나무 나뭇가지 속에서 둥지를 튼 모습을 우연히 보았다. 멧비둘기는 나뭇가지 몇 개를 평평하게 얹어 엉성하다 싶게 둥지를 만들었다. 직박구리도 매화나무 속에 둥지를 틀었다. 직박구리는 작은 바구니 모양으로 둥지를 틀었는데, 비닐 끈이 꽤 섞여 있었다. 직박구리나 멧비둘기 같은 종을 위해서는 단풍나무나 매화나무처럼 중간키로 관리할 수 있는 나무가 필요해 보였다.

붉은머리오목눈이는 아파트 외곽 인동덩굴과 병꽃나무가 있는 수풀 속에서 번식했다. 둥지는 입구가 좁고 속이 깊은 바구니 모양이었다. 그 외 참새도 아파트 어디선가 번식하리라 보였지만 확인할 수는 없었다. 참새는 아파트와 인근 대학 경계부에 뽕나무가 우거진 공터에서 요란하게 소리를 내며 많은 수가 모여 있었다. 아마 그곳 어딘가에 모여서 번식하지 않을까 추측했다. 왜냐하면 박임자 단장이 자신이 사는 아파트에 인공새집을 3~4m로 가깝게 설치했는데, 새집마다 참새들이 들어와 별 충돌이 없이 번식했다는 얘기를 들었기 때문이다. 보통은 번식기에 새들은 떨어져 번식하지만, 둥지 간 거리는 종마다 다르다. 괭이갈매기는 외딴섬에 모여서 번식하는데 둥지 간격이 0.4~2.9m 정도에 불과하다. 산아래아파트의 참새들도 어쩌면 가까이 붙어서 번식할지도 모를 일이었다.

붉은머리오목눈이 둥지(좌)와 직박구리 둥지(우). 아파트 정원에도 다양한 새가 번식하고 있다.

검은이마직박구리와의 만남 ♣ 아파트

탐조하면서 가장 답답한 부분은 내가 심각한 '막눈'인 점이다. 새를 보았을 때 동정하는 능력도 부족하지만, 새를 발견하는 것 자체를 잘못했다. 하긴 눈앞에 물건이나 모니터에 뻔히 보이는 프로그램 메뉴도 평소 잘 찾지 못하니, 새라고 다를 리 없었다. 다른 탐조인과 함께 새를 만나면 여러 새를 보는데 혼자 탐조하면 늘 보던 새만 발견했다. 한정된 종류만 만나는 경험을 반복하면서 자신의 부족함을 느꼈다. 그래도 간혹 특기한 새를 동정하여 종추할 때가 있었다. 그럴 때면 무척이나 기분이 좋았다. 동네에서 종추한 새 중 좀 특이한 종은 검은이마직박구리, 멧종다리, 흰눈썹붉은배지빠귀였다.

이들 중 검은이마직박구리는 둘째 해의 봄에 소리로 처음 만났다. 아파트 정자 근처 수풀에서 '꺽꺽' 하는 개구리울음 같은 소리와 귀여운 음색의 소리가 번갈아 들렸다. 소리를 따라가 보니 처음 보는 새 5~6마리가 조경수 사이를 무리 지어 날아다녔다. 앞머리부터 정수리까지 검고 옆 머리는 하얀 처음 보는 새였다. 네이처링에 올렸더니 검은이마직박구리라는 답변이 올라왔다.

검은이마직박구리는 원래 중국 남부, 대만, 베트남 북부지역에 사는 아열대성 조류이다. 그래서 전에는 검은이마직박구리를 길잃은새로 분류했지만, 요즘에는 우리나라에서 자주 목격되고 있다. 검은이마직박구리는 2002년 어청도에서 처음으로 목격된 이후, 가거도, 소청도, 홍도, 백령도 등 서남해 도서 지역에서 주로 관찰되었다. 그런데 2011년 이후에는 경기 파주, 안산 및 경북 포항 등 내륙에서도 자주 관찰이 되었다. 어청도, 가거도, 백령도 등에서는 번식도 확인되어서 여름철새의 성격이 조금씩 강해지고 있다.

검은이마직박구리의 출현이 늘어난 이유는 지구 온난화의 영향으로 추정되고 있다. 적갈색따오기, 물꿩, 붉은부리찌르레기 등의 아열대 조류가 국내에서 관찰되는 것도 같은 맥락이다. 이제 검은이마직박구리가 서울의 산아

검은이마직박구리는 4월 초 거의 비슷한 시기에 산아래아파트에 머물다 갔다.

래아파트에도 찾아왔다. 꼭 좋은 현상이라 볼 수 없지만 새로운 새를 만나서 기분은 좋았다.

멧종다리는 아파트에 접한 산기슭에서 만났다. 정말 예쁜 소리를 내는 귀여운 새를 보고 사진을 찍고 녹음했다. 해당 파일을 올리니 아파트탐조단 참가자들이 관심을 많이 보였다. 여러 의견이 제시된 끝에 멧종다리로 동정이 되었다. 그것이 아파트탐조단 미션에 기록된 멧종다리의 첫 관찰이어서, 다른 참가자들도 같이 좋아하며 댓글을 여럿 올렸다.

드물게 목격되는 나그네새인 흰눈썹붉은배지빠귀는 뒷산 탐조 중에 만났는데, 처음엔 되지빠귀라고 여겨 사진을 찍었다. 되지빠귀는 숲 아래로 조심스럽게 다녀 사진을 찍기가 쉽지 않다. 나름 흡족한 마음으로 집으로 돌아와 사진을 보니 선명한 흰 눈썹 무늬가 보였다. 도감을 찾아보니 흰눈썹붉은배지빠귀였다. 온전히 자기 힘만으로 동정해서 더 기분이 좋았다.

몇몇 특이한 새를 만나기는 했지만, 감각이 둔한지라 동네 탐조를 통한 종 추가는 더뎠다. 그래도 시간이 지나면 탐조능력이 점점 나아지리라 생각하고 느긋하게 탐조하기로 했다. 사람에게는 각자의 여건, 몰입도와 속도가 있다. 탐조는 즐겁기 위해서 하는 일이다. 새를 찾아내서 알아보는 일은 탐조의 핵심적인 즐거움인데, 남보다 더디다고 주눅 들면 제대로 즐길 수 없다. 새라는 숨겨진 보물을 찾고 종류별 특징이라는 암호를 해독해서, 끝내 무슨 새인지 알아내는 즐거움을 조바심 없이 즐기고 싶었다.

새를 동정하는 방법

새는 다양한 단서를 활용하여 동정한다. 우선은 외형으로 가장 많이 동정한다. 새는 과(科) 별로 다른 실루엣과 크기를 가지고 있다. 실루엣과 크기는 어떤 계통의 새인지 추정하는 데 도움이 된다. 부리, 꼬리, 날개, 머리처럼 특징이 두드러지는 부위의 형태도 동정에 활용된다. 신체 부위별로 다른 색도 기준으로 활용한다.

도감을 보면 신체 부위별 모양과 색을 단서로 종을 구분한 경우가 많다. 이러한 핵심 열쇠를 익히면 동정에 도움이 된다. 새의 신체 부위 명칭이 복잡하여 잘 안 들어오지만, 동정을 위해서는 익혀야 한다. 도감에서 새의 특징을 신체 부위 명칭을 활용해서 설명하기 때문이다. 번거롭더라도 신체 부위를 설명한 새 그림을 한번 따라 그려보면 도움이 된다.

특히 깃털 색이 동정에 유용하다. 예를 들어 흰눈썹붉은배지빠귀는 되지빠귀와 비슷하나 눈썹이 흰색이어서 구분할 수 있었다. 그런데 새의 깃털은 암수, 성조와 미성숙새, 계절에 따라 다르므로 이에 대해서도 익혀야 한다. 다양한 변이가 조류 동정을 어렵게 한다. 보통은 수컷의 깃털색이 화려하다. 암컷은 새끼를 키우는 동안 천적의 눈에 띄지 않기 위해 색이 수수하다. 그런데 번식을 못 하는 미성숙새는 수컷도 암컷처럼 삵이 수수하다. 굳이 천적의 눈에 띄어 좋을 게 없기 때문이다. 심지어 성체 수컷도 비번식기에는 암컷처럼 색이 수수하다. 암컷, 비번식기 수컷, 미성숙새는 수수한 깃털 색이 서로 비슷해서 신중히 동정해야 한다. 깃털로 구분이 어려운 경우는 다른 신체 부위의 색으로 구분한다. 예를 들어 청둥오리는 비번식기에 암수의 깃털 색이 비슷하지만, 수컷은 부리가 녹황색인 데 반해 암컷은 검은 반점이 있는 주황색이다.

　소리도 동정에 유용한 기준이다. 특히 새가 잘 안 보이는 숲에서 유용하다. 그 외 딱새의 까딱까딱하는 꼬리 짓, 직박구리의 파형 비행과 같은 독특한 행동도 동정에 사용한다. 새를 만난 장소와 시기도 종을 유추하는 데 도움이 된다.

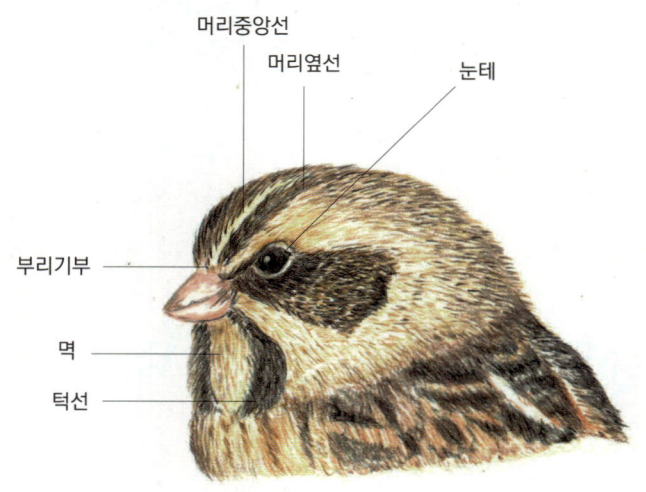

머리는 그림의 예시된 명칭 외에 각 조류 종의 무늬에 따라 눈선, 눈썹선, 뺨선, 뺨밑선 등 다양한 부위별 명칭이 있다. 명칭은 직관적이어서 도감을 이해하기에 큰 어려움은 없다.

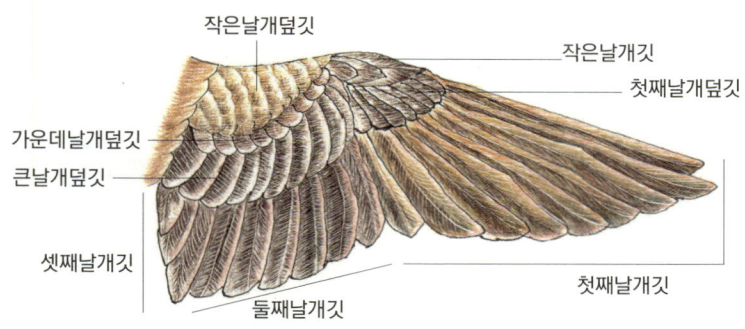

머리와 달리 날개 부위의 명칭은 상대적으로 직관적이지 않아서, 초보자에게 혼돈이 올 수 있다. 조금은 주의를 기울여 익혀야 한다. 날개는 접고 앉아 있을 때 해당 부위가 어디인지 같이 익히면 좋다.

새의 부척은 사람의 정강이 부위로 보이나 발목 아래에 해당한다. 부척 위가 정강이 부위에 해당한다. 정강이 위의 관절은 깃털에 숨겨져 있으며, 그 위가 사람의 허벅지에 해당하는 부위이다.

개체수 모니터링 시작

몇몇 특이종을 만나기는 했지만, 참새, 직박구리, 까치, 박새류 등 한정된 종을 만날 때가 많았다. 흔하게 느껴질 수도 있지만, 인간과 상호작용을 가장 많이 한다는 점에서 오히려 중요한 새이다. 그래서 이들의 행동을 자세히 관찰하려 했지만 어려웠다. 새들은 무언가를 먹거나, 날아가거나, 간혹 소리를 내고 대부분은 그냥 있었다.

특별한 행동을 관찰하지 못해 아쉬웠지만 좀 달리 생각하기로 했다. 삶이란 대부분이 평범한 일상이고 생명의 가장 큰 의미는 존재하는 것 자체가 아닐까 생각했다. 수많은 물상이 존재한다는 것 자체에 충실하였기에 그들이 모여 경이로운 우주도 존재한다. 특별한 행동을 관찰하면 더 재미있겠지만, 새라는 존재를 접하는 것만으로 즐거워야 탐조도 오래 즐길 수 있다고 생각했다. 그래서 새의 행동에 대해서는 시간을 두고 천천히 관찰하기로 했다. 그리고 부족한 관찰 능력으로 먼저 할 수 있는 일이 무얼 생각해 보았다.

익숙한 종에 대해서는 어떤 장소와 시기에 개체수가 얼마만큼인지는 알 수 있을 듯했다. 그래서 뒷산과 산아래아파트를 꾸준히 모니터링하기로 했다. 개체수를 세어서 계속 기록하는 일이 무슨 의미가 있을까 싶기도 하지만, 개체수 동향은 단순한 수치를 넘어선 가치가 있다. 어떤 존재가 거기 있고 없음은 단순한 사실이 아니라 의미를 동반한다. 왜 그곳에 있을까? 왜 그만큼 있고 없을까? 여러 생각할 거리가 있다. 이렇게 모인 자료들이 조류의 분포, 밀도, 시간에 따른 변화 등 다양한 용도로 활용될 수 있다. 서식지의 현황과 환경 개선을 위해서도 쓰일 수 있다. 만일 뒷산의 조류 개체수를 모니터링한 20년 전의 자료가 있다면, 대단히 흥미롭게 지금과 비교할 수 있을 것이다. 지금 기록되는 자료도 나중에는 그러하지 않을까?

조류 종과 개체수 기록에는 코넬대학에서 운영하는 eBird를 사용했다. eBird는 종을 동정하여 입력하면 그날 탐조목록에 반영되고, 이후 스마트폰 화면에서 해당 종을 터치만 하면 숫자가 올라가 종수와 개체수를 기록하기 편리하다. 정한 동선을 따라 이동하며 관찰되는 종과 개체수를 eBird로 기록한 후 엑셀에 옮겨 적었다. 엑셀 파일에는 정량적인 내용 외에 정성적인 내용도 부기해서 관찰 기록장이 되도록 했다. 모니터링은 조건을 되도록 같게 하려고 오전 10시 이전에 탐조를 시작했다. 꾸준히 모니터링하면 의미 있는 자료가 축적되리라 기대했다.

2. 여름, 고요 속의 움직임

아기새 합창 ♣ 뒷산

한 해를 보면 봄에 만물이 가장 분주하고 쑥쑥 자라는 느낌이다. 그런 활동적인 모습은 초여름까지 이어지다가, 이내 숲속에 정적이 찾아온다. 봄꽃과 신록의 시간이 지나면, 말수 적고 짙은 색의 나뭇잎이 더위와 함께 공간을 채운다. 여름, 새들은 조용하다.

여름이 되자 아파트 정원에 새가 보이지 않았다. 이미 5월경부터 참새, 까치, 직박구리 등 몇 종을 제외하면, 새들이 별로 안 보였다. 뒷산도 마찬가지였다. 짝을 찾는 시기가 지나자 송이 그쳤다. 새들이 포란과 육추를 하면서 천적에게 노출을 피하려고 소리를 안 내면서 숲이 더 조용해졌다. 간혹 콜을 하더라도 나뭇잎에 가려 새가 안 보였다. 새들이 적게 보이는 현상은 더위가 심해지면서 여름내 계속되었다. 사람도 그렇지만 새도 더우면 활동을 줄이는 듯했다.

그래도 초여름에는 이제 막 이소한 아기새들이 꽤 있어 뒷산 탐조가 즐거웠다. 특히 박새류 새끼들이 많았다. 나뭇가지 사이로 박새류 어미와 새끼가 몰려다녔다. 박새류는 통상 3월~7월에 걸쳐 번식한다. 초여름에는 이소 후 개체수가 많이 늘어나, 박새류 새끼의 소리가 뒷산에서 많이 들렸다. 어미를 부르며 먹이를 보채는 소리인데, 내게는 '찌지징, 찌지징' 하고 들렸다. 박새, 곤줄박이, 쇠박새 새끼들의 소리는 비슷해서 구분이 어려웠다. 뒷산에서 5월 말부터 많이 들리기 시작한 박새류 새끼들의 소리가 7월 초순까지 이어졌다. 초여름 아침에 신록 끝자락의 뒷산을 산책하며 아기새 소리를 들으면, 싱그럽고 아기자기한 생명감이 느껴졌다.

봄부터 여름 중반까지 그래도 자주 소리를 내는 새는 되지빠귀와 꾀꼬리였다. 둘 다 소리가 아름다워서 뒷산 산책을 할 때면 '이런 새들이 여름에 있어 주어서 고맙다.'란 생각이 들었다. 파랑새도 잊을 만하면 울어서 자신의 존재를 알렸다. 뻐꾸기 소리도 간혹 들렸다. 이처럼 여러 종의 여름철새가 작은 야산인 뒷산을 찾아와 번식하고 갔다.

되지빠귀는 숲 아래로 낮게 다녔다.

길에서 어린 새를 만나면

봄부터 초여름에 이르는 번식기에는 산책로에서 혼자 있는 어린 새를 만나는 경우가 있다. 이때 어미를 잃은 것으로 여겨 불쌍한 마음에 집으로 데리고 와서는 안 된다. 이런 경우 어미는 먹이를 구하러 가고 새끼는 단순히 쉬면서 기다리고 있을 때가 대부분이다. 어미가 그리 멀지 않은 곳에 있으니 그대로 두고 가면 된다. 이소 후 새끼는 어미와 함께 이동하며 주로 나무 위에 있지만 땅 위에 있을 때도 있다.

어미가 버렸는지를 확인하려고 주변에 머물면 어미가 새끼 가까이 오기를 꺼릴 수 있으니 멀리 떨어지는 게 좋다. 때로는 어미가 돌아와서 강한 경계음을 내며 경고할 때도 있긴 하다. 선의를 가지고 다른 생명체를 대해야 하나, 많은 경우는 인위적인 개입보다는 자연에 맡김이 현명하다.

매미 소리가 새소리를 덮다   ♣ 뒷산

　여름이 짙어져 7월 중순이 되자 매미 소리가 새소리를 덮어버렸다. 오랜 세월 땅속에서 견뎠던 매미들이 짝짓기를 위해 쏟아져 나와 아우성을 쳤다. 주로 참매미와 말매미 소리가 많이 들렸다. 매미 소리가 들리더니 얼마 안 있어 사체가 쏟아져 나왔다. 여름철엔 매미 사체의 양이 상당해서 새들에게 중요한 육식성 먹이가 된다. 새들은 자연이 주는 계절별 먹이에 맞추어 산다. 특히 직박구리와 까치가 매미를 먹는 모습을 자주 보았다. 하루는 직박구리 한 마리가 커다란 매미를 잡아서는 이리저리 나뭇가지에 때린 후에 새끼에게 먹이는 모습을 보았다. 직박구리는 이렇게 해서 새끼가 소화하기 어려운 날개를 떼어서 먹인다고 한다. 요란한 소리와 달리 직박구리는 꽤 섬세하고 재주가 많은 새이다.

　7월 말이 되자 뒷산에서 새를 더 보기 어려워졌다. 여름에 새는 먹이활동 할 때 열이 많이 나기 때문에, 아침 시간대를 제외하면 서늘한 곳에서 쉬며 보낸다. 여름에는 일출에 맞추어 훨씬 일찍 탐조하면 그나마 새를 더 만날 수 있었다. 이렇게 여름을 보낸 후 가을이 되어 곤충이 줄면, 여름철새는 다시 따뜻한 남쪽으로 가고, 텃새는 곤충 대신 주로 식물의 열매에서 양분을 얻는다.

까치와 물까치의 텃새   ♣ 뒷산

　여름에 새들이 숨어버리자, 직박구리, 참새, 까치처럼 늘 보이던 새들만 보였다. 개체수가 많기도 하고 비교적 사람을 덜 회피해서 눈에 띄는 곳에도 잘 나오기 때문이다. 뒷산에서는 이런 새 중 까치의 존재감이 가장 강했다. 번식을 위해 각자의 둥지로 흩어졌던 까치들이 다시 모여 큰 무리를 이루었다. 까치는 낮에는 3~5마리 정도의 작은 무리로 활동하다가 저녁이 되면 큰 무리를 이루었다. 밤에는 그렇게 모여서 나뭇가지에 앉아서 잤다. 그 무리의 규모가 40~50마리가 될 정도로 컸다. 이런 잠자리 무리를 뒷산의 세 곳에서 보았다. 번식기에도 저녁에 까치 소리가 더 많이 들리는 곳이 있기는 했는데, 잠자리 무리 규모가 작은지 정확히 모습이 포착되지 않았다.

잠을 잘 때는 천적에게 취약한데, 까치처럼 모여서 자면 경계가 쉽고 유사시 공동으로 대항할 수 있는 장점이 있다. 한 번은 저녁에 까치들이 땅 위에 무리로 있었는데, 큰부리까마귀 소리가 들리자 일제히 나무 위로 날아 올라가 다음 행동을 준비했다. 나무 위가 적과 대치하기에 더 유리하다고 판단한 듯했다.

까치는 밤이 되면 한 곳에 모여서 잠을 잤다.

까치는 다른 종에 대한 영역 텃세가 강했다. 직박구리나 큰부리까마귀를 쫓아낼 때가 많았다. 큰부리까마귀와는 덩치 차이가 상당히 나지만 숫자로 밀어붙여 쫓아냈다. 하지만 늘 그런 것은 아니어서 어느 날은 땅에 떨어진 살구를 놓고 큰부리까마귀 한 마리와 까치 세 마리가 다투었는데 까치가 쫓겨났다. 큰부리까마귀와 까치는 서로 영역 다툼을 하는데, 일본에서는 큰부리까마귀가 우세하고 까치는 극히 일부 지방에만 있다. 반면 우리나라는 까치가 우점하고 큰부리까마귀의 세력은 약하다. 그런데 최근 도시에서 큰부리까마귀의 세력이 조금씩 커지고 있다. 그날 큰부리까마귀가 살구를 차지하던 모습은 지금의 추세를 상징하는 듯했다. 최근에는 물까치와 직박구리의 세력도 커지면서 까치의 수가 주는 경향이 있다고 한다.

　큰부리까마귀는 꽤 강력한 새이다. 한번은 큰부리까마귀가 어떤 새를 깔고 앉아 콕콕 쪼며 죽이고 있는 모습을 보았다. 까치 서너 마리가 주변에서 소리를 지르며 위협하면서도 달려들 엄두를 못 냈다. 내가 다가가자 큰부리까마귀가 날아갔다. 쪼이고 있던 새는 멧비둘기였다. 큰부리까마귀는 날아간 후에도 가까이에서 계속 나를 지켜보았다. 멧비둘기는 너무 심하게 공격 당해 가망이 없어 보였다. 나는 자연에 맡기기로 했다. 큰부리까마귀도 살기 위해 한 행동이었다. 큰부리까마귀가 꽤 큰 새를 대상으로 적극적인 사냥을 하는 모습은 그날 처음 보았다. 마음먹고 싸우면 큰부리까마귀가 까치에게 불리할 게 없었다. 다만 우리나라에서는 까치가 수가 더 많고 무리를 이루는 경향도 더 강해 큰부리까마귀가 쫓길 때가 많다.

　물까치도 영역 텃새가 강한 새이다. 6월에 그동안 보이지 않던 물까치 무리가 인근 초등학교 교정 뒤에서 다시 보였다. 숲이 우거져 새끼들에게 먹일 곤충이 많이 있을 법하고 경사지라 사람의 접근도 어려운 장소이다. 물까치 무리는 원래 그곳에 있었는데, 어느 때부턴가 안 보이다 다시 자리 잡았다. 물까치는 가족을 중심으로 적게는 5~10마리에서 많게는 70마리까지 무리를 이룬다. 단결력이 아주 강해서 항상 무리로 움직이며 번식도 모여서 한다. 번식에 참여하지 못한 어리거나 짝 잃은 수컷이 부모나 형제가 새끼 키우는 일을 도와주는 육아도우미 역할을 하기도 한다.

　물까치는 영역을 지키려는 공격성이 까치보다도 강했다. 무리의 영역을 침범하면, 큰부리까마귀처럼 위협이 느껴지는 새는 물론 길고양이까지 공격했다. 뒷산에는 길고양이가 꽤 많이 있다. 까치는 영역에 길고양이가 들어오면 가까운 나뭇가지에 둘러앉아 짖듯이 시끄럽게 울어댄다. 그러면 길고양이는 귀찮다는 듯이 자리를 피한다. 반면, 물까치는 실제로 길고양이를 공격했다. 뒷산에서 단 두 마리의 물까치가 길고양이를 공격해서 쫓아내는 모습을 보았다. 번식기에는 물까치가 사람을 공격할 때도 있다고 한다.

　이렇게 영역 텃새가 강하면서도 물까치는 특정 장소를 고집하며 살지는 않는 듯했다. 물까치는 철마다 다른 곳에 영역을 구축했다. 물까치 무리는 봄에 머문 장소에 가을이 되면 없었다. 그리고 전혀 다른 장소에 무리가 모습을 나타냈다. 때로는 뒷산 어디에도 모습이 보이지 않았다. 큰 영역을 정하고 시기별로 순회하며 사는 것이 아닌가 추측되었다. 늘 일정한 장소에 모여서 자는 까치가 농경민족에 가깝다면, 물까치는 유목민족처럼 느껴졌다.

서로 으르렁거리며 싸우는 큰부리까마귀와 까치(좌), 가까운 거리에서도 평화롭게 있는 까치와 물까치(우). 어떨 때 새가 다른 종을 적대시하고, 또 어떤 경우에는 관대하게 대하는지 기준을 알 수 없었다.

다시 만난 새와 처음 만난 새   ♣ 뒷산

오래전 뒷산에서 여름철새인 소쩍새와 후투티를 접한 적이 있었다. 희소하면서 독특한 새여서 탐조를 시작한 후 다시 만나고 싶었으나, 좀처럼 만날 수 없었다. 소쩍새는 봄부터 초여름까지 밤에 서늘하면서 어딘가 슬프게 '소쩍, 소쩍' 하는 소리를 낸다. 소쩍새는 아름다운 소리로 우리 민족의 정서에 녹아들어 여러 시와 노래의 소재가 되었다. 이처럼 정서적으로 친밀한 동물을 '정서동물'이라 하는데 소쩍새, 제비, 까치가 그러한 새이다. 뒷산에서 들리는 소쩍새 소리를 들으면, 마음이 차분해지고 무언가 그리워지는 느낌이 들었다. 그런데 언제부턴가 뒷산에서 소쩍새 소리가 들리지 않았다.

탐조 첫해 초여름 밤에 소쩍새 소리가 들릴까 해서 마음먹고 뒷산으로 산책을 나섰다. 요즘은 산책로의 가로등이 켜져 있어서 밤에 뒷산을 다니는 사람들이 꽤 있다. 소쩍새 소리는 들리지 않았다. 대신 '부우~ 부우~' 하는 새 소리가 들렸다. 소리를 녹음하여 집에 와서 확인하니 솔부엉이였다. 소쩍새 소리를 못 들어서 아쉬웠지만, 다른 야행성 맹금류가 있어서 그래도 기분이 좋았다. 솔부엉이는 도시 야산에서 꽤 많이 목격되는 야행성 여름철새다. 주로 곤충을 먹고 사는데 맹금류답지 않게 자그마하고 귀여운 모습이다.

우포늪에서 낮에 만났던 솔부엉이. 솔부엉이는 맹금류이지만 꽤 귀여운 느낌이 드는 새이다.

솔부엉이는 그 후로도 해를 거르지 않고 뒷산을 찾아와 여름 동안 울어주었다. 탐조 둘째 해에 소쩍새 소리도 초여름에 들렸다. 기다리던 새소리를 다시 접하니 반가웠다. 소쩍새는 5~6월에 나무 구멍에서 24~25일의 포란과 21일 정도의 육추를 하면서 번식한다. 소쩍새에겐 뒷산의 딱다구리들이 만든 나무 구멍이 도움이 된다. 소쩍새가 번식을 잘해서 뒷산을 안전한 번식처로 기억하고 계속 찾아주었으면 했다.

후투티는 계속 만나지 못했다. 인디언 추장처럼 머리 깃이 있는 특이한 모양 때문에, 매력적인 새로 기억하고 있어 더 아쉬웠다. 분명 뒷산에 찾아오는 것 같기는 했다. 어느 날 아파트에서 뒷산 쪽을 쌍안경으로 두리번거리며 보고 있는데 중년 남자 한 명이 무엇을 하느냐고 물었다. 나중에 알고 보니 산아래아파트 보안경비용역의 보안실장이었다. 의심스러운 눈으로 보던 남자는 내가 새를 찾고 있다고 하니 표정이 부드러워졌다. 그리고 자신의 스마트폰 사진을 보여주었다. 작년에 아파트 근처에서 찍은 후투티라고 했다. 후투티는 분명 지금도 뒷산을 찾고 있었다. 언젠가는 나도 후투티를 다시 만나면 좋겠다고 생각했다. 나중에 뒷산은 아니지만, 어청도에서 후투티를 다시 만나기는 했다.

그해 여름 뒷산에서 흰눈썹황금새의 '띠로리' 하는 소리를 들었다. 길동생태공원에서 처음 들었던 그 소리를 뒷산에서도 만나니 반가웠다. 뒷산에 한 종이라도 더 산다고 생각하면 기분이 좋았다. 흰눈썹황금새는 노란색, 검은색, 흰색이 어우러진 깃털을 가진 예쁜 새이다. 숲새의 소리도 들었다. '치치치치 치치치' 하는 소리가 인상적이었다. 한 번은 덤불 아래에서 은밀하게 움직이는 숲새를 보았다. 이렇게 숨어서 움직이는 작은 새를 찾아내면 기분이 좋았다.

어느 날 뒷산에서 '끼끼끼끼긱' 하고 요란하게 소리를 내며 새가 날아갔다. 푸드덕하는 날갯소리와 기척을 느꼈지만, 정확히 새를 보지는 못했다.

다른 날에는 그 소리를 들었던 장소에서 '뾰뾰뾰뾰' 하는 선명한 소리를 들었다. 낯선 소리여서인지 왠지 맹금류일지 모른다는 생각이 들었다. 동네와 뒷산에 새가 꽤 많은데도 맹금류가 드물어 아쉬웠는데 기대가 되었다. 최상위 포식자인 맹금류가 있음은 생태계가 그만큼 풍부하다는 의미이다. 내가 사는 동네가 그런 곳이면 했다. 소리를 녹음하여 네이처링 소리탐조에 올렸더니, 청딱다구리인 걸로 의견이 올라왔다. 인터넷 검색으로 대조해보니 청딱다구리가 맞았다. 독특한 소리였다. 딱다구리류는 각자의 독특한 소리가 있다. 오색딱다구리는 뿅망치 소리 같은 '뿅뿅' 소리를 내고, 쇠딱다구리는 태엽을 감는 듯한 '끼이익 끼이익' 소리를 낸다.

청딱다구리의 소리를 알게 되어 좋으면서도 맹금류가 아닌 점이 아쉬웠다. 종의 가치에는 높고 낮음이 없는데 사람은 왠지 카리스마 있는 동물을 더 좋아한다. 호환에 시달려 착호군이란 군대까지 두어 잡으려 했음에도, 우리 조상님들은 호랑이를 좋아했다.

새의 감각

새는 시각이 발달한 동물이다. 새 중에는 시신경이 사람의 10배나 많아 7~8배 더 잘 보는 종도 있다. 사람이 못 보는 자외선을 보는 새도 많다. 황조롱이는 이러한 능력으로 설치류의 오줌 자국을 추적해 사냥한다. 보통 새는 눈이 머리 양쪽에 있어 더 넓은 영역에서 위험을 감시할 수 있다. 반면 사냥하는 새는 입체감 확보를 위해 눈이 사람처럼 앞으로 향해 있다. 대신 이런 새는 목을 큰 각도로 돌릴 수 있어 위험을 감지한다.

새는 소리로 의사소통해서 청각도 매우 발달했다. 새의 귀는 머리 옆쪽에 있다. 귀깃이 있어 평소 보이지 않으나 무언가를 들으려 할 때는 귀깃이 세워진다.

시각과 청각과 달리 새의 후각과 미각은 별로 발달하지 않았다. 다만 독수리처럼 시체를 먹고 사는 새는 후각이 발달했다고 한다. 또 목적지에 가까우면 냄새로 내릴 곳을 찾는 철새도 있는 것으로 추정되어, 모든 새가 후각이 무디다고 할 수는 없다.

여름 막바지 ♣ 뒷산

더위가 한창 기승인 동안은 새들이 정말 보이지 않았다. 7월 중순부터 8월 중순까지 그랬다. 이 시기에는 새가 없는 그대로 받아들이고 탐조하는 쪽이 마음이 편하리라 보였다. 그러다 8월 말로 넘어가면서 조금씩 새가 보였다. 우선 계절의 배경음이 바뀌었다. 매미 소리가 줄고 귀뚜라미 소리가 많이 들렸다. 매미보다 훨씬 소리가 작은 귀뚜라미의 울음 사이로 새소리가 들려왔다. 먼저 박새류들의 활동이 좀 더 눈에 많이 띄었다. 때죽나무 열매가 다 익었는지 곤줄박이가 먹는 모습이 보였다. 곤줄박이는 다리로 열매를 붙잡고 부리로 쪼아서 먹었다.

직박구리는 언제까지 번식하는 것일까? 8월 말에도 이소 무리가 있었다. 덩치가 어미만 한 데 아직 먹이를 받아먹었다. 직박구리 새끼가 짧게 '찍찍' 하는 소리는 간혹 박새 소리와 헛갈렸다.

까치는 이 시기에 깃털을 갈았다. 견우와 직녀를 드와주려 오작교를 갔다 왔는지 정말 머리에 털이 없었다. 어떤 까치는 머리뿐 아니라 날개도 피부가 보일 정도로 깃털이 빠져 있었다. 8월 말이면 벌써 나그네새인 솔새류가 지나간다고 한다. 그런데 이 시기의 솔새류는 봄처럼 활발하게 울지 않아 찾기 쉽지 않았다.

여름에 만난 까치. 이 시기 까치는 머리에 털이 빠지고 전체적으로 초췌한 느낌이었다.

아파트 정원의 여름 ♣ 아파트

여름에 새의 활동이 줄기는 아파트 정원도 뒷산과 마찬가지였다. 그래도 7월 중순까지는 박새류 이소 무리가 아파트 정원에 보였다. 참새들도 그때까지는 꽤 많이 무리 지어 다녔다. 참새 무리 안에도 그해 태어난 새끼가 있지 않을까 싶었다. 이들도 매미 소리가 한창인 7월 중순부터 8월 중순까지는 별로 보이지 않았다.

여름 내내 정원을 그래도 가장 많이 지켜준 새는 직박구리였다. 어느 날 무심히 나무들을 보고 있는데 직박구리 한 마리가 바로 앞에 날아왔다. 그리고 나를 전혀 신경 쓰지 않고 자기 행동을 이어갔다. 직박구리에게 내가 잠시 배경으로 녹아들어 보이지 않았던 모양이다. 숨을 죽이고 보는 동안 흥미진진하면서도 마음이 평온했다.

비 오는 여름날에도 직박구리는 보였다. 어떤 직박구리는 아파트 울타리에 앉아 비를 그대로 맞고 있었다. 빗물로 목욕하는 듯했다. 깃털을 다듬을 때 기름을 묻혀 방수되게 했기에 가능한 모습이었다. 이런 모습은 다른 새에게서도 종종 목격되었다. 그러나 비가 심하게 내리면 직박구리도 역시 안 보였다. 사람은 비가 적게 오면 우산을 쓰고 다니지만, 억수처럼 쏟아지면 활동을 멈추고 실내에 머문다. 새도 다르지 않았다.

8월 말이 되자 정원의 감나무와 야광나무에 파란 풋열매가 달렸다. 아침이 서늘해지면서 정원을 걷기가 한결 좋았다. 한여름에 뜸했던 참새, 붉은머리오목눈이의 무리가 다시 보였다. 8월 말 가장 기분 좋았던 일은 맹금류인 새호리기를 아파트에서 본 것이다. 퇴근길에 아파트에서 새호리기의 날카로운 소리를 들었다. 하늘을 올려다보니 새호리기 두 마리가 하늘을 날고 있었다. 그중 한 마리가 큰부리까마귀를 공격하고 있었다. 나머지 한 마리는 굳이 자신이 나설 필요가 없다고 생각한 것인지 주변을 맴돌기만 했다. 새호리기는 단신으로 자신보다 훨씬 덩치가 있는 큰부리까마귀를 압도했다. 새호리기의 예리한 공격에 큰부리까마귀는 혼비백산해서 달아났다. 보통은 큰부리까마귀나 까치가 맹금류를 쫓아내는 모습을 많이 보는데, 새호리기는 반대였다. 체급이 깡패인 포유류의 싸움과 달리 조류는 공중에서 몸을 놀리는 속도가 승패를 좌우했다.

새의 깃털 다듬기와 목욕

날아다니는 새에게 가지런하고 건강한 깃털은 매우 중요하다. 새는 꽁지깃 밑동의 등 쪽에 있는 지방샘에서 나오는 분비물도 깃털을 수시로 다듬는다. 분비물에는 지방과 왁스 성분이 섞여 있다. 새는 분비물을 부리와 머리털에 찍어 바른 후 깃털을 다듬는다. 이렇게 해서 흐트러진 깃털을 잘 날 수 있도록 가지런하게 한다. 이 과정에서 깃털은 방수와 단열 기능을 갖는다. 부리도 분비물 덕에 표면의 광택을 유지하는데, 그렇지 않으면 건조해져 헐어버린다. 깃털을 다듬는 동안 일광욕도 해서 비타민 D를 합성하고, 깃털 사이의 박테리아와 기생충도 없앤다. 일광욕할 때는 깃털을 세워서 더 많은 빛이 피부에 닿게 한다.

새는 깃털을 가다듬기 위해 목욕도 한다. 사람이 머리를 감고 빗질하듯이, 새는 여러 활동을 하는 동안 흐트러진 깃털을 목욕으로 다듬는다. 목욕은 물을 묻힌 뒤 깃털을 세우고 몸을 흔들어 물을 털어내서 한다. 이런 동작은 몸에 묻은 이물질과 기생충을 없애는 효과가 있다.

목욕은 고인 물만이 아니라 눈이나 이슬로도 한다. 또 비를 그대로 맞기도 한다. 새는 비를 맞아도 깃털이 기름으로 방수와 단열이 되어 체온을 뺏기지 않는다. 참새는 모래목욕을 한다. 모래밭을 얕게 움푹하게 파고 그 안에 들어가 몸을 흔들어 목욕한다. 까치나 큰부리까마귀 등의 까마귀과는 개미산 목욕을 한다. 개미굴 근처에서 날개를 펴고 바닥에 누워 개미가 몸을 기어 다니게 한다. 개미가 쏘는 개미산이 살균과 방충 효과가 있다고 추정되고 있다. 새는 이런 노력과 함께 일 년에 두 번 깃갈이를 해서 깃털의 건강을 유지한다.

다른 곳 탐조   ♣ 남산과 길동생태공원

여름에 동네에서 새가 안 보이자 다른 곳을 탐조하면 좀 나을까 싶어 남산을 찾았다. 뒷산보다 규모가 있는 산이어서 좀 더 다양한 조류들이 있을 듯했다. 남산야외식물원에서 탐조를 시작해서 둘레길을 한 바퀴 돌았다. 그러나 새를 보기 어려운 점은 남산도 다르지 않았다. 남산에서도 직박구리, 멧비둘기, 까치처럼 동네에서 보았던 새들을 만났다. 다만 동네와 달리 꿩 소리를 여러 번 들을 수 있었다.

뒷산에서도 몇 년 전까지 꿩 소리를 들을 수 있었다. 작은 야산에 꿩이 산다는 게 신기하고 주민으로서 작은 자부심도 있었다. 그러나 언제부터인가

꿩 소리가 들리지 않았다. 꿩들은 왜 사라졌을까? 우선, 오랫동안 고립된 서식지에서 근친 번식하면서 군집이 약화 됐다고 보인다. 또 몇 해 전부터 길고양이에게 밥을 주는 곳이 산에 늘면서 길고양이가 많아진 점도 원인으로 보인다. 관찰한 바로는 뒷산 길고양이의 사냥 실력은 변변치 않아, 꿩을 직접 사냥하기는 어려워 보인다. 그러나 새끼인 꺼병이는 길고양이의 공격에 취약하다. 또 꿩은 알을 낙엽 속에 마련한 둥지에 낳는데, 역시 길고양이의 표적이 되기 쉽다. 이처럼 번식이 어려워지면서 뒷산에서 꿩이 사라졌으리라 추정된다.

남산 산책로 주변에는 실개천이 몇 곳 있었다. 실개천에서 직박구리나 멧비둘기가 물을 마시고 깃털 목욕을 했다. 그 모습이 아기자기해 보기 좋았고 깃털을 털어 물이 튀는 모습이 시원해 보였다. 새는 자기 발목이 잠기는 정도의 얕은 물에서 목욕하기 좋아한다. 얕은 물이 있는 장소를 가만히 보고 있으면 새들이 여럿 찾아오는 모습을 볼 수 있다. 새들에게는 무엇보다 물이 있는 곳이 절실히 필요하다.

남산을 들린 후에는 봄에 갔던 길동생태공원을 다시 찾았다. 길동생태공원은 도시 내 고립된 장소이고 면적이 좁은데도 고라니가 살 정도로 생물서식지로서 가치가 크다. 새의 종류도 다양하고 개체수도 많아 종다양성도 풍부하다. 길동생태공원 내의 습지와 승상산 숲의 이질적인 자연조건이 만나 풍부한 생태계를 만들고 있다. 그렇지만 역시 여름에는 이곳도 새들이 잘 안 보였다.

길동생태공원에서 인상적으로 본 장면은 흰뺨검둥오리 모자가 이동하는 모습이었다. 이미 덩치가 어미만 해진 새끼 열 마리 정도가 어미를 졸졸 따라 풀밭을 지나 연못으로 들어갔다. 연못으로 새끼들이 들어와 놀자 어미는 기다란 장대 위에 올라서 그들을 지켜보았다. 천적 같은 위험이 없는지를 경계하는 듯했다. 확고한 모성애가 느껴졌다.

새끼를 보호하기 위해 장대 위에서 경계하는 흰뺨검둥오리

흰뺨검둥오리 모자를 보니 새가 정말 빨리 큰다고 느껴졌다. 봄에 청계천 지류인 성북천에서 흰뺨검둥오리의 새끼를 본 적이 있다. 열 마리 정도의 새끼가 어미를 따라서 개천을 헤엄치고 있는데 너무 귀여웠다. 그런데 그 모습을 보고 신기해하는 사람들의 소리에 놀랐는지, 갑자기 새끼들이 나를 향해 물수제비 하듯이 통통 튀어 왔다. 노란색과 갈색 털이 섞인 새끼들이 내게 달려오는 모습이 앞이 꽉 막히도록 귀여웠다.

불과 몇 달 사이지만 흰뺨검둥오리 새끼의 크기는 많이 차이가 났다. 봄철 청계천에서 만난 흰뺨검둥오리 새끼는 탁구공만 했는데, 길동생태공원에서 여름에 본 새끼는 어미와 크기가 다르지 않았다. 흰뺨검둥오리를 포함한 오리류는 조성성 조류이다. 태어날 때부터 독립 보행을 할 수 있는 조성성 조류의 새끼는 스스로 먹이를 찾아 먹는다. 대신 어미는 이들을 보호하는 역할에 집중한다.

서울의새 모임 ♣ 남산

다른 장소를 탐조해도 여름에 새를 만나기는 어려웠다. 그래서 다른 탐조인들과 같이 새를 관찰하는 방법을 시도해 보았다. 그래서 7월에 '서울의새' 남산 탐조 모임에 참가했다. '서울의새'는 2018년부터 서울의 여러 장소를 꾸준히 모니터링해 온 모임으로, 탐조를 즐기면서 꾸준히 데이터를 축적하는 시민과학 활동을 하고 있다. 5월에 처음 어린이대공원에서 모임에 참가했었는데 28종이나 동정했다. 그때 함께 탐조하면 새를 더 잘 발견할 수 있음을 새삼 느꼈었다. 함께 탐조하기의 위력이 한여름에도 발휘되기를 기대하며 남산탐조에 참가했다.

남산 모임 참가자는 20명이 훌쩍 넘었다. 그리고 남녀노소가 다양하게 참가했다. 한 젊은 참가자는 탐조를 좀 더 일찍 알았으면 좋았을 것 같다고 말했다. 이후로도 서울의새 모임을 참가해 보면 남녀노소가 참여해서 탐조 저변이 다양해지고 있음을 느낄 수 있었다. 탐조는 분명 확장성이 있는 취미이다. 그날은 참가자가 너무 많아 5~6명 정도로 조를 나누어서 움직였다. 너무 많은 사람이 같이 움직이면 관찰의 집중도가 떨어진다. 새들도 불편해하며 떠나버려 만나기 어려워진다.

오전 9시에 모여 남산 숲길을 따라 걸으며 새를 찾았지만, 아무래도 여름이어선지 새가 별로 안 보였다. 그런데 중간에 박새, 곤줄박이, 오목눈이 등 여러 종으로 이루어진 꽤 큰 새무리를 만났다. 서로 다른 종이 어울려 같이 다니는 모습이 신기했다. 작은 새들은 번식기에는 암수 한 쌍으로 살지만, 이후에는 무리를 이룬다. 이 중 박새류, 오목눈이, 쇠딱다구리처럼 작은 새는 다른 종끼리 섞여서 무리를 이루기도 하는데 이를 혼군(混群)이라 한다. 이런 혼군에서 박새류는 낮은 가지로 이동하고, 오목눈이는 나무 위쪽으로 이동하며, 쇠딱다구리는 나무줄기를 쪼면서 이들을 따라다닌다. 혼군을 이루면 천적을 발견하기 쉽고 천적이 공격해 올 때 위험을 분산할 수 있다. 또 여럿이 같이 찾기 때문에 먹이 발견하기도 쉽다. 그런데 혼군으로 다니던 작은 산새들은 밤이 되면 흩어져서 잔다. 낮에는 흩어져 먹이를 찾다가 밤이면 모여서 자는 까치와는 반대되는 행동이다. 까치는 적이 나타나면 단결해서 싸우기 위해 모여서 자는 듯하다. 힘이 약하고 협동해서 싸우지 않는 작은 새는 천적의 눈에 띄지 않게 흩어져 자는 쪽이 안전할 것으로 보인다.

여름 숲에서 탐조하면 더위로 활동이 적어져 새를 만나기 어렵지만, 혼군을 이루기 때문에 그날처럼 특정 장소에서 한꺼번에 많은 새를 만날 때가 있다. 그날 혼군을 이룬 새들의 움직임이 가볍고 활기차 보였다. 새들도 양육을 마치면 홀가분한 마음이지 않을까 싶었다. 작은 새들의 무리는 사람을 전혀 두려워하지 않아서 참가자들 앞에서 오랜 시간 머물다 떠났다.

비록 어린이대공원에서만큼은 아니지만 여럿이 함께하니 여름인데도 17종을 동정했다. 그날 남산야외식물원에서 처음으로 동박새를 종추했다. 탐조인 중에 동박새를 좋아하는 사람이 유독 많은데 그럴만한 작고 예쁜 새였다. 동박새는 여러 마리가 함께 이 나무에서 저 나무로 날아서 옮겨 다녔다. 언젠가 내가 사는 동네에도 찾아와 주었으면 하는 마음이 들었다.

서울의새 모임에서 네이처링 소리탐조 미션 운영자인 이진아 대표를 만났다. 이진아 대표는 새소리를 자기 나름의 의성어로 바꾸어 기억하여 동정하는 방법에 대해 들려주었다. 새소리의 의성어는 사람마다 다르고 도감마다 다르다고 했다. 정해진 바는 없으니 자기 나름대로 의성어를 만들어 새소리와 친숙해지면 된다고 했다. 그러면서 '쮸잇' 하는 소리로 노랑눈썹솔새를 동정하여 알려 주었다.

내가 박새류의 소리 구분을 잘 못 한다고 하니 이진아 대표는 자신의 표현이라는 전제하에 박새는 '쯔비, 쯔비', 쇠박새는 '쇠쇠쇠쇠', 곤줄박이는 '쯔쯔비~ 쯔쯔'로 소리를 낸다고 예를 들어주었다. 도움이 되는 인상적인 내용이었지만 그 뒤에도 나는 박새류 소리 구분에 애를 먹었다. 박새류는 워낙 다양하면서도 비슷한 소리를 내기 때문이다.

그날 진박새 소리도 들었다. 내게는 '찌지비, 찌지비 찌지비'로 들리는 진박새의 소리는 아주 맑고 깨끗했다. 이진아 대표는 박새류 중 진박새가 숲의 가장 깊은 곳에 사는데, 겨울이 되면 주택가 근처로 내려오는 경향이 있다고 했다.

서울의새는 매년 서울의 주요 장소의 조류를 모니터링하고 데이터를 축적하는 시민과학 활동을 하고 있다. 수집된 자료는 매년 책자로 발간되고 있다.

이진아 대표에게 알고 있는 새소리를 떠올려서 현장에서 동정하는 것이 어렵지 않냐고 물었더니, 오래 하다 보니 언제부턴가 떠올려서 비교할 수 있게 되었다고 했다. 그리고 구체적인 소리 외에 그 새만의 음색을 통해 동정하는 것이 점점 가능해졌다고 한다. 서울의새 운영진 사람들은 탐조능력이 정말 뛰어났다. 모임에서 그들에게 듣는 내용이 내게 많은 도움이 되었다.

새를 많이 만나는 법

- 아침 일찍 탐조하면 새를 더 많이 만날 수 있다. 다만 겨울철에는 해가 뜨고 기온이 조금 오른 후에 새가 활발히 움직이므로 9시 이후에 탐조하는 것이 좋다.
- 낚시 포인트처럼 새를 많이 만날 수 있는 장소를 알면 도움이 된다. 얕은 물이 있는 곳이 새를 만나기 좋은 장소이다. 깃털 목욕을 하고 물을 마시기 위해 여러 종류의 새가 자주 들린다.
- 우듬지(나무의 꼭대기 줄기)를 비롯해 나뭇가지의 경계부에서 새를 발견하기 쉽다. 하늘을 올려 보아도 발견할 때가 많다.
- 강풍이 지나고 난 다음 날 탐조하면 희귀한 새나 길잃은새를 만나는 경우가 있다. 강풍이 불면 철새들이 더 날지 못하고 가까운 땅에 내려앉기 때문이다.
- 인터넷과 책자를 통해 계절별 탐조명소를 조사하여 찾아간다. 나그네새는 이동이 있는 봄과 가을에 탐조하면 여러 종을 만날 수 있다. 이중 산새류는 섬에서, 도요물떼새류는 갯벌에서 많이 만난다. 겨울철새는 11월~3월에 하천처럼 물이 있는 곳에서 많이 만날 수 있다.

3. 가을, 열매를 찾아 동네로 오는 새

되지빠귀 떠나고 노랑지빠귀 오고 ♣ 뒷산

봄부터 초여름까지는 번식을 중심으로 산새들이 역동적으로 활동한다. 반면에 한여름부터 겨울이 끝날 때까지는 산새의 활동이 번식기처럼 다채롭지 않다. 그리고 산새 중에는 겨울철새 종류가 비교적 적다. 그래서 가을과 겨울에는 탐조의 중심지가 오리류처럼 덩치가 있는 겨울철새가 오는 물이 있는 장소로 옮겨진다. 그러나 가을 겨울이 산새 탐조에 나쁘지만은 않다. 낙엽이 지면서 가시성이 좋아지고, 먹이를 찾아 산새들이 거주지 근처로 내려오기 때문이다.

9월이 되자 끝나지 않을 듯하던 무더위가 점점 누그러졌다. 아침저녁으로 서늘한 기운이 느껴졌다. 9월에도 매미 소리는 들렸다. 참매미와 말매미 소리에 가려서 듣지 못했던 소리인데 애매미라고 한다. 그래도 이제는 귀뚜라미 소리가 훨씬 더 많이 들렸다. 뒷산에서 꾀꼬리나 파랑새 같은 여름철새 소리는 더는 들리지 않았다. 이곳에서 모두 번식을 잘 가치고 따듯한 남쪽으로 갔기를 빌었다. 뒷산에서 곱게 울던 되지빠귀는 10월 중순까지 남아 있었다. 가을에는 봄 여름에 지저귀던 소리와 달리 '객객객객' 하고 울었다. 마치 캐스터네츠 소리와 같이 들렸다.

여름철새가 떠난 자리는 겨울철새가 대신했다. 간혹 나그네새인 솔새류가 보이기는 했다. 그러나 번식기가 아니어서인지 소리를 내지 않아 동정이 어려웠다. 워낙 작고 외형이 비슷한 솔새들이 소리를 안 내니 종을 구분하기 어려웠다. 다만 노랑눈썹솔새만은 '쮸잇' 하는 소리를 자주 내서 쉽게 알 수 있었다.

뒷산의 겨울철새는 여름철새에 비해서 종류가 좀 단순했다. 10월 말이 되자, 여름 지빠귀류가 떠난 자리에 겨울 지빠귀류가 찾아왔다. 겨울 지빠귀류로는 노랑지빠귀와 개똥지빠귀가 왔다. 둘 중 노랑지빠귀가 월등히 많았다. 개똥지빠귀는 가끔만 눈에 띄었다. 노랑지빠귀는 날아오를 때마다 플라이트 콜(flight call)이라는 짧은소리를 내곤 했다. 동료들에게 위험을 알리는 소리라고 한다. 청딱다구리도 날 때 비슷한 행동을 하는데, 상당 시간 계속 내는 점이 노랑지빠귀와 달랐다. 천적에 노출될 가능성이 크고 딱히 알릴 동료도 없는데, 청딱다구리는 왜 나는 내내 플라이트 콜을 할까? 탐조하면 궁금한 게 많아진다.

 가을이 되자 직박구리와 멧비둘기 수가 확연히 늘어났다. 직박구리와 멧비둘기와 같은 텃새들도 계절에 따라 한반도 내에서 단거리 이동을 하며 서식처를 옮기기도 한다. 뒷산에 개체수가 는 것은 겨울철새로 북쪽에서 이동해 온 직박구리와 멧비둘기가 합류한 까닭일까 싶었다.

박새류는 목 부위 검은 무늬가 뚜렷이 다르다. 왼쪽부터 넥타이 모양으로 배까지 무늬가 있는 박새, 짧은 턱수염 같은 쇠박새, 목 앞 전체에 무늬가 있는 진박새

진박새도 뒷산에서 가을에 만났다. 진박새는 텃새이지만 내가 사는 동네에서는 가을 겨울에만 보이니 겨울철새인 셈이다. 가을에 서식지를 이동하는 듯했다. 진박새는 탐조를 시작한 후 두 번째 가을에야 만났다. 박새류가 있는 나무를 쌍안경으로 관찰하다, 우연히 목 부위 무늬가 다르고 머리 깃털이 솟은 진박새를 보았다. 우리나라에 꽤 서식하여도, 단나기까지 유달리 시간이 걸리는 새가 탐조인마다 있다. 내게 진박새가 그랬었다. 남산에서 소리를 들은 적은 있지만 모습으로도 보니 반가웠다. 기다리면 언젠가는 만나게 되는 모양이다.

철새의 이동

고된 비행과 위험에도 불구하고 철새가 계절에 따라 이동하는 이유는 우선은 먹이 때문이다. 봄과 여름에는 온대와 한대에 먹이가 풍부하다. 지구의 자전축이 약 23.5도 기울어 있어 여름에는 고위도 지역의 낮 길이가 길다. 그래서 곤충이나 식물의 새순 같은 먹이가 봄 여름에 풍부해져, 철새는 고위도 지역으로 이동한다. 새끼에게 먹이를 먹일 수 있는 낮의 시간도 늘어나 번식에 유리하다. 가을이 되어 먹이가 줄면 먹이가 더 풍부한 적도 방향으로 이동한다. 반면 참새나 까치처럼 계절에 따라 다른 먹이에 적응한 종은 텃새로 남는다.

이동하면 극단적으로 덥거나 추운 기후를 피할 수 있는 장점도 있다. 또 유전적 요인도 작용한다. 새장 속의 철새는 적정한 온도에 먹이가 충분한데도, 이동 시기가 되면 불안해하며 부산하게 움직인다.

철새는 낮의 길이, 기온의 변화로 호르몬의 변화가 생기면 더 많이 먹는 등 이동 준비를 한다. 철새는 매년 거의 같은 날에 목적지에 도착하는 경향이 있다. 명금류와 같은 작은 새는 천적을 피해 밤에 이동하고 낮에는 먹고 쉬면서 체력을 보충한다. 반면 맹금류나 두루미류처럼 큰 새는 낮에 이동한다. 천적에 신경 쓸 필요가 없고 낮에 잘 보여서 더 안전하게 이동할 수 있기 때문이다.

철새가 어떻게 목적지를 찾아가는지는 정확히 밝혀지지 않았다. 여러 요소를 결합해서 찾는 것으로 보고 있다. 낮에 이동하는 새는 해의 이동 방향과 해의 높이로 길을 찾고, 밤에 이동하는 새는 별자리나 북극성처럼 위치가 변하지 않는 별을 기준으로 길을 찾는다고 추정한다. 그래서 비가 오거나 날씨가 나쁘면 철새는 이동을 중지한다. 날개가 비에 젖기도 하지만 태양과 별을 볼 수 없어 방향을 잡기 어렵기 때문이다. 지구의 자기장을 감지해서 방향을 잡고, 지형지물에 대한 기억과 냄새를 활용하여 경로를 찾는다는 의견도 있다.

긴 이동을 하는 철새도 있지만, 더 짧은 이동을 하는 종도 있다. 일부 텃새는 따뜻한 계절에는 깊은 숲으로 들어갔다가, 추워지면 지대가 낮은 들로 내려온다. 산림성 포유류와 비슷한 이동방식이다. 참새 중에는 곡식이 익기 시작하면 도시에서 농촌으로 이동하는 개체가 있다. 수백 km 정도의 중간 거리를 이동하는 새도 있다. 예를 들어 우리나라 멧비둘기는 텃새로 살지만, 겨울이면 북한과 중국에서 내려온 개체로 그 수가 늘어난다.

가락지나 위치추적기를 달아서 철새의 이동경로를 파악하는 조사가 꾸준히 진행되고 있다. 이러한 연구는 계절별 서식지와 이동 중 중간 휴식지를 파악해서 조류 종과 서식지를 보존하는 역할을 한다.

겨울을 준비하는 새 ♣ 뒷산

가을이 깊어 가면서 초록 잎이 단풍으로 차츰 변해갔다. 11월이 되자 단풍이 절정을 지나고 떨어진 낙엽이 보였다. 뒷산의 새들은 지방을 축적하려는지 열매를 많이 먹었다. 가을에는 뒷산의 여러 나무 중 팥배나무가 가장 돋보였다. 11월에는 팥배나무의 단풍과 팥알같이 붉은 열매가 뒷산을 가득 채웠다. 열매가 익자 직박구리, 물까치, 큰부리까마귀 등 여러 새가 팥배나무에 앉아 먹기 시작했다. 특히 노랑지빠귀가 많이 보였다. 팥배나무 열매는 표면이 코팅된 듯 반들반들해서 추운 겨울에도 수분과 양분이 비교적 오래 유지된다. 나무에 달리는 열매의 양도 많다. 뒷산에 새들이 겨울을 잘 나는 데는 팥배나무가 큰 역할을 했다.

이 시기에는 산새들이 먹이를 저장하는 모습이 종종 보였다. 물까치가 팥배나무 열매를 저장하는 듯한 모습을 보였다. 무리 전체가 팥배나무 열매가 달린 잔가지를 끊어 어디론가 날아가 숨기고 나무로 되돌아오는 행동을 반복했다.

가을에 먹이를 저장하는 새로는 어치가 유명하다. 어치는 다람쥐의 볼주머니처럼 목주머니에 4~5개 정도의 도토리를 담아 저장할 장소로 옮긴다고 한다. 주로 땅에 구멍을 파서 넣고 낙엽을 덮어 숨긴다. 이 중 어치가 기억해 내지 못한 도토리가 싹이 터서 나무로 자란다. 참나무류를 퍼트리는 면에서 어치는 청설모와 역할이 비슷하다.

뒷산에서는 까치가 열매를 나뭇잎 속에 숨기는 모습을 볼 수 있었다. 목에 열매를 넣는 어치와 달리 까치는 열매 여러 알을 부리로 물고 있다가 숨겼다. 갈색 계열의 열매라 도토리일 가능성이 크지만, 거리가 있어서 정확히 알기는 어려웠다. 까치가 식빵을 나뭇잎 속에 숨기는 모습도 보았다. 까치에게는 음식이 부패한다는 개념이 부족한 것일까? 까치가 상당히 똑똑하다던데, 아마도 가까운 시간 내에 먹으려 했을지 모른다.

팥배나무 열매를 먹는 큰부리까마귀. 팥배나무 열매는 거의 모든 새에게 추운 계절을 넘길 수 있는 양식이 되어주었다.

계절이 겨울에 가까워질수록 새들이 땅에 내려오는 모습이 자주 보였다. 박새가 날이 추워지자 땅에 내려와 도토리와 같은 열매를 찾았다. 그런데 박새는 육식성이 강해서 열매보다는 그 안에 숨겨진 곤충과 알집을 꺼내 먹는다고 한다. 반면 쇠박새나 곤줄박이는 열매나 종자 그 자체를 잘 먹으며, 저장도 해서 겨울을 준비한다. 박새 외에 큰부리까마귀도 7~8마리의 무리를 이루어 땅에서 먹이활동을 했다. 직박구리도 무리를 이루어 땅에 내려와 있을 때가 꽤 있었다.

감나무 까치밥 ♣ 아파트

뒷산에 겨울철새가 오는 동안 아파트 정원에는 번식기 이후 수가 줄었었던 텃새들이 다시 많아졌다. 9월에는 여름내 뜸하던 까치가 많이 보였다. 물까치 무리도 자주 보였다. 물까치 무리는 8월 말부터 10월까지 아파트 정원에서 자주 보이다가 그 이후가 되면 좀 뜸하게 보였다. 물까치 무리는 시기별 구할 수 있는 먹이에 따라 이동하는 듯했다. 물까치에게 산아래아파트는 늦여름부터 가을 중순까지 머무는 장소로 보였다.

가을에는 박새류도 많이 보였다. 아파트 정원수에 열리는 열매를 찾아서 모인 듯했다. 아파트 정원에는 꽃사과, 고광나무, 낙상홍처럼 열매가 열리는 정원수가 많다. 새들은 봄 여름에는 곤충이 많은 뒷산으로 이동해 번식하고, 가을에는 정원수 열매를 찾아 아파트로 오는 계절이동을 하는 듯했다.

정원수 열매 중에서 감이 새들에게 가장 인기가 많았다. 정원수의 감은 별도로 따지 않아서 그대로 나무에 달려 있었다. 까치밥의 주인공인 까치는 물론이고 박새, 오목눈이, 참새 같은 새들이 모두 감을 먹었다. 직박구리는 까치보다도 더 감을 좋아하는지 먹는 모습이 가장 많이 눈에 띄었다. 간혹 볼 수 있는 쇠딱다구리와 달리 청딱다구리는 아파트에서 거의 모습을 볼 수 없다. 그런 청딱다구리도 가을에는 아파트로 내려와 감을 먹었다. 이 계절에도 오색딱다구리는 안 보이는 것을 보면 딱다구리류 중 수줍음이 가장 많은 모양이다. 감이 다 사라질 때까지 아파트 정원에 이렇게 새들이 많이 모여들었다.

탐조 첫해 가을에야 감나무에서 딱새를 처음 만났다. 딱새는 꽤 흔한 새라고 하는데, 나는 탐조를 시작하고 꽤 오랫동안 접하지 못했었다. 산아래아파트의 수목 환경이 꽤 괜찮은 데 왜 없을까 하고 의아했는데, 어느 가을날에 불현듯 딱새를 만났다. 딱새는 '딱, 딱' 하는 짧은 소리와 '따다닥' 하는 빨래판을 긁는 듯한 소리를 동시에 냈다. 새는 울대라는 발성기관이 양쪽 기관지와 연결되어 있어서 사람과 달리 한 번에 두 가지 소리를 낼 수 있다. 이상한 일이지만 한 번 보고 나니 그 후로는 딱새가 자주 보였다. 역시 첫 만남이 어렵다. 이듬해 봄에는 어떤 새 못지않게 딱새가 아름답게 송을 하는 모습을 보았다. 마치 밀화부리처럼 곱게 중얼거리기도 하고, 때로는 목청을 높여 사방에 들리게 지저귀기도 했다.

까치밥 먹는 직박구리. 감나무는 정원수 중 새들에게 가장 인기가 있었다.

딱새는 꼬리를 까딱까딱하면서 이 나무 저 나무로 부산스럽게 자리를 옮겼다. 작은 새들은 대체로 행동이 부산스럽다. 특히 박새류는 계속 옮겨 다니면서 끊임없이 고개를 까딱여서 사진을 찍으면 매번 흔들려 나왔다. 새는 사람과 달리 눈이 머리뼈에 고정되어 있어 눈동자를 못 움직인다. 그래서 대신 고개를 움직여서 시야를 확보한다. 늘 천적을 경계해야 하는 박새 같은 작은 새는 끊임없이 고개를 움직여서 사방을 경계한다.

11월이 되자 까치들이 일찍부터 집을 지었다. 원래 있던 까치집은 아파트 관리사무소의 가지치기로 모두 사라졌다. 그런데 일부 까치들이 까치집이 있던 그 나무로 다시 돌아와 집짓기를 했다. 특정 나무에 대한 애착이 있어 보였다. 한 번은 까치집이 있었던 나무를 두고 까치 한 쌍과 큰부리까마귀 한 쌍이 서로 소리 지르며 기 싸움을 했다. 원래 주인인 까치 부부의 의지가 확고해서인지 훨씬 덩치가 큰데도 큰부리까마귀가 자리를 먼저 떴다. 집을 짓다가 까치들은 종종 아파트 화단과 보행로를 돌아다니며 먹이활동을 했다. 까치는 사람처럼 다리를 엇갈려 걷기도 하지만 토끼처럼 깡충깡충 뛰어다니기도 했다. 보통 참새, 박새와 같이 작은 새는 깡충깡충 뛰어서 다니고, 꿩이나 오리류와 같이 큰 새는 다리를 엇갈려서 걷는다. 중간 크기의 새인 까치는 두 가지 방식을 모두 하며 다닌다.

새에 대한 예의

어느 날 아파트단지에서 쌍안경으로 새를 찾고 있는데, "어디 보시는 거예요?"라고 누군가 물었다. 쌍안경을 내리고 보니 한 여성이 의심스러운 눈으로 바라보고 있었다. 다른 사람의 집을 쌍안경으로 들여다본다고 생각한 듯했다. 어느 날은 카메라로 경로당 앞 나무에 앉은 새를 찍었는데 '무얼 찍느냐?'며 할아버지 한 분이 의심쩍어하며 물었다. 경로당 사진을 찍어서 어디에 쓸지 알 수 없기에 불편하셨던 것 같다. 일단 아파트단지 내에서 카메라와 쌍안경을 들고 다니면 사람들의 주목을 받았다. 그래서 불필요한 오해가 없도록 건물 쪽으로는 쌍안경과 카메라를 향하지 않기로 하였다. 탐조할 때면 불필요한 오해가 없도록 예의를 지켜야 한다.

그런데 사람에 대한 예의만큼이나 새에 대한 예의도 중요하다. 새가 좋아 탐조하는데 새를 힘들게 해서는 안 된다. 탐조는 새들의 삶을 배려하면서 자연을 즐기는 행위이다. 이에 가장 필요한 바는 우리 행동의 '절제'이다.

우선 새들에게 너무 가까이 가지 말고 멀리서 보아야 한다. 안전거리보다 가까이 접근하면 새는 불안해한다. 쌍안경과 필드스코프 모두 새와 충분한 거리를 두고 관찰하기 위한 장비이다. 정해진 산책로를 이용해서 탐조하자. 산책로 안쪽은 새들이 편히 쉴 수 있도록 들어가지 말자. 사람들이 많이 들러 관찰하는 조망점에는 인공벽이나 식물 울타리를 설치하면 좋다.

새가 자극받을 수 있는 행동은 피해야 한다. 큰 소리나 큰 동작을 하지 말고 너무 많은 사람이 같이 탐조하지 말아야 한다. 되도록 천천히 걸어서 새가 자극받지 않게 해야 한다. 두드러지는 색상의 옷도 가능한 피하면 좋다.

마음에 드는 사진을 찍기 위해 새에게 압박을 주어서는 안 된다. 선명하게 찍고 싶다고 너무 가까이 다가가 새들의 생활을 망쳐서는 안 된다. 카메라의 망원 기능을 활용하여 찍는 것으로 만족하자. 날아오르는 장면을 찍겠다고 새를 쫓거나 자극하는 따위의 행동은 삼가야 한다. 새를 놀라게 하는 플래시도 사용하지 않아야 한다.

새는 특히 번식기에 예민하다. 둥우리에 너무 가까이 가서는 안 된다. 새 사진 촬영자 중에 둥우리 안을 잘 찍으려고 주변의 나뭇가지를 제거하는 사람이 있다고 한다. 심지어 어린 새를 나뭇가지에 접착제로 붙여서 사진을 찍은 사람도 있었다고 한다. 절대로 있어서는 안 되는 행동들이다. 나도 이러한 경우로 의심되는 모습을 본 적이 있다. 어린이대공원 탐조 중에 오목눈이 둥지 앞에 여러 사람이 큰 카메라를 드리우고 앉아 있는 모습을 보았다. 오목눈이는 사람들이 두려워 새끼들이 있는 둥지로 들어가지 못하고 있었다. 그들은 어떻게 이곳에 오목눈이 둥지가 있는 것을 알고 모였을까? 아마도 오목눈이 둥지 앞 가지를 잘라내고 서로 연락해서 모였으리라 추정됐다. 탐조 참가자 중 한 명이 사진을 찍는 사람들에게 다가가, 둥지 주변 가지를 자르면 안 되며, 사람들이 모여서 보면 어미가 불안해한다고 말했다. 사진을 찍던 사람들은 절대 가지를 자른 일이 없으며, 조용히 사진만 찍고 갈 생각이라고 말했다. 더는 할 수 있는 일이 없어 그 자리를 떠나면서도 마음이 불편했다.

새와의 안전거리

새들이 편안히 활동하는 모습을 보려면 안전거리를 유지해야 한다. 새는 사람이 안전거리 안으로 들어가면 스트레스를 느낀다. 안전거리는 종마다 다르며 사는 환경에 따라 다르다. 일반적으로 참새, 박새처럼 작은 새는 안전거리가 짧아 꽤 가까운 거리까지 접근할 수 있다. 반면 큰기러기나 두루미처럼 덩치가 큰 새는 안전거리가 멀어 조금만 가까이 가도 날아간다. 반면 같은 종 안에서도 도시 까치는 사람이 상당히 가까워져도 날아가지 않는 데 반해, 민통선 지역처럼 사람이 적은 곳에 사는 까치는 먼 거리에서도 날아간다. 혹고니는 원래 사람을 많이 경계하는 새이지만, 사람이 먹이를 주어 버릇하는 유럽의 공원에서는 사람에게 다가온다.

우리나라에서 기러기류 같은 큰 새에게 다가가면 하던 행동을 멈추고 고개를 들어 올린다. 이런 모습은 경계에 들어갔음을 나타낸다. 그 이상 다가가면 날아간다. 그런데 큰 새는 한 번 날아오를 때 많은 에너지를 소비한다. 이런 일이 반복되면 새는 심각한 스트레스를 받고 탈진하게 된다.

경계에 들어간 쇠기러기. 기러기류는 위험을 느끼면 하던 행동을 멈추고 고개를 높이 들어 올려 경계한다.

해마다 다른 새   ♣ 뒷산과 아파트

　새들이 나타내는 모습은 해마다 조금씩 달랐다. 셋째 해 가을에는 뒷산과 아파트에서 조류 분포의 변화가 있었다. 원래 박새류 중 박새가 압도적으로 많았었는데, 그해 가을에 곤줄박이와 박새의 수가 거의 비슷해졌다. 그 이유는 알 수 없었다. 일단 추정하는 바는 때죽나무 열매를 먹기 위해 곤줄박이가 모였을 가능성이었다. 곤줄박이는 딱딱한 열매를 쪼아 깨서 먹기 좋아하는데, 때죽나무 열매도 무척 좋아한다. 뒷산은 다른 산보다 유별나게 때죽나무가 많다. 가을이면 뒷산에 때죽나무 열매가 아주 풍성하게 열린다. 그래서 뒷산이 때죽나무 맛집이 되어 다른 산으로부터 곤줄박이가 모여들었을 수 있었다. 그러나 그 전해 모니터링한 기록을 보면, 가을에 곤줄박이가 특별히 늘어나지 않았었다. 충분히 설명되지 않았다. 아니면 알 수 없는 다른 이유로 늘어났을 수도 있다. 그해 가을에는 몇 년간 안 보이던 나무발발이가 곳곳에서 관찰되었다. 어떤 해에는 특정 조류가 많아지는 특발성 증가가 있다고 한다. 곤줄박이가 늘어난 경향이 일시적인지 계속될지는 좀 더 관찰하기로 했다.

　셋째 해 11월에는 아파트나 뒷산에 있을 법한데 못 만나던 몇 종의 새를 만났다. 만날 법한데 왠지 엇갈리던 새를 결국 만나서 정말 기분이 좋았다. 아파트에서는 동박새를 만났다. 동박새는 원래는 남부지방에 살지만, 요즘은 수도권의 다른 아파트에서는 자주 목격된다. 산아래아파트에는 동박새가 좋아하는 감나무를 비롯한 열매 조경수가 많아서, 충분히 들를 만도 한데 못 만나고 있었다. 어느 날 노랑눈썹솔새의 소리와 비슷하지만 좀 더 날카로운 소리를 들었다. 소리를 쫓아가 보니 동박새 두 마리가 짝을 이루어, 아파트 연못 근처를 오가고 있었다. 많은 탐조인이 유독 좋아하는 귀여운 새가 산아래아파트에도 들러 흐뭇했다.

　뒷산에서는 굴뚝새를 만났다. 나무 솎아베기를 하고 줄기와 가지를 쌓아

둔 곳에서 '칫, 칫' 하고 울고 있었다. 뒷산에 간벌재를 쌓아둔 곳이 많아져서, 땅 위로 낮게 다니는 굴뚝새가 은신하며 살기 좋아 보였다. 비슷한 시기에 동고비도 뒷산에서 처음 만났다. 뒷산 탐조를 하다 간혹 한곳에 머무를 때가 있다. 한곳을 가만히 보고 있으면 마치 숨은그림처럼 처음에는 안 보이던 새가 서서히 나타난다. 그렇게 새가 배경에서 점점 드러나고 이리저리 움직이는 모습을 보면 마음이 편안해졌다. 이른바 '새명'이다. 어느 날 그렇게 새명을 하는데, 서서히 드러나는 새 중에 동고비가 있었다.

동고비는 나무줄기를 타며 움직이고 있었다. 동고비는 딱다구리류처럼 나무줄기를 잘 탄다. 딱다구리류는 머리를 위쪽으로 향하고 나무를 오르내린다. 그리고 아래 방향보다는 주로 위쪽으로 올라가는 편이다. 반면, 동고비는 머리를 위아래 모든 방향으로 향하고 나무를 탈 수 있다. 물구나무 자세로 아래로 내려오는 모습은 다른 새에게서는 보기 어렵다. 동고비는 여느 새처럼 발가락이 앞에 세 개, 뒤에 하나 있지만, 발톱이 날카로워서 나무에 박고 탈 수 있다.

뒷산에서 만난 굴뚝새(좌)와 동고비(우)

4. 겨울, 추위를 견디며 봄을 준비하는 새

뒷산 새들의 겨울나기 ♣ 뒷산

겨울이 되자 가을부터 내려온 새들 외에 뒷산의 노랑지빠귀도 아파트 정원에 종종 내려왔다. 노랑지빠귀는 낙상홍이나 꽃사과 열매를 먹었다. 그래도 겨울에 새들이 가장 많이 먹는 것은 뒷산의 팥배나무 열매였다. 겨울에 새들은 나무에 달린 열매만이 아니라 땅에 떨어진 팥배나무 열매도 찾아 먹었다. 개인적 의견으로는 팥배나무가 조경수로 많이 보급되었으면 한다. 하얗게 피는 꽃이 예쁘기도 하거니와 테두리가 각진 잎도 보기 좋고 단풍도 곱다. 붉은 열매가 무성하게 달려 겨울에도 경관 가치가 있다. 팥배나무가 감나무와 함께 조경수로 많이 심어진다면 새들이 주거지 주변에서 살기 좋을 듯하다.

이렇게 풍부한 팥배나무 열매도 2월이 되면 말라비틀어져 새들이 먹기에 나빠졌다. 이 시기가 새들에게 가장 먹을 것이 부족한 시기이다. 보릿고개 같은 이때 새는 거의 모든 열매와 씨앗을 먹는다. 어치처럼 숨겨둔 먹이로도 허기를 채운다. 노랑지빠귀와 까치가 낙엽을 뒤적이며 열심히 먹이를 찾았다. 낙엽 밑에 있는 열매나 곤충을 찾는 듯했다. 새가 나뭇잎을 뒤척이는 행동이 그 아래 있던 식물의 씨에게 햇빛을 만날 기회를 줄 가능성도 있어 보였다.

겨울 막바지에는 뒷산 새들이 붉나무로 많이 날아들었다. 붉나무에는 딱딱한 껍질에 쌓인 열매가 많이 달린다. 단단한 껍질 덕에 오랫동안 잘 보관되어 알맹이가 겨울새들에게 중요한 식량이 된다. 뒷산에는 붉나무 군락이 상당히 있어서 새들이 겨울 막바지를 넘기는 데 많은 도움이 되었다. 붉나무 열매 맛이 감나무나 팥배나무의 것에 비해 떨어지겠지만, 먹을 것이 없는 겨울 끝자락에는 선택의 여지가 없다. 붉나무 열매는 봄에 곤충이 모습을 드러낼 때까지 새들에게 중요한 식량이 되었다. 붉나무 열매로 겨울 막바지를 버티던 노랑지빠귀는 3월 말까지 보이다 그 이후론 보이지 않았다.

겨울에는 붉나무 숲에 직박구리가 무리를 이루어 계속 울었다. 여러 마리가 함께 울어서 시끄러울 법한데 이상하게 겨울에 모여서 내는 소리는 반들반들 윤이 나는 느낌이 들어 좋았다. 그런데 왜 계속 우는 것일까? 번식기가 아니므로 짝을 부르는 소리도 아니고 그렇다고 경계음을 쉬지 않고 낼 이유도 없다. 동물의 모든 행동의 목적은 그것이 가져올 결과를 통해 유추할 수 있다. 그런데 직박구리가 모여서 끊임없이 우는 행동은 특별한 실익이 없다. 어쩌면 사람들이 수다를 떨 듯이 새들도 소리를 통해 서로 교감하며 쌓인 스트레스를 푸는지 모른다. 그런데 나는 좀 더 나아가서 어쩌면 직박구리가 사람처럼 합창하면서 그 소리에 심취할지 모른다는 생각이 든다. 동물이 우리의 생각보다 훨씬 지적인 존재임이 현대과학으로 점점 밝혀지고 있다. 내가 동물의 말을 알아듣는 둘리틀 박사면 얼마나 좋을까!

붉나무 열매를 먹는 까치. 겨울 막바지에 붉나무 열매는 새들에게 소중한 양식이다.

식물의 번식을 돕는 새

식물의 종자가 퍼져나가기 위해서는 새의 도움이 필요하다. 새는 열매를 저장한 곳을 잊어버리거나 실수로 떨어트려서 또는 열매를 먹고 배설하거나 펠릿을 뱉어 종자를 퍼트린다. 일본의 경우 교목의 35%, 관목의 76%가 새에 의해 종자가 퍼트려진다. 보르네오섬에서는 40%, 나이지리아 열대림에서는 71%에 이른다.

새가 배설로 옮긴 종자는 발아율이 높다. 일본의 연구에 의하면 까마귀류 펠릿 속의 종자는 발아율이 61%인데, 자연적으로 땅에 떨어진 종자는 34%에 불과하다. 직박구리 배설물의 계수나무 종자는 100% 가까이 싹이 튼 반면, 과육이 그대로 있는 종자는 전혀 싹이 트지 않았다. 전남 홍도를 대상으로 한 우리나라 연구에서도 찌르레기, 개똥지빠귀 등의 조류가 보리밥나무 열매를 먹고 배설한 종자는 발아 시기가 2주일 정도 단축되고 발아율도 3배 정도 높았다. 새가 열매를 먹으면서 필요 없는 껍데기를 벗기고 위산으로 종자 표면이 부드러워져 싹이 잘 트기 때문이다.

새는 종자를 퍼트릴 뿐 아니라 수분도 돕는다. 동박새나 직박구리는 꽃의 꿀을 적극적으로 먹는데 이 과정에서 꽃가루를 옮긴다. 특히 동박새는 동백꽃의 수분에 결정적인 역할을 한다. 동백꽃은 개화기가 1월에서 4월 사이다. 개화기 대부분이 추워서 곤충의 활동이 활발하지 않다. 이 시기에 동박새가 곤충을 대신하여 동백꽃의 수분을 돕는다.

사랑을 시작하는 겨울새 ♣ 뒷산

쇠박새의 선명한 송이 이미 12월부터 들리기 시작했다. 해를 넘기자, 무리로 움직이던 산새들이 다시 흩어져 짝을 만들기 시작했다. 가장 추운 계절에 새들은 사랑을 시작했다. 까치는 짝을 이루어 열심히 둥지를 만들었다. 딱다구리들의 드러밍 소리도 들렸다. 쇠딱다구리 두 마리가 짝을 지어 나무 사이를 오가는 모습을 보았다. 늦은 오후에 뒷산에 들르면, 나뭇가지에 나란히 앉아 있는 멧비둘기 한 쌍을 같은 장소에서 보았다. 종종 서로 깃털을 다듬어 주는 데 그 모습이 무척이나 살가워 보였다. 멧비둘기나 큰부리까마귀 같은 새는 짝을 맺으면 부리로 서로의 깃털을 다듬어 준다. 특히 스스로 다듬을 수 없는 얼굴과 목 부위를 많이 다듬어 준다. 그런데 이들 멧비둘기 짝은 내가 다가가면 간혹 방귀 같은 소리를 냈다. 이 소리는 멧비둘기가 경계하거나 싸울 때 내는 경계음인데, 목소리가 아니라 어깻죽지로 낸다. 멧비둘기는 나를 보고 낯선 존재가 나타났음을 짝에게 알리는 듯했다.

멧비둘기는 겨울부터 짝을 맺기 시작해서 이듬해 봄까지 살갑게 붙어 다녔다.

입춘(立春)을 넘기자, 쇠박새와 박새의 송이 여기저기에서 정말 많이 들렸다. 2월 초면 상당히 추워 도시인은 당연히 겨울이라 생각한다. 내일 춥다는 예보를 접하면 출근이나 외출하려는 사람들은 귀찮다는 생각이 먼저 든다.

농부들만이 봄이 왔음을 알고 한 해 농사 준비를 한다. 새들도 농부처럼 이미 봄임을 알고 짝과 둥지 자리를 찾는다. 2월에 도시인은 철없고 새들은 철들었다.

겨울에 찾아온 맹금류 ♣ 뒷산

둘째 해 겨울에야 뒷산에서 주행성 맹금류를 만났다. 여름에 야행성인 솔부엉이와 소쩍새 소리를 듣기는 했지만 그래도 눈으로 볼 수 있는 주행성 맹금류를 보고 싶었다. 뒷산의 조건을 보면 충분히 맹금류가 살만한데 만나지 못해 아쉬웠는데 결국 참매와 새매를 만날 수 있었다.

어느 날 뒷산을 걷다가 어떤 새에게 쫓겨서 까치가 황급히 도망가는 모습을 보았다. 까치를 잡는 데 실패한 뒤 새는 큰 나무의 가지에 날아가 앉았다. 참매였다! 흰 바탕의 배 부위에 세밀한 가로줄 무늬가 있고 청회색 날개를 가진 성조와 달리 전체적으로 갈색 톤에 배 쪽에 세로줄 무늬가 있는 미성숙 새였다. 그래도 덩치가 꽤 크고 카리스마가 있었다. 쫓겨난 새는 정작 까치인데 큰부리까마귀가 여럿이 몰려와 나무 주위에서 시끄럽게 울며 참매를 위협했다. 그래도 참매는 꿈쩍하지 않고 침착하게 있었다. 당당한 모습이 매력 있었다. 까치를 사냥하려 하고 큰부리까마귀도 두려워하지 않는 것을 보면 꽤 담력이 있는 새 같았다.

주로 겨울철새로 찾아오는 참매와 달리 텃새인 새매도 겨울에 뒷산에서 만났다. 작은 산새는 다른 종과도 무리를 이루어 이동하지만, 직박구리 이상 크기의 산새는 혼군을 이루는 모습을 볼 수 없었다. 그런데 그날 새매를 만났을 때 큰 새도 필요에 따라 이종 간에 연합하는 듯한 모습을 보였다. 새들은 맹금류를 특별히 경계한다. 새매가 나뭇가지에 앉아 있는데 직박구리, 까치가 주변에서 번갈아 가며 시끄럽게 울었다. 꽤 위협이 될 만한데 새매는 담담히 버티며 앉아 있었다. 직박구리와 까치는 딱히 어쩌지 못하고 계속 소리를 내서 새매를 쫓으려 했다. 새매는 그래도 꿈쩍하지 않고 있다가 갑자기 물까치 예닐곱 마리가 합세하자 날아갔다.

이처럼 맹금류가 나타나면 주변의 새들이 연합해서 시끄럽게 울어서 쫓아내곤 한다. 어떻게 마음이 통해서 다른 종끼리 연합하는지 신기했다. 뒷산에서 맹금류를 보기 어려운 것은 까치, 직박구리, 물까치의 서식밀도가 높은 까닭인지도 모른다. 자리를 잡으려 하면 이들이 떼로 몰려와 소리칠 텐데 마음 놓고 살기 어려울 듯했다. 산을 다니다 여러 종류의 새들이 한꺼번에 시끄럽게 울면 한 번 가볼 일이다. 거기 맹금류가 있을지 모른다.

뒷산에서 본 참매 미성숙새. 큰부리까마귀의 위협에도 꿈쩍하지 않고 담담하게 있었다.

아파트 새들의 겨울나기 ♣ 아파트

겨울 아파트 정원에서는 새들이 조경수 열매를 먹는 모습을 자주 볼 수 있었다. 새는 식물과 공생을 하며 산다. 새는 봄 여름에 근충을 잡아 식물이 잘 자라게 하고, 가을 겨울에는 열매를 먹고 배설물을 통해 씨앗을 퍼트린다.

새를 위한 겨울 정원수를 꼽으라면 가을처럼 감나무가 첫 번째다. 감나무 열매는 1월에도 남아 있어서 굶주린 새들의 배를 달래주었다. 물론 다른 열매들도 새의 먹이가 되었다. 낙상홍 열매를 직박구리 먹는 것을 보았고, 겨울을 지나면서 과육이 뭉글뭉글해진 꽃사과를 박새가 먹는 모습도 보았다. 곤줄박이는 백합나무의 열매를 나뭇가지 위에서 발가락으로 붙잡고 딱다구리처럼 쪼아서 껍질을 벗겨 먹었다. 아파트 정원수의 여러 열매와 씨앗이 새가 겨울을 넘기는데 소중한 먹이가 되어주었다.

날이 추워지면서 더 많은 새가 뒷산에서 아파트 정원으로 내려오는 듯했다. 박새, 쇠박새, 곤줄박이가 많아지더니 진박새도 보였다. 하루는 나뭇가지 자리다툼을 하면서 곤줄박이가 박새와 쇠박새를 쫓아 버리는 모습을 보았다. 박새류 중에서 아마도 곤줄박이가 가장 힘이 센 모양이다. 그다음은 체급이 깡패라 박새, 쇠박새, 진박새 순이 아닐까 싶다. 그러나 박새가 곤줄박이를 쫓는 모습도 보아서 순위가 절대적이지는 않았다.

봄 여름에 보기 어려웠던 딱새들이 겨울에는 눈에 많이 띄었다. 오목눈이도 떼를 이루어 아파트를 돌아다니곤 했다. 비슷한 크기의 붉은머리오목눈이가 관목을 따라 이동하는 것과 달리, 오목눈이는 주로 아교목의 나뭇가지로 옮겨 다녔다.

겨울이 더 깊어져 나무 위의 열매도 줄어들자 땅 위에 내려와 먹이활동을 하는 새가 늘었다. 박새와 직박구리는 봄 여름에는 거의 나무 위에만 있었는데, 겨울에는 심심치 않게 땅에 내려와 나뭇잎 아래 곤충과 땅 위에 떨어진 열매를 찾았다. 겨울은 아파트 정원의 새에게도 시련의 계절이다.

참새도 겨울에 무리 지어 아파트 정원을 돌아다녔다. 흩어져서 자는 작은 산새들과 달리 참새는 까치처럼 모여서 잠을 잤다. 주로 아파트 입구 근처의 화살나무에 모여서 잤다. 참새들은 일광욕도 모여서 했다. 아파트 경계부 울타리에서 나란히 앉아 일광욕했는데, 겨울에 만나는 참새는 뚱뚱하니 귀여웠다. 실제로 겨울을 나기 위해 지방을 축적했기 때문이기도 하지만, 깃털을 부풀리고 그 안에 보온을 위해 공기를 품어서 더 뚱뚱해 보인다. 오리털 점퍼와 같은 원리로 깃털 사이에 공기를 많이 품어 보온성을 높인다.

겨울에 참새는 깃털 안에 공기를 품고 뚱뚱한 모습으로 아파트 울타리에서 일광욕하곤 했다.

겨울에야 만난 새 ♣ 아파트

쌀쌀한 어느 아침에 아파트 정원을 돌다가 노랑턱멧새를 만났다. 분명 만날 법한 새인데 못 만나고 있다가 겨울에야 만났다. 노란색과 갈색이 단정하게 어우러진 모습을 보니 반가웠다. 노랑턱멧새는 대체로 텃새이지만 일부는 철새로 이동하며 산다. 텃새인 개체도 봄 여름에는 깊은 산속에서 짝을 이루어 번식해서 눈에 잘 띄지 않는다. 겨울이 되어야 개활지로 나와 자주 만날 수 있다. 그래서인지 산아래아파트에서도 겨울에야 만날 수 있었다.

상모솔새도 겨울에 아파트에서 만난 반가운 새다. 겨울철새 또는 나그네새인 상모솔새는 우리나라의 새 중 가장 작아 몸무게가 3그램이 조금 넘는다. 상모솔새는 아파트 내 서양측백나무가 많은 곳에서 처음 만났다. 상모솔새는 침엽수 주변에서 주로 활동한다. 그 후에 상모솔새를 만난 장소도 스트로브잣나무, 가이즈까향나무처럼 침엽수가 있는 곳이었다. 상모솔새는 노란색, 녹색, 갈색이 어우러진 깃털에 동글동글한 체형을 가지고 있어 만화 캐릭터 같은 느낌이 들었다. '칙칙, 치치치치직' 하고 들리는 상모솔새의 소리도 독특했다. 탐조 3년 차 해에는 상모솔새가 뒷산과 아파트에서 꽤 많이 보였다. 나무발발이처럼 상모솔새도 그해 서울에서 특발성으로 많이 보였다고 한다.

하루는 까치가 특이한 모습으로 나는 모습을 보았다. 보통 까치는 날갯짓하며 수평으로 나는데, 그날은 날개를 넓게 폈다 오므리기를 반복하며 날았다. 직박구리가 위아래로 곡선을 그리며 마치 파도를 타듯이 나는 것과 비슷하면서도 달랐다. 위아래 곡선의 폭이 좁은 대신 좀 더 천천히 여유롭게 나는 느낌이었다. 까치는 깡충깡충 뛰기와 두 발을 엇갈려 걷기를 모두 하듯이 날기도 다양한 방식으로 했다.

직박구리가 파형 비행의 대명사가 된 이유는 파형의 높낮이가 크고 비교적 자주 그런 식으로 날기 때문으로 보인다. 높낮이 폭만 작을 뿐 박새와 같은 작은 새가 파형 비행을 하는 모습도 종종 보았다. 남산에서 큰부리까마귀 여러 마리가 맹금류처럼 기류를 타고 빙빙 나는 모습을 본 적이 있다. 창경궁에서는 황조롱이가 까치처럼 날개를 펄럭이며 일직선으로 나는 모습을 보았다. 맹금류도 기류를 탈 수 없는 짧은 거리를 이동할 때는 그렇게 날았다. 새는 단일한 비행 방법만 쓰는 것이 아니며 여러 방법을 사용하여 난다. 다만 각종의 몸 형태와 활동 방식에 가장 적합한 비행법으로 주로 날 뿐이다.

새가 나는 방법

새는 날갯짓과 공기의 흐름을 통해 중력을 거슬러서 난다. 대체로 작은 새는 한 번에 수직으로 도약하고, 큰 새는 수평으로 날아 탄력을 얻어 서서히 날아오른다. 일단 날아오르면 공기 흐름의 도움을 받을 수 있다. 단면이 유선형인 새의 날개를 통과할 때, 위쪽이 아래쪽보다 공기가 빨리 통과한다. 그러면 위쪽이 아래보다 공기 밀도가 낮아지고, 기압 차에 의해 위쪽으로 올라가는 양력이 발생한다(揚力: 물체 주위에 공기와 같은 유체가 흐를 때 유체의 흐름에 대해 수직으로 발생하는 힘). 양력에 의해 새는 힘을 덜 들이고 공중에 떠 있게 된다.

새는 대부분 날갯짓을 하면서 직선으로 난다. 그런데 새에 따라 날개 각도와 공기 흐름을 조합하여 다양하게 변형해서 난다. 독수리와 같은 큰 맹금류는 날개를 최대한 펴고 기류를 타서 난다. 날갯짓을 거의 안 하고 에너지를 적게 쓰는 효율적인 비행 방법이다. 이런 새는 기류를 받기 좋게 날개와 꼬리깃의 폭이 넓다. 통상 하늘 위를 빙글빙글 도는 모습을 많이 보는데, 날개를 치지 않고 활짝 편 체로 마치 스케이트 선수처럼 하늘을 미끄러져 날기도 한다. 직박구리, 딱다구리류는 날갯짓을 몇 번 한 후 위아래로 움직이며 난다. 마치 수영선수가 턴을 한 뒤 위아래로 몸을 움직이며 나가는 모습과 비슷하다. 이때 공기의 저항을 줄이기 위해 날개를 몸에 붙인다.

황조롱이, 물총새는 날개의 각도를 절묘하게 조절하고 빠르게 날갯짓해서 제자리에 떠 있는 정지비행을 한다. 기러기와 같은 철새는 원거리 이동 시에 V자나 W자 형태의 편대비행을 한다. 앞의 새가 날갯짓하면 날개 끝 양쪽으로 소용돌이가 생겨, 따라오는 새가 이 기류를 이용해 쉽게 날 수 있다. 그래서 편대비행 시에는 뒤의 새가 앞의 새보다 조금 더 높이 난다. 그리고 앞 새의 체력이 떨어지면 뒤의 새가 교대하며 앞에서 날아 서로의 체력을 안배한다.

눈 내리는 날 탐조

　눈도 비와 비슷한 영향을 새에게 준다. 적은 양이 오면 활동에 영향을 안 주지만, 상당량이 내리면 새는 행동을 줄인다. 서울의새에서는 탐조가 예정되었던 날에 비나 눈이 오면, 비는 시간당 2mm, 눈은 2cm를 기준으로 일정을 진행할지 결정한다고 한다. 사람의 활동도 어렵지만, 새의 행동도 줄기 때문이다.

　눈이 어느 정도 내리던 날에 뒷산 탐조를 해보았다. 아주 많은 양은 아니어서인지 활동하는 새들이 꽤 보였다. 그렇지만 평소보다는 새소리도 움직임도 어느 정도는 줄어든 느낌이었다. 까치, 직박구리, 물까치 등은 평소와 다르지 않았다. 눈이 오는데 까치는 열심히 집을 짓고 있었다. 반면에 작은 새들은 눈에 더 영향을 받는지, 박새류가 별로 보이지 않고 다른 작은 새도 눈에 띄지 않았다. 활동을 줄인 작은 새들은 나무와 한 몸이 되어 숨은 그림처럼 보이지 않았다. 눈 내리는 날은 새와 나무, 전경들이 흐릿하게 섞여 보여서, 안개에 쌓인 꿈을 보는 느낌이 들었다.

　눈 오던 크리스마스에 여의샛강생태공원에 탐조한 적이 있다. 아침부터 눈이 많이 내리던 날이었다. 예상대로 새들의 활동이 적었다. 물새들은 영향을 덜 받는 듯한데, 작은 산새들은 영향이 있는 듯했다. 백로류, 오리류, 물닭과 쇠물닭 등 샛강의 물새들을 주로 탐조했다. 그러다 눈이 그치니 다시 작은 산새류가 활발히 움직였다. 나뭇가지 사이로 이리저리 새를 찾고 있는데 흰머리오목눈이가 보였다. 겨울철새인 흰머리오목눈이는 텃새인 오목눈이의 아종이다. 흰머리오목눈이는 머리와 목이 솜털 같은 흰색이어서 깨끗하고 귀여운 느낌이었다. 마치 눈꽃송이가 날아서 나뭇가지를 옮겨 다니는 듯한 모습을 사람들은 넋이 나간 듯 바라보았다.

일 년간 개체수 모니터링 결과 ♣ 뒷산과 아파트

　탐조 둘째 해에 일 년 동안 뒷산과 산아래아파트를 모니터링하고 eBird에 기록했다. 어쩌면 내가 두 곳에 대한 조류 모니터링 기록을 꾸준히 남기고 있는 유일한 사람일지도 모르기에 묘한 책임감도 있었다. 사계절 동안의 조류 개체수 변화 추이를 알고 싶어서 매달 2~3회 기록했다.

　모니터링에는 어려움도 있었다. 나뭇잎이 무성해지면서 소리로 개체수를 산정해야 할 경우가 많아졌다. 그런데 번식기가 지나 특징이 뚜렷한 송을 그치고, 상대적으로 구분이 어려운 콜을 주로 하면서 종간 구별이 어려워졌다. 특히 박새류 구분이 어려웠다. 그중 박새와 쇠박새 소리의 구분이 정말 어려웠다. 곤줄박이는 특유의 끄는 듯한 소리로 구분이 되었지만, 박새와 쇠박새의 콜은 유사했다. '쯧, 쯧' 하는 짧은 경계음은 거의 구분할 수 없었다. 그 외 쇠박새가 '팅요, 팅요' 하고 운다고 하는데, 박새도 비슷한 소리를 냈다. 쇠박새가 좀 음이 높고 날카로운 느낌이 드는 것 같은데, 실제로 소리를 접하면 구분에 확신이 없었다. 그리고 두 종은 다른 새의 소리로 착각할 만한 처음 듣는 소리를 수시로 내곤 했다. 새들의 소리는 무궁무진했다.

　2월 말에 그 전해 3월부터 일 년간 기록을 정리했다. 전체 관찰종은 총 41종으로 뒷산은 40종, 산아래아파트는 25종이었다. 그 중 여름철새는 파랑새, 꾀꼬리 등 12종이 있었다. 겨울철새는 노랑지빠귀, 상모솔새, 참매로 3종, 나그네새는 울새, 쇠솔새, 되솔새, 검은이마직박구리로 4종이 있었다. 텃새는 22종으로 가장 종수가 많았고 개체수도 그러했다. 두 곳에서 1년간 20회 이상 관찰된 종의 빈도 순위를 표로 아래에 정리해 보았다.

　두 곳 중 뒷산은 박새와 까치가 가장 많았고, 산아래아파트는 참새와 직박구리가 가장 우점했다. 그래서 박새와 까치는 산림 선호경향, 참새와 직박구리는 도심 선호경향이 상대적으로 강해 보였다. 딱다구리류는 산아래아파트에서 관찰빈도가 낮아 도심 기피 성향이 강하고, 반대로 집비둘기는 뒷산에서 한 번도 관찰되지 않아 산림 기피 성향이 강했다.

〈표 : 관찰장소별 연간 종 관찰 빈도수〉

빈도순위	뒷 산		산아래아파트	
	종명	관찰빈도	종명	관찰빈도
1	박새	1,141	참새	483
2	까치	980	직박구리	320
3	직박구리	882	박새	277
4	참새	366	까치	272
5	멧비둘기	259	멧비둘기	102
6	쇠박새	249	집비둘기	88
7	곤줄박이	234	붉은머리오목눈이	82
8	물까치	222	쇠박새	66
9	붉은머리오목눈이	152	곤줄박이	33
10	큰부리까마귀	130	오목눈이	32
11	오목눈이	122	딱새	30
12	노랑지빠귀	75	물까치	27
13	되지빠귀	71	큰부리까마귀	20
14	오색딱다구리	58		
15	쇠딱다구리	44		
16	청딱다구리	43		
17	어치	34		
18	꾀꼬리	27		
19	파랑새	20		

계절별로 해당 조류 종의 관찰빈도를 살펴보았다. 여러 경향이 보였지만 정말 그러한 경향이 확실히 있는지는 연도별 추적 관찰이 필요했다. 가장 뚜렷해 보인 것은 겨울에 아파트에서 새의 관찰 빈도가 높은 점이었다. 추운 계절에 새들이 따듯하고 먹이가 많은 곳을 찾아, 산에서 마을로 내려오는 경향이 있는데, 산아래아파트도 그러해 보였다. 가을에 참새가 줄어든 경향도

있었다. 이것이 곡식이 익는 시기에 맞추어 농촌으로 이동한 까닭인지, 아니면 아파트와 가까운 다른 장소로 이동한 것인지는 알 수 없었다. 참새의 이동범위에 대한 지식이 없기 때문이다. 철새만이 아니라 텃새의 이동에 관한 연구도 있어야 한다는 생각이 들었다. 그러기 위해서는 텃새도 철새처럼 가락지나 위치추적기로 경로를 추적하면 어떨까 싶었다.

가장 뚜렷한 경향은 그 이듬해에 있었다. 뒷산에서 가장 많은 새가 박새에서 까치로 바뀌었다. 자연은 항상성을 추구한다는데, 1년 만에 큰 변화가 있어 조금 두려웠다. 가을에 곤줄박이 개체수가 급증해 박새와 비슷해지는 현상도 있었는데, 겨울에도 같은 현상이 지속되었다. 이런 현상이 일시적인지 아니면 지속적인지 추이를 계속 모니터링할 생각이다. 이런 현상이 왜 생겼는지는 알 수 없었다. 다만 나는 왜 그랬는지에 대한 의문을 계속 간직하고 관찰할 생각이다. 탐조하면 그 외에도 이런저런 의문이 생긴다. 풀리지 않는다고 잊어버리지 말고 품고 간다면, 어떤 좋은 계기를 만나 그 답을 알게 되리라 기대한다. 또한, 영원히 미제로 남더라도, 관찰하면서 의문을 품는 자체가 꽤 괜찮은 일이라 본다.

5. 불안한 봄

순서 없이 꽃이 피었던 봄

지구 온난화가 꽃들의 시간을 어지럽힌 것일까? 탐조 셋째 해인 2023년에는 꽃들이 순서 없이 서둘러 한꺼번에 피었다. 예전에는 4월 초나 되어야 개나리, 진달래, 목련이 핀 모습을 보고 '이제는 정말 완연한 봄이구나!'라고 느꼈다. 그러나 2023년에는 개나리, 진달래, 목련이 3월 중하순에 벌써 매화, 산수유와 같이 피었다. 벚꽃은 개화기가 평년보다 보름 정도 빨라져, 4월 둘째 주에 있던 서울의 벚꽃 축제는 벚꽃이 모두 진 상태로 진행되었다. 박완서가 그렸던 순서대로 피는 꽃을 기다리는 즐거움을 그해 봄엔 느낄 수 없었다.

개화기가 5월인 팥배나무꽃마저 4월 중순에 만개한 것을 보고 걱정이 되었다. 탐조하면서 새들이 사는 공간에도 관심이 갔다. 그리고 그곳이 계절의 흐름에 따라 변하는 모습이 눈에 들어왔다. 그 변화를 즐길 수 있어 좋으면서도 계절이 불안하게 어긋나고 있다는 느낌이 들어 불편했다.

그런데 꽃들이 순서 없이 피던 그 봄에 새들은 예전의 시간대로 움직였다. 예전처럼 3~4월에 박새와 쇠박새가 한창 송을 했다. 4월 초순, 이전 해와 거의 같은 날에 되지빠귀 소리를 처음 들었다. 4월 말이 되자 큰유리새 소리가 들렸다. 그리고 봄 여름에 우리나라를 들르는 산새들의 소리가 함께 들렸다. 산솔새, 되솔새, 노랑눈썹솔새의 소리가 이어졌다. 5월이 되자 파랑새, 꾀꼬리, 울새의 소리가 들렸다. 새들은 이렇게 순서에 어긋남이 없었다.

순서대로 찾아온 새들이 반가우면서도 한 편 걱정스러웠다. 식물의 시간이 당겨지면 연한 잎을 먹기 위해 곤충의 시간도 당겨질 가능성이 크다. 새들은 잡기 편하고 먹이기도 좋은 애벌레로 새끼를 키우는데, 빨리 성충이 되어 날아다니면 새끼에게 충분한 먹이를 잡아주기 어렵다. 늘 있는 텃새는 변화된 식물의 생장주기에 적응할 수도 있지만, 철새들은 심각한 영향을 받게 된다. 낮의 길이에 반응해 이동하는 철새의 특성 때문에, 식물과 곤충의 변화된 주기에 맞추어 서둘러 오지 못할 가능성이 크다.

다른 생명에 대한 염려

전에는 꽃이 언제 피든 새가 언제 오든 특별한 생각이 없었다. 그런데 한꺼번에 피는 꽃들을 보며 화려함보다 어수선함을 느끼며 걱정했다. 왜 그럴까? 탐조하면서 새에게 정이 들었다. 자주 보면서 조금씩 알게 되고 알아갈수록 좋아지고 그래서 염려하게 되었다.

탐조는 잊었던 자연에 대한 감성을 일깨운다. 현대 사회에서 인간은 대부분의 관계를 인공물과 맺고 있다. 인간이 자연에 속해 있음을 잊어버리고 뭇 생명에 대해 무관심하다. 자신의 필요를 위해 자연을 파괴할 때, 다른 생명에게 어떤 영향을 줄지를 모른다. 그래서 주저함이 없다. 그러나 자연이 아프면 그 일부분인 인간도 병이 든다. 자연을 다시 살리려면 자연을 온전히 느끼고 사랑하는 감수성을 살려야 한다. 자연을 사랑하게 되면 되살리는 일에 마음을 둘 수밖에 없다.

탐조는 자연에 대한 감수성을 살리는 계기가 된다. 탐조하면서 내가 이 세상을 새와 같이 살아가고 있음을 느꼈다. 새와 함께 시간을 보내면서 점점 그들을 사랑하고 염려하게 되었다. 물론 모든 생명체가 오래 보면 그러한 변화를 사람에게 준다. 그런데 아름다운 새는 유달리 더 그렇다. 사람은 아름다움에 이끌리기 때문이다.

탐조를 꾸준히 하기 위해서는 사는 곳 가까이에 사계절 들를 탐조지를 한 곳쯤 가지길 권한다. 가까운 야산, 공원, 아파트 정원, 논밭, 하천, 갯벌 어디든 좋다. 사계절 탐조하다 보면 미세한 차이도 느끼며 여러 경험을 하게 된다. 새를 만나고 그들이 깃들어 사는 공간과 시간을 느낌은 꽤 괜찮은 일이다.

기후변화의 위험

꽃과 새의 시간이 어긋남은 지구 온난화에 따른 기후변화 때문이다. 향후 기후변화가 새들에게 어떤 영향을 미칠지 예측하기는 어렵다. 다만 진화를 통해 적응할 수 없을 정도로 빠른 기후변화는 악영향을 미칠 가능성이 크다.

우선 앞서 우려했듯 새의 번식기와 먹이의 발생 시기가 불일치하면 번식이 어려워진다. 극단적 가뭄과 폭우, 한파와 혹서, 산불의 증가는 새들의 생존을 어렵게 한다. 서식조건의 급작스러운 변화도 새를 힘들게 한다. 기후변화로 먹이가 되는 식물과 곤충 분포가 빠르게 변화하는데, 이는 새가 쉽게 적응하기 어렵다. 기온 상승으로 아열대 조류가 증가하면 기존의 온대 조류와의 경쟁도 심해진다. 낯선 천적과 경쟁자, 경험하지 못한 질병, 이 모두가 새들의 삶을 교란한다. 이러한 변화로 새들이 급감하면 곤충이 대발생하여 인류에게도 큰 피해를 주게 된다. 곤충만이 아니라 앞서 열거한 모든 기후변화 현상이 인간에게도 심각한 악영향을 준다.

기후변화에 따른 피해는 산새만이 아니라 물새에게도 미친다. 온난화로 해수면이 상승하면 갯벌이 사라진다. 그러면 갯벌이 품고 있는 풍부한 생태계도 함께 사라진다. 이는 도요물떼새를 포함한 많은 새에게 위기이다. 또한 수온이 상승하면 바닷속 어류의 분포도 바뀐다. 갈매기류처럼 해양의 섬에서 번식하는 조류는 번식지 주변에서 먹이를 구할 수 없게 된다. 결국 번식 군집이 해체될 수밖에 없다.

기후변화가 무엇을 가져올지 낱낱이 예상할 수는 없다. 다만 지구 곳곳에서 심각한 생태계 붕괴가 발생할 가능성이 크다. 조류 군집은 심각하게 타격을 입을 터이고 결국 인간도 마찬가지 처지가 된다. 이제는 기후변화를 멈추기 위한 노력을 진정으로 해야 한다. 모든 생명은 서로 연결되어 있다. 나와 같이 사는 생명을 돌보는 일은 곧 자신을 돌보는 일이라고 한다. 새들이 잘 살아야 인간도 잘 산다.

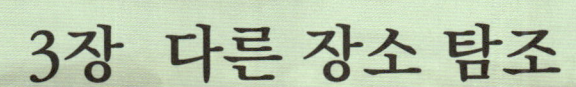

3장 다른 장소 탐조

3장 다른 장소 탐조

1. 탐조지의 분류

아파트 정원과 뒷산을 주로 탐조했지만, 주말이면 다른 장소도 시간이 되는대로 찾으려 했다. 다른 계절에 다른 새를 만나듯이 다른 곳에 가면 다른 새를 만날 수 있었다. 또 탐조 외에 갯벌이나 섬과 같은 그 장소 자체를 즐기는 재미도 있었다. 우리나라는 철새와 나그네새가 많으므로, 계절별로 새를 많이 만날 수 있는 장소가 다르다. 사전에 조사해서 찾아가면 탐조를 더 재미있게 즐길 수 있다.

탐조지는 녹지와 습지로 크게 나눌 수 있다. 사실 모든 장소의 성질은 서로 중첩되는 면이 있어서 만나는 새의 종류도 중복된다. 이하의 분류는 가장 대표적인 성질에 따라 나누었다. 녹지는 산새를 위주로 만나게 된다. 그래서 시각과 함께 청각을 적극적으로 활용해 탐조해야 한다. 녹지는 크게 인공녹지와 자연녹지로 나뉜다. 인공녹지는 시설로 관리되고 사람의 방문이 잦은 곳이다. 도시공원, 수목원, 고궁, 왕릉, 공원묘지와 같은 장소이다. 접근성이 좋은 장점이 있다. 자연녹지는 어떤 시설과 상관없이 원래부터 숲이었던 곳을 말한다. 자연녹지에는 뒷산과 같은 야산부터 국립공원 같은 큰 산지까지 여러 형태의 숲이 있다.

인공녹지와 자연녹지는 상대적이어서 서로의 특징이 중첩된다. 농촌 마을처럼 숲과 사람의 거주지가 어우러진 인공녹지와 자연녹지의 중간 형태도 있다. 인공녹지는 단독으로 있기도 하지만 배후 산지와 연결된 장소가 많다. 일반적으로 단독으로 있는 장소보다 배후 산지와 연결된 곳에서 더 다양한 새를 만날 수 있다. 복합적인 공간이 여러 서식조건을 제공하기 때문이다. 이와 같은 중첩되는 면 때문에 인공녹지와 자연녹지에서 만나게 되는 새도 유사성이 많다. 인공녹지든 자연녹지든 가까운 장소를 골라 꾸준히 들르면 일상 탐조의 즐거움을 경험할 수 있다.

습지는 일시적이든 영속적이든 깊이 6m 이하의 물이 있는 곳이다. 이 책에서는 물이 있는 공간이면 모두 녹지와 대비하여 습지로 포함하였다. 해안이나 일부 강과 호수의 수심이 6m 이상일 수 있지만, 편의에 따라 모두 습지로 보았다. 습지는 주로 물새를 만나기 때문에 시각을 주로 활용해 탐조한다. 물론 습지 주변에도 산새가 많아서, 청각을 활용할 때도 있다. 습지는 녹지에 비해 한꺼번에 많은 새를 볼 때가 많다. 녹지에서는 새를 수십 마리만 만나도 많은 경우인데, 습지에서는 수천 마리를 넘게 만날 때가 꽤 있다.

습지는 장소 특징에 따라 습지공원, 하천, 호수, 논, 늪, 갯벌, 섬, 해안으로 나누었다. 습지공원은 다른 공원과 성격이 중첩되는 면이 있으나, 연못 등 습지가 공간의 중심이어서 습지에서 다루었다. 섬도 녹지의 성격이 있지만, 바다가 중요한 지형 특성이면서 갯벌이 있기도 하여 습지의 한 형태로 다루었다. 여러 철새와 나그네새를 만나는 섬은 탐조의 백미와 같은 장소이다.

2. 녹지 탐조

도시공원

도시공원은 도보나 대중교통으로 편하게 들를 수 있는 장점이 있다. 거주지 가까이 있어 꾸준하게 일상 탐조를 하기에 좋다. 일상 탐조는 소풍이나 산책하듯이 편안하게 하면서 새와 친근해지는 느낌이 좋다. 물론 간혹 못 보던 새를 만나는 즐거움도 있다. 도시공원에 대해서는 월드컵공원, 어린이대공원, 북서울꿈의숲을 탐조한 경험을 적었다.

월드컵공원

서울연구원의 2015년 발표에 의하면 월드컵공원은 총 116종의 새가 있어, 서울의 도시공원 중 조류 다양성이 가장 높다고 보고된 바 있다. 워낙 면적이 넓고 나무가 많아 새들이 살기 좋은 장소이다. 월드컵공원은 탐조 첫해에 한 번 갔다. 대체로 뒷산과 조류상이 비슷했다. 당연하지만 같은 지역의 녹지에는 비슷한 종류의 새가 산다.

월드컵공원 초입에서 방울새를 만났다. 평택에서 보았던 방울새를 다시 만나니 반가웠다. 월드컵공원에서는 집비둘기의 색다른 면을 보았다. 어리숙해 보이는 외모와는 달리 때로는 성깔이 있었다. 집비둘기가 까치와 싸워서 이기는 모습을 보았다. 그 이전에는 모두 까치가 집비둘기를 쫓아 버리는 모습만 봤는데 좀 특이했다. 공원 탐조 중에 벤치에 앉아 김밥을 먹고 있는데 집비둘기 한 마리가 접근해 왔다. 도시의 집비둘기는 사람이 먹이를 주는 것에 익숙해서 누군가 뭘 먹으면 다가오곤 한다. 그래서는 안 되는데 호기심이 발동해서 김밥 속 어묵을 던져주었다. 집비둘기가 먹으려는데 까치 한 마리가 날아와 그것을 뺏으려 했다. 그런데 집비둘기가 냅다 까치를 쪼아서 쫓아 버렸다. 자신이 이미 가지고 있는 것을 강탈하는 것에 옳지 못하다고 분노해서 맞섰을까? 혹시 새도 옳음과 그름의 감정이 있을까 하는 생각이 잠시 스쳤다. 하여튼 싸울 때는 집비둘기도 비둘기파가 아닌 매파다.

북서울꿈의숲

북서울꿈의숲은 눈 오는 날에 서울의새 모임에 참가하여 탐조했다. 날이 안 좋은데도 그날 23종을 동정했다. 대체로 뒷산과 비슷한 조류상을 보이나 박새보다 쇠박새가 더 많고, 뒷산에 흔한 노랑지빠귀는 적은 대신 개똥지빠귀가 많았다. 두 곳 모두 서울 안이라 새의 종류는 비슷하지만, 종별 비중은 차이가 났다. 같은 지역의 탐조지는 비슷하면서도 조금씩 다르다. 이러한 미세한 차이를 감지하는 일도 재미가 있다.

북서울숲에는 집비둘기가 많았다. 대부분의 공원시설에는 집비둘기가 많았다. 다만 나무가 우거진 구역에는 적고 공원 초입의 개활지에 많았다. 같은 장소 내에서도 집비둘기는 트인 공간을 좋아하고 나무가 우거진 곳을 싫어한다.

공원 뒤편의 산책로를 탐조하다 머리 위로 가까이 날아가는 맹금류 한 마리를 일행이 일제히 보았다. 일단 날개 끝에 갈라진 칼깃이 있어서 수리과로 보였다. 매과는 날개 끝이 날씬하게 하나로 모아있다 그 맹금이 참매인지 새매인지 서로 의견이 엇갈렸다. 둘은 이름에 매가 들어가지만, 칼깃이 있는 수리과이다. 두 종은 칼깃이 6개로 같고 생김새가 비슷해서, 날아가는 모습으로는 동정이 어려웠다. 그런데 마침 참가자가 찍은 사진이 있어서 얘기를 나눈 결과 참매로 의견이 기울었다. 그만큼 참매와 새매는 구분이 쉽지 않다.

도시에서 만나는 맹금류 구별

맹금은 가까이에서 보기는 어렵고 하늘을 나는 모습이나 바위, 높은 나무, 고층 아파트와 같이 높은 곳에 있는 모습을 주로 보게 된다. 그래서 날 때 보이는 외형의 특징을 동정에 활용할 때가 많다.

도시에서 만날 가능성이 큰 맹금류로는 참매, 새매, 황조롱이가 있다. 이 중 참매와 새매는 외형이 비슷해서 동정에 주의가 필요하다. 두 종의 미성숙 새는 참매는 세로줄 무늬, 새매는 가로줄 무늬가 있어서 쉽게 구별할 수 있다. 그러나 성조는 상당히 비슷해서 여러 특징을 조합해서 동정한다. 일단 참매가 새매보다 크다. 그러나 맹금류는 암컷이 수컷보다 커서, 참매 수컷과 새매 암컷은 크기 차이가 별로 안 난다. 그리고 멀리 있거나 날아갈 때는 크기로 가늠이 어렵다. 참매는 뚜렷한 흰눈썹선이 특징이지만, 새매 암컷에게도 나타나는 모습이다. 새매 암컷은 멱에 세로 무늬가 여러 줄 있는 점으로 구분한다. 두 종 모두 배 쪽에 가로로 줄무늬가 있으나 참매가 흑갈색 계열이라면 새매는 적갈색 느낌이 든다. 수컷 새매는 적갈색 깃털이 더 뚜렷하다. 또한, 날 때 참매는 날개 아래 줄무늬가 흐리고 뭉개져 보이는데 반해 새매는 더 뚜렷하다.

홍릉수목원에서 만났던 새매. 비교적 뚜렷한 적갈색 줄무늬가 있어 수컷으로 보인다.

황조롱이는 나는 모습을 볼 때 몸통에 검은색 세로 줄무늬가 있고 꽁지깃에 검정색 테두리가 있는 점으로 구분한다. 앉아 있을 때는 동그스름한 몸통과 함께 검은 반점이 있는 적갈색 날개로 구분한다.

어린이대공원

어린이대공원은 서울의새에서 매월 모니터링하는 장소여서 종종 모임에 참가해서 탐조했다. 2월 모임 때 동박새가 부지런히 단풍나무 줄기를 타고 다니는 모습을 보았다. 뾰족한 부리로 줄기를 쪼아서 수액을 먹고 있었다. 동박새는 나무의 수액을 꽤 좋아한다. 동박새는 응애처럼 아주 작은 벌레를 먹기 위해서도 나무를 훑는 행동을 한다.

탐조 3년 차 4월 초 모임에서는 이례적으로 더운 봄으로 꽃들이 순서 없이 한꺼번에 일찍 피었다. 그날 어린이대공원에는 개나리, 벚꽃, 조팝나무, 황매화, 명자나무, 영산홍이 같이 꽃을 피웠다. 4월 초이건만 벚꽃이 이미 지기 시작해 하늘하늘 꽃비가 내렸다. 떨어지는 꽃잎들 사이로 흰 비둘기 두 마리가 걸어갔다. 흰 비둘기는 오랜만에 보았다. 예전에는 행사 때마다 흰 비둘기를 많이 날렸는데, 자연교배를 하면서 지금처럼 회색 비둘기가 많아졌다고 한다. 예전에는 사람들이 집비둘기를 좋아했다. 그런데 행사 때마다 풀어주고 먹이 주어 수가 늘어나자, 요즘은 싫어한다. 사람 탓으로 늘어났는데 멋대로 미워한다. 기후변화로 일찍 떨어지는 흰 벚꽃잎 사이로, 전에는 사람들이 좋아했던 흰 비둘기가 걸어가는 모습이 묘하게 슬펐다.

그날은 왕벚나무 수풀에서 만난 밀화부리 무리가 가장 인기 있었다. 밀화부리는 나무에서 무언가를 뜯어 먹고 있었다. 쌍안경으로 보니 이제 막 나오는 벚나무의 새잎 순을 뭉뚝한 부리로 뜯어 먹고 있었다. 왕벚나무 수풀에는 직박구리도 많이 모여 뾰족한 부리로 꽃의 꿀을 빨아 먹고 있었다. 먹이에 따라 새는 그에 알맞은 부리 모양을 하고 있다.

6월에는 다른 새의 소리를 잘 흉내 낸다는 대륙검은지빠귀를 만났다. 대륙검은지빠귀는 꽤 큰 덩치에 전체가 까만 모습이 인상적이었다. 대륙검은지빠귀는 원래 섬에서 드물게 보이던 나그네새였는데, 이제는 내륙에서도 자주 목격이 된다. 텃새가 되어 번식하는 개체도 점점 늘고 있다. 서울에서는 올림픽공원에서 자주 보인다고 한다. 어린이대공원에서 본 개체도 번식 개체로 보였다. 종잡을 수 없는 다양한 소리로 자신을 돋보이게 해서 우리 일행의 시선을 끌다가, 사람들이 따라오면 조금 날아가서는 다시 여러 소리를 냈다. 그렇게 몇 번 해서 사람들을 멀리 이동시킨 다음에는 휙 하고 날아가 버렸다. 아마도 둥지로부터 멀리 사람들을 유인하려는 행동으로 추측된다.

물떼새류가 다친 척해서 천적을 둥지로부터 멀리 유도하는 의상행동이 유명하지만, 그러한 속임수 행동은 다른 새도 한다. 평택에서 아파트 탐조를 할 때도 방울새가 소리를 내며 가까이 다가와, 자신에게 시선을 유도하면서 옮겨 다녔다. 새끼를 보호하기 위해서 위험을 무릅쓰고 자신을 드러내는 행동으로 보였다. 사람이나 새나 자식 위하는 애틋함은 다르지 않다.

그날은 청딱다구리가 땅에 내려와 개미를 먹는 모습도 보았다. 청딱다구리는 다른 딱다구리류에 비해 땅에 내려와 먹이활동 하는 경우가 많다. 청딱다구리는 특히 개미를 좋아해서 개미굴 앞에 죽치고서 개미를 먹을 때가 많다고 한다.

청딱다구리는 다른 딱다구리에 비해 땅에 내려와 활동하는 모습을 자주 보인다.

수목원

수목원은 다른 인공녹지보다 다양한 조류를 만날 가능성이 크다. 시설의 성격상 수종이 다양하고 수목의 밀도도 높아서 먹이원과 은신처가 풍부하기 때문이다. 수목원으로는 홍릉수목원과 광릉수목원을 탐조한 경험을 적었다.

홍릉수목원

홍릉수목원은 원래 명성황후의 묘가 있던 곳에 조성되었다. 홍릉수목원은 다양한 수종이 잘 가꾸어진 산림청 임업시험림이 있어 조류 종이 다양하리라 기대했다. 일단 홍릉수목원은 배봉산과 비슷한 조류상을 보였다. 그래도 수종이 다양하고 숲가꾸기가 잘 되어서인지, 배봉산에서 만나기 어려운 몇몇 종을 보았다. 배봉산에서 못 만났던 유리딱새를 종추했다. 유리딱새는 꼬리가 푸른색이고 옆구리가 주황색이 도는 황갈색이었다. 유리딱새의 영어명은 Red-flanked Bluetail로 특징이 잘 반영된 이름이다. 영어명에 새의 특징이 잘 묘사된 경우가 많다. 그래서 도감을 읽을 때 영어명을 같이 익히는 탐조인도 많다.

배봉산에서 만나기 어려운 밀화부리도 홍릉수목원에 들르면 쉬 볼 수 있었다. 밀화부리는 특히 수목원 초입의 낙우송 숲에 많이 있었다. 속삭이는 듯한 밀화부리의 소리는 언제 들어도 좋았다. 맹금류로는 새매를 만났다. 홍릉수목원 뒤에는 입산이 제한된 청장산 숲이 있는데, 이곳에는 좀 더 많은 조류 종이 있을 것으로 보였다. 서식지 면적이 클수록 조류 종이 다양할 가능성이 크다. 그런 점에서 북한산과 같이 면적이 넓은 국립공원은 더 다양한 조류 종이 살 수 있다. 실제로 서울연구원의 2015년 보고에 의하면 서울시 출현 233종 중 137종이 북한산에 살아 서울시 내에서 가장 조류 다양성이 풍부했다.

원래 배봉산은 홍릉수목원이 위치한 청장산과 연결되어 있었고, 청장산은 북한산과 이어진 한 몸이었다. 도시개발이 녹지축을 끊었고 배봉산은 고립된 야산이 되었다. 배봉산, 청장산, 북한산으로 이어지는 녹지축이 복원된다면 배봉산에 훨씬 다양한 조류가 살 수 있다. 그러나 도로와 건물로 인해 녹지축의 복원은 현실적으로 어렵다. 도시 야산이나 공원처럼 고립된 녹지에 사는 새들이 자유롭게 이동할 수 있게 돕는 방안이 필요하다.

영어명이 Red-flanked Bluetail인 유리딱새는 이름 그대로 꼬리가 푸른색이고 옆구리가 주황색이 도는 황갈색이다.

광릉수목원

5월 중순에 광릉수목원 탐조를 했다. 광릉수목원은 유네스코 생물권보전지역으로 지정된 광릉숲이 있는 수목원이다. 광릉수목원은 면적이 1,124만㎡에 달해서 44만㎡인 홍릉수목원에 비해 훨씬 큰 곳이다. 보통의 수목원이라기보다는 자연산림에 가까운 특성을 갖지만, 내가 탐조한 곳은 수목원 전면부의 탐방로가 있는 곳이어서 수목원에서 다루었다.

광릉수목원은 배후 산지인 광릉숲이 잘 보전되어 있고, 탐방 구역도 다양한 식물이 조성되어 있어 조류상이 풍부하다. 새가 많을 뿐 아니라 탐방로가 잘 마련되어 있어 산새 탐조 장소로는 정말 훌륭한 곳이다. 찾아간 날도 탐방로를 따라 걸으며 무수한 새소리를 들었다. 탐방로 주변에 꽃과 나무가 많이 있어 함께 즐길 수 있었다.

한창 이소가 있을 때인지 박새류로 추정되는 새끼 새들의 소리가 많이 들렸다. 작은 개천 옆 나무 덤불에서 '지지직 지지직' 하며 긁는 듯한 소리가 들렸다. 주변에 딱새가 서성이는 것을 보면 그들의 새끼가 내는 소리 같았다. 번식이 한창인지라 애벌레를 물고 탐방로를 다니는 노랑턱멧새를 보았다. 회양목 울타리를 터널처럼 숨어다니는 붉은머리오목눈이도 보았다. 역시 그곳 어딘가에서 새끼를 키우는 듯했다.

숲으로부터 무수한 새소리가 들려왔지만, 어떤 새의 것인지 알 수 없어 아쉬웠다. 탐조 경험은 어쩔 수 없이 탐조지식의 폭에 제약받는다. 알아들을 수 있는 몇 가지 소리 외에는 미지수라는 블랙박스로 남았다. 그렇지만 조급해하지 말고 그저 순간순간을 꼭꼭 씹어 잘 체험하면 조금씩 나아지리라 생각했다.

그날은 '보보, 보보' 하고 두 박자로 우는 벙어리뻐꾸기의 소리를 처음으로 들었다. 우리나라에는 두견이과 새로 벙어리뻐꾸기, 매사촌, 뻐꾸기, 검은등뻐꾸기, 두견이 등이 있다. 두견이과 새는 외형이 비슷해서 모습으로 동정이 어려워서 소리로 주로 구분한다. 매를 닮아서 외모가 확연히 다른 매사촌은 '휘익휘, 휘익휘' 하며 운다. 뻐꾸기는 우리가 흔히 아는 '뻐꾹, 뻐꾹' 하고 운다. 검은등뻐꾸기는 사람마다 달리 소리를 듣는다. 어떤 이는 '허허허허' 하고 웃음소리를 낸다고 하고, '홀딱 벗고'라고 유머러스하게 듣는 사람도 있다. 나는 왠지 '어절씨구'로 들린다. 어쨌든 4박자이다. 두견이는 5~6박자인데 여러 소리 표현이 있다. 내게는 '삑삑 비비비빅' 하고 들린다.

광릉숲에서 만난 쇠솔딱새. 딱새류도 비슷비슷해서 동정이 어려워 네이처링의 '이름을 알려주세요' 메뉴로 물어보아야 했다.

두견이과 새는 탁란을 한다. 붉은머리오목눈이 등 다른 새의 둥지에 자기 알을 몰래 낳고 키우게 한다. 이런 행동을 못마땅하게 보는 사람도 있지만, 자연의 법칙은 인간의 윤리로 판단할 수 없다. 탁란처럼 다른 종을 이용하는 행위는 다른 종에 대한 포식, 숙주에 대한 기생과 마찬가지로 매우 보편적인 자연현상이다. 흔히 머리가 나쁜 사람들을 '새 대가리'라고 부른다. 물론 이것은 틀린 말이다. 포유류와 함께 조류는 가장 지능이 높은 동물로 앵무새나 까마귀의 지능은 여느 영장류에 못지않다. 그런데 탁란을 보면 새가 정말 머리가 나쁜 게 아닌가 생각된다. 붉은머리오목눈이는 어째서 자신의 새끼들을 둥지에서 밀어낸 원수 같은 뻐꾸기 새끼를 돌볼까? 생긴 것도 다르고 크기도 훨씬 큰데 왜 구분하지 못할까? 마치 인간이 침팬지를 못 알아보고 양육하는 바와 진배없다는 생각이 든다. 그러나 이것은 인간의 기준에 따른 생각이다.

동물의 움벨트

에스토니아 출신의 동물학자 야콥 폰 웩스쿨은 움벨트(Umwelt)라는 개념을 제시했다. 모든 동물은 각자의 감각 체계가 만들어낸 세계에서 살며 이를 움벨트라고 한다. 동물은 감각 체계가 달라 종마다 각각 다른 세상에서 산다. 분명 존재함에도 인간은 자외선과 적외선을 감지 못한다. 병아리를 묶어 소리를 내게 하면 어미 닭은 구하려고 한다. 그러나 투명유리 덮개 안에 병아리를 넣어서 소리를 들을 수 없게 하자, 분명 보이는데도 병아리에게 관심을 보이지 않았다고 한다. 붉은머리오목눈이가 뻐꾸기 새끼를 구분하지 못하는 것은 인간과 다른 움벨트에 살기 때문이다. 붉은머리오목눈이는 자기 알과 새끼를 뻐꾸기의 그것과 구분하기 어려운 움벨트에 산다. 그리고 뻐꾸기는 그런 움벨트의 허점을 파고들었다. 붉은머리오목눈이도 일방적으로 당하지는 않아서 탁란한 알의 상당수가 발각되어 제거된다고 한다. 지금의 탁란 성공 정도는 붉은머리오목눈이와 뻐꾸기의 움벨트가 부딪히면서 오래 경쟁한 결과이다. 그리고 그 경쟁은 앞으로도 계속되며 진화할 것이다.

고궁 — *창경궁*

고궁도 새가 많은 곳이다. 고궁은 나무의 종류가 다양하고 고목이 많다. 오래된 시설의 정원은 다양한 식물이 주는 먹이 덕어 여러 종의 새가 산다. 반면 최근 조성된 시설에는 상당히 정형화된 식물 조합이 심어진다. 보통 바닥에 잔디가 깔리고 회양목과 영산홍으로 테두리를 두르고 몇 가지 자주 거래되는 조경수가 심어져있다. 기능성, 관리 용이성, 가격과 구매 용이성 등에서 시장에서 승리한 식물 조합이 공간을 거의 차지해 버렸다. 반면 고궁이나 역사 깊은 학교처럼 오래된 시설에는 훨씬 다양한 식물이 있다. 오래전에는 기능성에 덜 집착했기 때문이다. 그래서 오히려 더 풍부한 동식물이 산다. 자연은 몇몇 뛰어난 종만 사는 우수성이 아니라 잘나고 못난 여러 종이 어울려 사는 다양성을 추구한다.

창경궁은 서울의새 모임에 참가하여 10월에 처음 탐조했다. 창경궁에는 다양한 종류의 나무가 있었다. 오래된 나무들에 단풍이 들어 고즈넉한 느낌이 들었다. 고목이 모여 있는 장소에는 박새, 곤줄박이 등의 박새류가 많았다. 탐조를 시작하자마자 이진아 대표는 하늘을 나는 모습을 보고 노랑할미새를 알아보았다. 새가 있음을 포착해 내고 무슨 새인지 금방 알아보는 내공이 부러웠다. 탐조가 끝나면 참여자들이 서로의 동정 기록을 비교하는 시간을 갖는다. 권양희 선생이 그날은 노랑눈썹솔새, 쇠솔새, 제비딱새, 쇠솔딱새, 노랑딱새 등 솔새류와 딱새류가 있었다고 했다. 나는 전혀 발견하지 못했었다. 동정 고수처럼 되려면 정말 많은 시간과 경험 그리고 공부가 필요하다고 또 한 번 느꼈다.

그날 창경궁 연못에 60여 마리의 원앙이 사는 모습을 보았다. 도심에 이렇게 원앙이 집단 서식하는 곳도 드물다. 원앙들은 연못 가운데 있는 섬에 모여 쉬고 있었는데, 연못 안의 섬은 사람과 안전거리를 확보할 수 있는 장점이 있다. 적당히 나무가 있는 점도 원앙이 살기에 좋아 보였다. 우리나라 원앙은 겨울철새로 오지만 텃새로도 산다. 이 중 텃새인 원앙은 번식기에 산간계류에 서식하며 둥지도 나무 구멍에 만든다. 후에 8월에 간 적이 있는데 연못에 2마리의 원앙이 보였다. 아마도 텃새로 사는 원앙이지 싶었다.

창경궁에서 까치가 참새 비슷한 소리를 내는 것을 들었다. 까치는 꽤 다양한 소리를 낸다. 처음 들어보는 소리라 녹음하려 했는데, 녹음앱을 켜면 소리를 그치고, 녹음을 포기하고 스마트폰을 호주머니에 넣으면 다시 울었다. 사진을 찍으려 하면 새가 날아가듯이, 녹음하려고 하면 새가 소리를 멈춘다. 이는 철칙이다.

해를 넘겨 3월에 다시 창경궁을 찾았다. 그날은 황여새와 홍여새를 만나는 일이 미션이었다. 권양희 선생이 황여새와 홍여새가 이곳에 왔다는 말을 들었다고 했다. 황여새와 홍여새는 다른 종이지만 같이 무리를 이루어 이곳저곳을 이동하며 산다. 통상 2~3월에 창경궁에서 황여새와 홍여새를 만나는 경우가 있다고 한다. 그 시기의 무언가가 황여새와 홍여새 무리를 창경궁으로 이끌었으리라.

창경궁에서는 사계절 모두 원앙을 만날 수 있다.

여러 새를 순조롭게 만나 23종을 동정했지만, 황여새와 홍여새는 좀처럼 만날 수 없었다. 모임 중반을 넘겨서야 황여새와 홍여새를 만났다. 모임 시작 때 황여새와 홍여새 소리를 Merlin으로 미리 들었는데, 참가자 한 명이 그 소리로 그들이 있음을 알아차렸다. 정말 만날까 했는데 진짜 만나니 좋았다. 황여새와 홍여새가 섞여서 20~30마리가 나뭇가지에 앉아 있었다. 황여새와 홍여새는 향나무와 겨우살이 열매를 특히 좋아한다는데, 그때는 무엇에 이끌려 고궁을 찾았을까? 그들은 종종 날아서 다른 나뭇가지로 자리를 옮겼다. 몸 크기에 비해 날개가 작아서 파닥파닥하며 나는 모습이 약간 우스꽝스러웠다. 다음에는 나는 모습만 보아도 알 것 같았다.

전에 보았던 원앙의 무리도 다시 만났다. 그날은 150마리 이상이 있었다. 누구라도 원앙을 보고 싶다면 창경궁에 가면 된다. 70마리 이상 되는 되새의 겨울 무리도 만났다. 되새 무리는 먹이활동을 하며 이리저리 옮겨 다녔다. 새들이 큰 무리로 나는 모습은 언제 보아도 보기 좋다.

개인적으로는 황여새와 홍여새를 종추해서 기분이 좋았다. 탐조 후에 식사하고, 카페에서 얘기 나누는 시간을 가졌다. 서울의새 모임에 참가하면 새를 같이 찾는 과정도 즐겁지만 끝나고 얘기하는 시간도 좋다. 모든 모임이 그렇듯 그런 시간에 동호회원 간에 친해지고 여러 생각을 소통할 수 있다. 그날은 황여새와 홍여새를 비교하며 얘기하는 시간을 가졌다. 도감을 펴고 한 문장 한 문장 읽으며 상세히 비교했다. 그런데 그런 시간이 꽤 길어지자 나는 좀 집중력이 흐려졌다. 꼭 이렇게까지 해야 하나 생각이 들었다. 그런데, 집에 와서 네이처링에 종추 기록을 올리려고 사진을 구분하다 보니 낮에 들은 내용이 도움이 되었다. 찍은 사진이 흔히 심령사진이라 부르는 흐릿하게 흔들려 찍힌 것뿐이었다. 그래서 동정 포인트를 하나하나 따져 확실하게 어떤 종인지 알 수 있는 사진을 골라내야 했다. 한 번 종을 동정했으면 도감의 내용을 정확히 익히는 것이 중요함을 느꼈다. 그렇지 않으면 기억은 흩어지고 다음에 다시 만나도 알아보기 어렵다.

그 날 들었던 황여새와 홍여새의 동정 포인트는 다음과 같다.
- 꼬리 : 황여새는 꽁지깃 끝이 노란색, 홍여새는 빨간색
- 배 부위 : 홍여새는 배 가운데 흐린 노란 무늬, 황여새는 없음
- 눈선 : 황여새의 눈선은 끝으로 갈수록 좁아져 머리에서 끝남, 홍여새는 눈선이 넓어져서 머리깃까지 이어짐
- 황여새가 홍여새가 몸길이가 10cm 정도 더 크다.
- 황여새는 날개덮깃에 흰 무늬가 있으나 홍여새는 없음
- 두 종 모두 수컷은 턱 밑의 검은 무늬와 가슴과의 경계가 분명하고, 암컷은 불분명하다.

왕릉 — 동구릉

왕릉도 고궁처럼 오래된 곳이어서 수종이 다양하고 고목이 많다. 왕릉은 대부분 주변이 숲으로 둘러싸여 있고 내부에도 나무가 많아 생물서식지로서 가치가 높다. 왕릉으로는 동구릉을 탐조했다. 경기도 구리시에 있는 동구릉은 조선왕조의 왕과 왕후가 안장된 9개의 왕릉이 있다.

동구릉은 4월의 마지막 날에 갔다. 동구릉에는 새들이 정말 많았다. 번식기인지라 새소리도 대단했다. 다만 이미 나뭇잎이 무성해 눈으로 새를 찾기 어려웠다. 소리가 들리는 쪽을 눈으로 훑어도 새를 찾기 어려웠다. 그 감질나는 맛 그리고 그 끝에 어떤 새인지 알아냈을 때 희열 그것이 탐조에 몰입하게 한다. 나뭇잎 속의 새를 찾으며 번번이 허탕을 치다가, 정말 우연히 나무 위에 앉은 옅은 갈색의 새를 보았다. 콩새였다. 콩새는 마치 사진을 찍으라는 듯이 날개를 털며 한동안 머물렀다. 오래전부터 콩새를 보고 싶은데 그렇게 쏙 120번째로 종추했다.

그날 동구릉에서 24종을 만났다. 동구릉은 박새가 정말 많았고, 상대적으로 직박구리, 까치, 참새는 별로 없었다. 녹지로서 성격이 강할수록 박새류가 많이 살고, 자연이 교란된 곳에는 도시 적응 조류가 많이 산다. 동구릉에서는 상대적으로 드문 진박새 소리도 많이 들려 더 좋았다. 진박새가 번식기에 부르는 노래는 정말 아름다웠다. 내가 사는 동네에서는 겨울철새인 진박새가 동구릉에서는 텃새였다. 같은 새가 동네에 따라 철새일 수도 있고 텃새일 수도 있었다. 동구릉의 풍부한 녹지가 진박새를 텃새로 머물게 한 것 같았다. 동구릉에는 동고비도 정말 많았다. 잘 보존된 수목이 동고비를 깃들게 하였다.

동구릉에는 되지빠귀도 유달리 많았다. 우는 소리도 많이 들리고 걸어 다니는 모습도 자주 보였다. 동구릉은 경사가 없는 평지림이다. 평평하면서 서늘하고 낙엽이 많이 쌓인 나무 아래는 되지빠귀가 살기 좋아 보였다. 산솔새, 되솔새, 노랑눈썹솔새 같은 솔새류 소리도 들렸다. 한낮인데 소쩍새가 울었다. 다양한 새소리는 동구릉이 여러 새에게 꽤 좋은 서식처임을 알려주었다.

120번째 종추. 오래전부터 만나고 싶었던 콩새를 동구릉에서 보았다.

공동묘지 — 수도권 공설묘지

죽음과 관련된 어두운 이미지가 있지만, 공동묘지도 녹지가 잘 가꾸어져 있어 탐조 장소로 좋다. 서구에서는 공동묘지가 탐조 장소 중 하나이다. 서구인은 우리나라와 달리 공동묘지를 혐오시설로 보지 않는다. 오히려 역사가 깃든 명소로 여겨 시내에도 많은 묘지가 있고 묘지 탐방프로그램이 운영되고 있다. 그래서 시민들이 산책하며 휴식을 취하는 공원으로서 역할하고 있다. 우리나라도 공원으로 가꾸자는 취지로 공동묘지를 묘지공원이라 하여 도시공원의 한 유형으로 지정하고 있다. 그러나 아직도 우리나라는 공동묘지를 혐오시설로 보고, 어느 지역에서든 입지를 하려면 반대하는 실정이다.

공동묘지에서 만난 청설모. 나무에 숨겨두었던 먹이를 꺼내 먹고 있다. 청설모는 탐조 중에 가장 많이 만나는 포유류이다. 청설모를 보면 왠지 기분이 좋았다.

 공동묘지도 공원의 한 형태로 탐조할 수 있다는 생각에서 4월에 수도권의 공설묘지 한 곳을 탐조했다. 묘지의 환경은 여느 공원과 비슷했고 탐조지로서 손색이 없었다. 묘지 조경이 잘 되어 있고 주변이 산으로 둘러싸여 있어서 훌륭한 녹지였다. 그래서인지 새들이 꽤 많았다. 그리고 묘지공원의 성격상 다른 공원보다 방문객이 적어 훨씬 조용한 가운데 탐조할 수 있었다.

 그날은 18종을 만났다. 서울의 여느 공원과 비슷한 조류상이었다. 산이 가까이 있어서인지 '꿩꿩, 푸드덕' 하면서, 꿩이 짝을 찾는 소리가 많이 들렸다. 박새와 쇠박새도 열심히 송을 했다. 사람이 죽음의 공간이라 여기는 곳에서 새들은 새로운 생명을 만들려 했다. 그곳에는 물까치가 유달리 많았다. 묘지 위를 물까치들이 나비 떼처럼 날아올랐다 내려앉기를 반복했다. 묘지에서 반갑게도 나그네새인 힝둥새를 종추했다. 힝둥새는 나무 밑으로 다니다 가지로 날아오르기를 반복하고 있었다.

 청설모도 여럿 보았다. 청설모는 미리 저장한 먹이를 봄에도 찾아내서 이용했다. 나무 구멍에서 무언가를 꺼내서 손에 쥐고 먹더니 어디론가 휙 가버렸다. 청설모는 탐조 중에 가장 많이 만나는 포유류이다. 다른 포유류가 자신을 숨기거나 바로 달아나는 것과는 달리, 청설모는 사람을 상대적으로 덜 경계한다. 탐조 중간중간 청설모를 보면 왠지 기분이 좋았다.

3장 다른 장소 탐조

탐조하면서 공설묘지 내 여러 구역을 보았는데 희망적인 모습과 마음을 무겁게 하는 모습을 같이 보았다. 기존의 묘지를 재개발하여 자연장지로 바꾼 모습은 긍정적이었다. 생태공간으로 자연장지는 자연 그 자체에는 미치지 못하지만, 같은 면적에 더 많이 안장하면서 녹지를 만드는 점에서 친환경적이다. 봉안시설이 석재 채취로 자연을 훼손한다는 점을 고려할 때 향후 묘지 재개발은 자연장지로 이루어져야 한다.

마음을 무겁게 하는 모습은 묘지 뒷산에 계단식으로 축벽을 쌓아 봉안묘를 조성하는 모습이었다. 자꾸 새로운 장사시설 공간을 만들려 말고 기존의 묘지를 재개발했으면 한다. 자연과 공존하려면 자꾸 무언가를 새로 만들려 말고 기존의 공간을 밀도 있게 사용하는 방향으로 가야 한다.

추모객인 듯한 일행이 정자에 앉아서 가지고 온 음식을 먹으며 얘기를 나누고 있었다. 그중 한 명이 "좋네. 소풍 나온 것 같네."라고 했다. 묘지는 충분히 좋은 공간일 수 있다. 이제 공동묘지가 진정한 공원이 되어 가볍게 소풍 가는 장소가 되었으면 한다. 그래서 탐조도 묘지공원에서 충분히 할 수 있는 일이 되었으면 한다. 묘지가 더 이상 어두운 죽음의 공간이 아니라 산 자와 죽은 자가 함께하는 공간이어야 한다.

새들은 묘지를 삶의 공간으로 이용하고 있다. 죽음의 공간이라고 여김은 사람의 단정일 뿐이다. 묘지는 이미 훼손된 공간이지만 앞으로 어떻게 재개발할지에 따라 훌륭한 생물 서식지가 될 수 있다. 궁극적으로 묘지의 많은 구역이 자연장지로 바뀌고 식물들이 잘 조성되어 수목원과 같은 공간이 되었으면 하는 바람이다.

숲

숲 탐조로는 북한산, 남산, 불암산을 탐조한 경험을 적었다. 숲 탐조할 때는 정해진 산책로를 걸으면 안전할 뿐 아니라 새를 더 많이 만날 수 있다. 오히려 숲 안으로 들어가면 걷기 불편하고 새도 잘 안 보인다. 산새는 일반적으로 깊은 숲보다는 산림의 가장자리에 더 많다. 극상수종이 점령한 숲의 중심은 서식환경이 단순해서 오히려 동물이 적다. 단일한 특성을 갖는 장소보다 여러 가지 요소가 혼합되어 있는 추이대에 동물이 더 많이 산다. 이러한 현상을 '가장자리 효과'라 한다. 가장자리 효과에 의해 나무가 빽빽이 있는 숲의 중심보다 은신할 숲과 함께 탁 트인 공간도 있고, 햇빛이 잘 들고 먹이도 많은 숲 가장자리를 산새들은 선호한다. 가장자리 효과는 여러 곳에서 나타난다. 물과 땅의 중심부가 아니라 그 둘이 만나는 가장자리인 갯벌에 생물 다양성이 높은 것도 가장자리 효과 때문이다.

새를 보기 위해서라면 정상으로 높이 올라가기보다는 둘레길을 이용하는 쪽이 좋다. 높이 올라갈수록 새가 적다. 고도 75m를 올라가면 위도 1도(약 111km)만큼 기온이 내려간다. 생물종의 다양성과 서식밀도는 기온이 높은 열대가 높고, 위도가 올라갈수록 낮아진다. 마찬가지로 산 위로 올라가면 높은 위도의 지역으로 가는 것과 같아 새의 수가 줄어든다. 우리나라에서는 예외적으로 바위종다리나 잣까마귀 같은 일부 종만 높은 곳을 좋아한다. 특이하게도 두 종 모두 사람에 대한 경계심이 적다고 한다.

북한산 우이령길

북한산은 대도시 서울 바로 곁에 있는 국립공원이다. 그 까닭에 연간 탐방객이 2021년 기준 730만 명이 넘어 우리나라 국립공원 중 가장 방문자 수가 많다. 또한 산을 둘러서 식당, 사찰, 군부대 등 각종 시설이 많이 있는 특이한 국립공원이다. 조금은 북적거리는 북한산 국립공원 안에도 조용한 숲길인 우이령길이 있다. 우이령길은 북한산과 도봉산 사이를 통과하는 숲길이다. 1968년 무장공비의 청와대 침투 사건으로 41년간 민간인 출입이 금지되다, 2009년부터 탐방 예약제로 개방되었다. 하루 방문 제한 인원은 800명이었다. 우이령길은 오랜 기간 입장을 최소화해 온 덕에 삵이 살 정도로 자연환경이 잘 보존되어 있다. 이렇게 생태적 가치가 높은 우이령길도 훼손이 우려된다. 방문 제한인원이 1,190명으로 늘더니, 2024년 3월부터 주중에는 인원 제한 없이 전면 개방되었다. 꼭 맘껏 언제든지 들릴 수 있어야 할까 싶다. 아쉬움이 있지만 보전하면서 아껴서 찾으면 안 될까?

조용한 숲길을 찾아 우이령길을 몇 차례 탐조했다. 우이령길은 자연이 잘 보존된 숲길이라 새가 많으리라 기대했다. 그러나 의외로 새를 만날 수 없었다. 새소리도 별로 들리지 않았다. 반면에 우이령길 입구와 출구 부근에서는 여러 가지 새소리가 들렸다. 가장자리 효과 때문으로 보였다.

서울에서 북한산에 관찰종이 가장 많은 것은 새의 밀도가 높다기보다는 면적이 넓어서가 아닐까 싶다. 새는 산림의 가장자리를 선호한다. 그래서일까? 우이령길보다 산림 가장자리가 많은 배봉산을 다닐 때 새소리를 더 많이 들었다. 그래도 방문하는 횟수가 늘면서 우이령길에서 관찰하는 새의 종류가 늘기는 했다. 탐조 삼 년 차 5월 말에 들렸을 때는 22종을 동정했다. 그날은 이틀 연속 내린 빗물로 우이령 계곡의 물소리가 시원하고 또렷하게 들렸다. 비가 온 뒤라 사람도 적고 기온도 적당해 탐조하기 좋았다. 우이령길은 평탄하면서도 주변에 산림이 우거져 차분한 마음으로 경치를 보면서 탐조하기에 좋았다.

그날은 어미와 새끼가 같이 움직이는 이소 무리를 여럿 보아서 아기자기한 즐거움이 있었다. 박새, 쇠박새, 곤줄박이, 쇠딱다구리, 동고비 등 다양한 새의 이소 무리를 보았다. 5월 말은 이소 무리 덕에 산새 탐조가 더 재미있다. 자연환경이 좋으면 종의 분포가 균질해지는 듯했다. 박새류 중 박새가 압도적으로 많은 뒷산과 달리 우이령길에서는 박새, 쇠박새, 곤줄박이를 고르게 보았다.

우이령길에서 새가 별로 안 보인 것은 사실 새가 많지만 관찰하기 어려운 조건이기 때문일 수도 있다. 우이령길에서는 새들이 사람과의 완충구역을 충분히 두고 넓은 산림에 퍼져 있을 수 있다. 반면 배봉산은 그런 완충공간 없이 새와 사람이 직접 맞닥트리기에 새가 많이 보일 수도 있다. 어쨌든 산새를 보기 위해 굳이 깊은 숲으로 갈 필요는 없다.

깊은 숲에서 새가 안 보이는 경험을 친구들과 5월에 오대산을 갔을 때도 했다. 도착한 날 콘도에서 '휘익휘, 휘익휘' 하는 매사촌의 소리를 처음 들었다. 그래서 새로운 새를 많이 만나리라 한껏 기대했지만, 다음 날 산행에서는 특별히 다른 새를 만나지는 못했다. 일행이 같이 산행하기에 탐조에만 집중하기 어려웠던 점도 있긴 했다. 산행 중에 숲속에서 '츳, 츳, 츳'하는 소리가 계속 들렸다. 새로운 종이라 생각하고 녹음했는데, 나중에 알고 보니 다람쥐 소리였다. 다람쥐는 마치 새의 경계음처럼 울었다. 왜 그런지 오대산에는 유달리 다람쥐가 많았다.

남산

남산은 뒷산과 우이령길의 중간 정도 성격의 숲이다. 적당히 면적이 크면서 새도 많아서 탐조 장소로 좋다. 그러나 그런 남산도 계절을 타서 여름엔 새가 안 보였다. 한여름 7월 말에 서울의새 모임에 참가했는데 충격적으로 새가 없었다. 오전 내 탐조해서 총 9종을 만났다. 숲에서는 기이할 정도로 새소리가 들리지 않고 매미 소리만 가득했다. 매미 소리의 위력은 뒷산이나 남산이나 같았다.

산에서는 박새, 곤줄박이, 직박구리, 쇠딱다구리단 보았다. 박새는 조금 큰 무리를 이루고 있었는데 쇠딱다구리 두 마리가 함께 움직였다. 전에 보았던 혼군의 모습이었다. 산에서 내려와서야 멧비둘기, 까치, 참새, 큰부리까마귀, 집비둘기 등 거주지에서 주로 만나는 새들로 9종을 만났다.

때로는 초보탐조인이 중요한 장면을 발견한다. 그날도 서울의새에 처음 참가한 사람이 직박구리가 포란하는 모습을 발견했다. 직박구리는 마치 요가 하는 것처럼 머리와 꼬리를 높이 치켜들고 활처럼 몸을 휘어서 포란했다. 배와 가슴을 알에 더 밀착하기 위한 동작이라고 한다. 직박구리가 7월에 포란하는 경우는 드물다고 한다. 산아래아파트에서도 8월 중순에 직박구리 이소 무리를 만난 적이 있다. 직박구리는 꽤 늦게까지 번식하는 듯하다.

탐조 3년째 해 10월에는 나무발발이가 화제였다. 이전 4년 동안 서울에서 나무발발이가 보이지 않았다고 한다. 그런데 그해 나무발발이에 대한 소식이 들렸다. 남산에도 왔는지 찾아보기로 했다. 두 조로 나누어 남산타워에서 산을 내려가며 찾았다. 내가 속한 조는 찾지 못했다. 산에서 내려와서 보니 다른 조에서 찾았다고 사진을 보여주었다. 날렵한 부리와 탄탄한 꼬리를 가지고 있었다. 그날은 못 보아 아쉬웠지만, 그해 겨울에 뒷산에서 나무발발이를 직접 만날 수 있었다. 나무를 타면서 요리조리 먹이를 찾는 모습이 귀여웠다. 나무발발이는 꼬리로 지탱해 밑동부터 나무를 나선형으로 올라가면서, 나무껍질 속의 곤충이나 거미를 날렵한 부리로 잡아먹는다. 그리고 다시 이웃한 나무의 아래쪽으로 내려가서 같은 행동을 반복한다.

배봉산에서 만난 나무발발이.
그해는 나무발발이가 유달리 많이 찾아왔다.

불암산

겨울철새인 바위종다리는 산 정상의 바위에서 볼 수 있는 새이다. 바위종다리는 사람에 대한 경계심이 유별날 정도로 없어서 가까이서 볼 수 있는 점으로 유명하다. 한 책에서 불암산에서 바위종다리를 만난 이야기를 읽고 1월 말에 불암산을 찾았다. 바위종다리가 좋아한다고 해서 들깨도 한 줌 준비했다.

불암산은 비교적 등산로가 잘 되어 있고, 정상이 500m 남짓이어서 오르고 내리기에 괜찮은 편이었다. 다만 그날은 잔설이 있어서 좀 조심해야 했다. 날이 따듯해서 눈이 없으리라 생각했는데 산 위는 눈이 꽤 남아 있었다. 위로 올라갈수록 얼음이 꽤 있어 미끄러웠다. 아이젠을 착용하려는 등산객들이 보였다. 내게도 다행히 아이젠이 있었다. 언제 샀는지 기억 안 나지만 탐조 배낭 한구석에 비상물품으로 있었다. 신발 바닥 전체를 덮는 형태가 아니라 앞부분만 미끄럼을 방지하는 띠 모양의 작은 아이젠이다. 그래도 미끄러지지 않고 불암산을 등산하는 데 도움이 많이 되었다.

새는 고도가 높아질수록 수가 줄어든다. 불암산도 산 아래에서는 새를 비교적 많이 만났고 위로 갈수록 새를 보기 어려웠다. 다만 산이 그리 높지 않아 그런 법칙의 결과라고 확언하기는 어려웠다. 불암산은 유달리 큰부리까마귀가 많은 점이 특이했다. 그날 13종을 이버드로 기록했는데 큰부리까마귀가 가장 개체수가 많았다.

정상 근처에는 바위가 많았다. 바위종다리를 찾으려고 정상으로 가는 내내 주변을 두리번거렸다. 그러나 아무리 찾아도 바위종다리는 없었다. 어디에 무슨 새가 있다고 하여도 꼭 만난다는 보장은 없다. 그날은 바위종다리가 가는 길과 내가 가는 길이 엇갈린 듯했다. 다음을 기약하기로 했다. 나는 집념을 가지고 철저하게 탐조하는 편은 아니다. 당장 못 만날지라도 시간이 만나게 해주리라 생각하고 그날의 등산을 즐기려 했다. 정상으로 가는 경사면에는 밧줄도 있었다. 밧줄을 타고 올라가 정상에서 탁 트인 시야로 서울을 보는 느낌이 상쾌하니 좋았다. 잠시 정상에 머무르다 하산했다. 그렇게 내려오다 나무계단 옆 바위에서 바위종다리를 만났다. 행운은 때로 단념한 후에 찾아오기도 한다.

불암산에서 만난 바위종다리. 보려고 찾아간 새를 결국 만나는 일은 정말 짜릿하다.

야단스럽지 않은 수수한 무늬에 통통한 느낌의 바위종다리는 정말 귀여웠다. 들깨를 뿌려주니 여섯 마리가 아주 가까이 다가왔다. 사람에 대해 두려움이 없는 정도가 거의 집비둘기와 비슷했다. 아무런 두려움 없이 부지런히 들깨를 주워 먹는 모습이 아기자기했다. 내가 나무계단에서 그렇게 바위종다리를 보는 동안 사람들은 알아차리지 못하고 무심히 지나갔다. 한 공간에 있었지만 사람들은 관심에 따라 다른 세상을 보았다. 한참 들깨를 먹은 후 바위종다리들은 어디론가 날아갔다.

만나려고 찾아간 새를 결국 만나니 정말 좋았다. 희끗희끗 눈이 내리기 시작했다. 경사진 하행길이 얼어있는 곳도 많으니 조심해야 했다. 이버드 카운

팅을 멈추고 안전하게 내려오는 일에 집중했다. 등산스틱과 아이젠이 많이 도움이 되었다.

농촌 마을

농촌은 어느 마을이든 훌륭한 탐조지이다. 사실 도시를 벗어나면 농촌 마을이 아닌 곳이 없다. 그만큼 농촌 마을은 자연과 밀접하게 연결되어 널리 분포한다. 도시에서는 보통 거주지가 가까운 산과 바로 붙어 있다. 반면 농촌은 거주지와 인근의 산이 논과 밭이라는 충분한 완충지를 두고 연결되어 있다. 논과 밭, 과수원과 인근 야산, 인접한 개천은 훌륭한 조경공간이기도 하다. 구획된 공간에 정원이 있는 도시와 달리, 농촌은 조경공간이 주택과 섞여서 마을 전체에 퍼져 있는 셈이다.

큰집 동산의 아침

탐조 둘째 해 5월에 부모님의 고향인 안동시 길안면에 있는 큰집에 사촌들이 모였다. 조상묘의 합장을 위해서였다. 탐조를 시작하면서 어디를 가든 새를 찾게 되었다. 큰집이 있는 마을을 처음으로 탐조지로서 바라보았다. 자연조건이 다르니 서울에서는 볼 수 없는 새를 만날 수 있었다. 면 소재지에서 큰집이 있는 마을로 걸어 올라가다 호랑지빠귀를 처음 만났다. 또렷한 줄무늬가 있고 크기도 꽤 커서 범상치 않게 보였다. 호랑지빠귀는 되지빠귀, 흰배지빠귀와 함께 여름철새로 우리나라를 찾는 지빠귀과의 새이다. '비~삐~' 하고 길게 늘여 우는 호랑지빠귀 소리를 음산하다고 느끼는 사람들이 꽤 있다. 나는 개인적으로 호랑지빠귀 소리가 오묘한 느낌이 들어 나름 좋다.

도착한 다음 날 일찍 일어나 뒷동산에 올랐다. 산골의 아침은 도시와는 차원이 달랐다. 새소리가 유리알처럼 반짝이는 느낌으로 비처럼 무수히 쏟아져 공간을 가득 채웠다. 박새, 참새, 방울새, 산솔새, 호랑지빠귀 등 여러 새소리가 섞여 합창처럼 들렸다. 간혹 꿩 소리가 합창을 뚫고 들렸다. 꿩은 '꿩, 꿩' 하며 자기 이름을 부르며 울다가, 끝에는 꼭 '푸드덕' 하는 날갯소리를 냈다. 꿩은 일부다처제 동물이다. 봄에 서열 싸움을 하여 이긴 수컷이 영역을 확보하고, 여러 마리의 암컷을 끌어들여 번식한다. 이때 앞에서 말한 소리를 내서 암컷을 부른다.

큰집이 있는 마을에서 만났던 호랑지빠귀(좌)와 찌르레기(우)

새 소리에 이끌려 뒷동산 깊숙이 들어갔다. 그런데 수풀에서 무언가 커다란 동물이 큰 소리를 내면서 멀리 도망갔다. 노루였다. 나와 거리를 벌린 노루는 큰 소리로 짖어댔다. '여기는 내 땅이다. 더 이상 들어오지 말라.'라고 말하는 듯했다. 노루의 짖는 소리가 모든 새소리를 삼켜버리고 정신이 번쩍 들게 했다. 노루의 경고를 받아들여 다시 마을로 내려왔다.

마을에 내려오니 전깃줄에 찌르레기가 앉아 있었다. 찌르레기는 그날 처음으로 만났다. 찌르레기는 흰색과 검은색 무늬가 또렷이 대비되는 얼굴을 가지고 있었다. 왜 나는 그동안 찌르레기가 참새처럼 수수한 갈색 톤의 얼굴을 가지고 있으리라 생각했었을까? 이름이 익숙해서 지레 그리 생각했던 듯하다. 큰 집에서 엄청난 새소리의 향연을 접하고 호랑지빠귀와 찌르레기를 종추했다. 그리고 어떤 장소도 탐조지가 될 수 있음을 알았다.

근교 농촌

간혹 근교의 농촌 마을을 탐조하였다. 근교 농촌 마을로는 김유정역, 상천역, 공릉천을 탐조했다. 이 중 공릉천 주변은 논이 압도적으로 많은 마을이어서 뒤의 논습지에서 별도로 다루었다.

춘천시 김유정역 인근 마을은 7월 초 무더웠던 날 방문했다. 김유정역에서 시작하여 마을을 돌며 탐조했다. 역 인근은 공공기관과 편의시설, 관광시설이 있어 도회지 느낌이 들었다. 그러나 역으로부터 멀어질수록 농가와 논밭이 같이 섞여 있는 농촌의 모습을 보였다. 김유정역 마을에서는 총 16종을 동정하였다. 마을 안에서는 방울새와 딱새를 유달리 많이 보았다. 농지에서는 참새와 제비가 많았다. 참새는 도시에도 많지만, 제비는 농촌에만 많이 산다. 집 지을 진흙과 지푸라기를 쉽게 얻을 수 있는 논이 있기 때문이다.

날이 너무 더워서인지 딱새가 마을 실개천에서 목욕하는 모습을 종종 보았다. 목욕은 깃털을 다듬는 역할을 하지만 이렇게 더위를 식혀주기도 한다. 제비들은 전깃줄에 앉아서 입을 벌리고 헐떡거렸다. 여름에 새는 이렇게 부리를 벌리고 헉헉거려서 체온을 조절한다. 마치 개가 입을 벌리고 혀를 헐떡거려 체온을 내리는 행동과 비슷하다. 새는 개처럼 긴 혀가 없을 뿐이다.

밭 안쪽에는 의외로 새가 별로 안 보였다. 단일한 작물만 있는 밭은 먹이나 은신처의 다양성이 숲이나 초지에 미치지 못한다. 농약 방제로 인해 곤충 밀도가 낮은 점도 서식지로서 질을 떨어뜨린다. 그래서인지 밭의 중심부보다는 농경지가 그 주변 숲이나 덤불과 만나는 경계부에서 새를 더 많이 만날 수 있었다. 밭의 바깥이 시선이 트여서 새를 보기도 좋다. 경작지 안에서는 작물로 인해 시선이 막혀 새를 보기 더 어렵다. 그리고 사유지에 허락 없이 출입하면 안 된다는 면에서도, 밭 안으로 들어가지 말고 경계부를 돌며 탐조함이 맞다.

무더운 날 김유정역 마을에서 만난 제비. 새는 입을 벌리고 헐떡거려서 더위를 식힌다.

가평군 상천역 인근 마을은 10월 하순에 갔다. 마을로 들어오는 초입부터 길을 따라 올라가며 탐조했다. 길을 따라 산속에 집들이 있었다. 가옥은 오래된 농가주택과 새로 지은 전원주택이 섞여 있었다. 길옆으로 하천이 흐르고 논과 밭, 과수원 등 다양한 경작지가 있었다.

그날은 그리 새가 많이 보이지 않았다. 큰집에서 아찔할 정도로 많은 새소리를 들었던 적과는 차이가 있었다. 큰집은 봄철이어서 새들이 소리를 많이 냈던 반면, 상천역 인근은 늦가을에 가서 그러리라 보였다. 마을에 도착한 시간도 10시가 넘어 좀 늦기도 했다. 많은 새를 보지는 않았지만, 대신 도시에서 만나기 어려운 새를 몇 종 보았다. 맹금류인 말똥가리 2마리가 하늘을 빙빙 돌며 활공하는 모습을 보았다. 요란한 소리를 내며 가지를 옮겨 다니는 때까치를 만났고, 물이 있어서인지 검은등할미새도 보았다. 전반적으로 보면 도시보다 농촌에서 더 많은 새를 만난다고 확언할 수는 없다. 다만 다른 종을 만나는 즐거움이 있다. 그리고 한적한 길을 산책하는 즐거움이 있다.

상천역 마을에서 만난 말똥가리. 아랫면이 전체적으로 밝은 갈샌이며 날개 끝과 배 부위가 검다.

3. 습지 탐조

습지공원

  도시공원 중 습지와 녹지가 같이 있는 곳이 있는데, 이런 장소에서는 더 많은 종류의 새를 만날 수 있다. 습지와 녹지로 이루어진 복합적인 서식공간 덕에 여러 생물종이 살기 좋다. 그래서 습지와 녹지가 함께 있는 도시공원에서는 산새와 물새를 함께 만날 수 있다.

길동생태공원

  길동생태공원도 내부의 습지와 배후 산지인 승산산이 어우러져 풍부한 탐조 경험을 할 수 있는 곳이다. 길동생태공원은 생물서식지와 환경교육장으로서 기능을 강조한 공원으로 인위적 개입을 최소화하고 있다. 예를 들어 먹이사슬과 서식지 보호를 위해 화학방제를 하지 않고 있다. 또 하루에 입장하는 인원을 제한해서 서식처를 보호하고, 동식물에게 주는 스트레스를 줄이고 있다. 이런 매력이 있어 관심을 두고 길동생태공원을 가끔 들르려 했다.

  탐조 첫해 봄에 이곳에서 소리탐조를 처음 접하고, 여름엔 흰뺨검둥오리 어미와 새끼를 보았었다. 그해 9월에 다시 방문했을 때 갈색 톤의 깃털을 가진 물새 한 마리가 습지 위를 헤엄치는 것을 보았다. 쇠물닭 미성숙새였다. 그해 봄에 습지에서 성조를 보았었는데 번식에 성공한 것 같았다. 쇠물닭은 이름처럼 물닭과 비슷한 모습을 가지고 있는데, 이마판이 흰색인 물닭과 달리 붉은색이다. 붉은 이마판이 검은 깃털과 대비되어 이미지가 상당히 또렷하다. 반면 쇠물닭 미성숙새의 깃털은 수수한 갈색이다.

  그해 10월에 길동생태공원에서 큰오색딱다구리를 종추했다. 오색딱다구리인 줄 알고 사진을 찍었는데, 도감과 비교해 보니 큰오색딱다구리였다. 큰오색딱다구리와 오색딱다구리는 모습이 매우 비슷한데 등 쪽 깃털 무늬로 구분한다. 큰오색딱다구리는 등에 검은 바탕에 붓으로 찍은 듯한 작은 흰 무늬가 여럿 있는데, 오색딱다구리는 검은 바탕에 U자형의 큼직한 흰 무늬가 있다.

그해 11월에 길동생태공원에서 밀화부리를 역시 종추했다. 아름다운 깃털을 가진 밀화부리는 '삐유 삐유' 하며 들릴 듯 말 듯 울었다. 마치 비밀을 속삭이는 듯했다. 밀화부리는 다양한 생활형을 보인다. 주로 나그네새로 통과하거나 여름철새로 번식한다. 그날 만난 개체처럼 겨울철새로 월동하기도 한다. 그렇다면 우리나라에서 사계절 텃새로 사는 밀화부리도 있지 않을까 싶다.

12월이 되자 공원 습지가 얼어버렸다. 물새들은 보이지 않았다. 얼어버린 습지에서는 먹이활동을 할 수 없어 새들은 다른 곳으로 떠났다. 물새들이 없는 대신 승산산에서 공원의 저지대로 내려왔는지 박새들이 정말 많이 보였다.

길동생태공원에 오면 고라니, 흰뺨검둥오리, 쇠물닭, 물총새처럼 뒷산에서 볼 수 없는 다른 동물들을 만날 수 있다. 청설모와 동고비, 큰오색딱다구리도 뒷산에서는 못 보지만 길동생태공원에서는 만날 수 있었다. 그만큼 뒷산보다 서식공간이 더 좋다는 의미이다. 어떤 딱다구리류가 사는지는 그 숲의 생태적 가치를 가늠하는 기준이 된다. 어느 정도 숲으로서 가치가 있으면 오색딱다구리를 볼 수 있고, 더 좋은 동물 서식지라면 큰오색딱다구리를 만날 수 있다. 광릉숲처럼 까막딱다구리를 만날 수 있다면 정말 멋진 숲이라고 할 수 있다. 뒷산의 환경이 점점 더 좋아져 언젠가 큰오색딱다구리를 만났으면 한다. 숲의 가치가 높아져 생긴 생태계의 여유 공간은 새들이 날아와 자연스럽게 채운다.

딱다구리 구별법

오색딱다구리와 큰오색딱다구리는 등 무늬 외에 배 무늬로도 구분한다. 오색딱다구리가 아무 무늬도 없는 데 반해 큰오색딱다구리는 빗살무늬가 있다. 쇠딱구리는 큰오색딱다구리처럼 등에 점무늬가 있고, 아물쇠딱다구리는 가운데에 타원형의 흰색 무늬가 크게 있다. 청딱다구리는 특별한 무늬 없이 녹색이 도는 몸을 하고 있다.

딱다구리류 암수는 머리 어딘가에 빨간 무늬가 있으면 수컷, 그렇지 않으면 암컷으로 구별할 수 있다. 청딱다구리는 이마, 큰오색딱다구리는 머리 위쪽, 오색딱다구리는 뒤통수, 쇠딱다구리는 귀깃에 붉은 무늬가 있다.

딱다구리류는 수컷의 머리 어느 한 곳에 붉은색 무늬가 있다. 왼쪽부터 청딱다구리, 큰오색딱다구리, 오색딱다구리, 쇠딱다구리. 이 중 쇠딱다리구리의 붉은 무늬는 거의 눈에 안 띄어 동정이 어려울 때가 많다.

푸른수목원

서울시 구로구에 있는 푸른수목원을 서울의새 모임에 참가해 5월 초에 탐조했다. 푸른수목원은 공원 입구에 갈대숲이 발달한 큰 저수지가 있다. 배후 산지도 꽤 커서 산새와 물새를 모두 만날 수 있다. 그날 정말 많은 새를 만나 35종을 동정했다. 우선 저수지에서 왜가리가 갈대숲에 둥지를 튼 모습을 보앉다. 본래 왜가리는 나무 위에 둥지를 트는데, 그곳에서는 저수지 가운데 있는 갈대숲에 만들었다. 아마도 저수지 가운데 있어서 천적으로부터 안전하다고 판단한 듯했다. 새끼는 두 마리였는데 이미 상당히 성장한 상태였다.

그 외에 물새로는 민물가마우지, 청둥오리, 흰뺨검둥오리, 물총새, 중백로, 쇠물닭을 보았다. 이 중 쇠물닭은 어린이대공원 연못, 길동생태공원 습지에서도 본 적이 있다. 이처럼 쇠물닭은 어느 정도 규모의 연못이나 저수지 형태의 습지에서는 만날 가능성이 꽤 커 보였다. 반면 비슷한 모습의 물닭은 고인 물보다는 중랑천이나 한강 같은 하천에서 더 자주 목격되었다. 두 종은 발가락 모양도 차이가 있다. 물닭은 오리류처럼 발가락 전체를 막으로 연결한 물갈퀴는 없지만, 각각의 발가락에 막이 있는 판족이 있다. 물닭은 판족으로 수영하며 물에서 많이 지낸다. 반면에 쇠물닭은 판족이 없고 긴 발가락을 가지고 있다. 쇠물닭은 이러한 발가락으로 연꽃처럼 수면에 넓은 잎을 드리우는 식물의 잎을 밟고 다닌다.

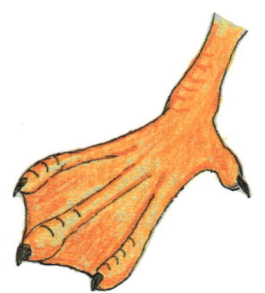 

발가락 전체가 연결된 물갈퀴가 있는 일반적인 오리류 발(좌), 각각의 발가락에 독립된 막이 있는 물닭의 판족(우)

푸른수목원은 저수지 탐조도 좋았지만, 배후 산지의 탐조도 좋았다. 흰눈썹황금새의 소리가 마치 배경음악처럼 많이 들렸다. 그리고 박새와 쇠박새가 이소하여 새끼를 먹이는 모습도 보기 좋았다. 오목눈이도 이소가 한창이었다. 나뭇잎 사이로 들리는 '찌찌찌징, 찌찌찌징' 하는 오목눈이 새끼들의 소리가 귀여웠다. 산지 탐조를 마치고 내려왔는데 뜻하지 않게 상모솔새를 만났다. 참가자 중 한 명이 작은 새를 카메라로 찍었는데 아무래도 상모솔새 같았다. 겨울철새인 상모솔새를 5월에 만나는 일이 있을 법하지 않아, 도감을 펴고 한참 얘기를 나누었다. 전체적인 얼굴형이 닮았고 눈 주변이 폭넓은 흰색인 점으로 보아 상모솔새라고 결론지었다. 어떤 사연으로 상모솔새는 그 계절에 푸른수목원에 남았을까?

하천

대부분 지역에서 하천은 물새를 만날 수 있는 가장 가까운 습지다. 하천 주변은 대체로 나무와 풀이 있어서 산새 종류도 같이 만날 수 있다. 가까운 하천을 꾸준히 들르면 다양한 새를 만날 수 있다. 특히 겨울철새가 오는 늦가을과 겨울에 풍부한 관찰을 할 수 있다. 이 시기에는 특히 오리류를 많이 만나게 된다.

청계천 점심 산책

공원이나 야산처럼 도심 하천도 가까이 새를 만날 수 있는 곳이다. 나는 동네에서 가까운 청계천, 중랑천과 함께 한강을 탐조했다. 당연하지만 하천 규모는 청계천, 중랑천, 한강 순으로 합류하면서 커진다. 가장 작은 청계천은 근무지에서 지하철 한 정거장 거리의 구내식당에서 점심을 먹고, 근무지로 돌아오면서 보았다. 한 번은 날을 정해서 광화문에서 중랑천 합수 지점까지 청계천을 걸어 보았다. 보도블록이 깔린 시내 구간에서 하류의 흙길로 내려갈수록 새가 많아졌다. 좁은 하천이지만 청계천에서도 여러 종류의 물새를 만났다.

청계천의 물새로는 청둥오리, 흰뺨검둥오리, 왜가리, 쇠백로, 민물가마우지, 괭이갈매기를 사철 만날 수 있었다. 여름에는 중대백로, 겨울에는 비오리가 청계천을 찾아왔다. 비오리가 잠수했다 떠오르며 물고기를 잡는 모습은 생동감이 있었다. 청계천 하류와 중랑천의 합수 구역은 철새가 많이 와서 보호구역으로 관리되고 있다. 내가 점심때 걷는 구간은 철새가 그렇게 많이 오지 않았지만, 하천 폭이 좁아 가까이 물새를 관찰하기는 좋았다.

청계천에는 백로류가 많았다. 이들 중에서 왜가리가 가장 컸다. 왜가리는 매끈한 모습이 보기 좋았지만 덩치가 커서 어떨 때는 으악스러워 보였다. 쥐나 족제비 같은 작은 포유류를 먹을 정도로 전투력도 강해 왜가리는 도시하천 생태계의 최강자로 살고 있다. 왜가리는 날아오를 때면 정말 '왝, 왝' 하고 좀 괴이한 소리를 냈다.

여름철새인 중대백로도 청계천에서 자주 보았다. 중대백로는 번식기에는 부리가 검고 눈 주위가 청록색인데, 겨울이면 부리가 노란색으로 바뀌고 눈 주변 색이 흐릿해진다. 쇠백로는 청계천에 사는 백로류 중 가장 작아 다른 백로류의 아성체로 오해받고는 한다. 쇠백로는 검은 다리와 노란색 발이 있어, 다른 백로류와 구분된다. 중대백로와 쇠백로 모두 여름이면 장식깃이 머리 뒤와 몸통에 발달한다.

백로류 중 중백로와 대백로는 청계천에서 만나지 못했다. 이 중 중백로는 중대백로와 모습이 비슷하지만, 머리가 좀 더 둥근 형태이다. 번식기에는 눈 앞이 초록색인 중대백로와 달리 노란색인 걸로 구분이 된다. 발은 검은색인데 이것으로 해당 부위가 노란색인 쇠백로와 구분한다. 우리나라의 백로류 중 가장 큰 새는 겨울철새인 대백로이다. 대백로는 다리 위쪽이 노랑 또는 주황색이어서 검은색인 중대백로와 구별된다.

하천은 물새뿐 아니라 산새들의 서식지이기도 했다. 청계천에서는 수변에서 박새, 오목눈이, 참새, 직박구리, 까치, 집비둘기, 멧비둘기, 큰부리까마귀를 보았다. 청계천 주변에는 도심 서식종과 산림 서식종이 혼재해 사는데 중랑천과 한강도 비슷했다. 하천 옆에 선형으로 이어지는 나무들이 산림성 조류가 도심에 내려와 이동하는 통로가 되어주는 듯했다.

얕은 하천인데도 겨울이면 청계천에 잠수성 조류인 비오리가 찾아왔다.

중랑천의 텃새

하천의 규모가 커지면 서식종도 늘어난다. 중랑천으로 내려오면 청계천의 텃새에 물새로는 물닭과 민물가마우지, 산새로는 붉은머리오목눈이가 더해진다. 물닭은 텃새이면서 겨울철새이어서, 겨울이면 북쪽에서 내려온 군집으로 그 수가 늘어난다.

중랑천에는 민물가마우지가 상당히 많았다. 민물가마우지 중 어떤 개체는 머리 옆 부위에 갈기 같은 흰무늬가 있었다. 번식기에 수컷에게 나타나는 무늬이다. 민물가마우지는 강물에 들어갔다 나왔다 하며 물고기를 잡았다. 먹이활동을 안 할 때는 다리 아래나 강바닥이 드러난 곳에 모여서 쉬었다. 물새들을 다리 밑이나 하천 위로 드러난 돌이나 모래톱에 많이 모여 있었다. 민물가마우지는 간혹 날개를 활짝 펼치고 햇볕을 쬈다. 잠수해서 젖은 깃털을 말리는 동작이다. 다른 새들은 깃털을 다듬을 때, 꽁지 기름샘에서 나온 분비물을 발라서 물에 들어가도 잘 젖지 않는다. 그런데 기름을 바르면 부력 때문에 잠수가 어렵다. 반면 민물가마우지는 날개의 일부에 분비물을 바르지 않는다. 그래서 잠수하면 깃털이 젖게 된다. 대신 부력의 방해가 없어 잠수를 잘할 수 있다. 민물가마우지는 최고의 물고기 사냥꾼이 되었지만, 날개를 펼쳐서 말려야 하는 번거로움도 갖게 되었다.

잠수를 마친 민물가마우지가 날개를 펴서 말리고 있다.

중랑천은 수변에 붉은머리오목눈이가 많았는데 하천 변 갈대숲을 옮겨 다니며 지저귀었다. 모습이 귀여워 사진을 찍고 집에 와서 보니 뱀이 함께 있는 모습이 보였다. 하천 변의 수풀을 가로질러 다니면 위험할 수 있다는 생각이 들었다. 여름 철새로는 개개비를 만났다. '개개개개' 하는 소리가 귀에 박히듯이 또렷했다.

가을에는 하천 변에 참새가 100여 마리의 큰 무리를 지어 날아다녔다. 덤불에 내려앉아 먹이활동을 하다가도 누군가 다가오면 날아올랐다. 참새들은 한 마리가 날면 모두 일제히 날아갔다. 중랑천에는 집비둘기도 많이 있었는데 이들도 한 마리가 날아오르면 다 같이 날았다. 무리를 이룬 새들은 대부분 이러한 동조현상을 보였다. 겨울에는 직박구리 이십여 마리 정도가 무리를 이루어, 땅에 내려와서 먹이활동을 하는 모습을 본 적이 있다. 직박구리는 주로 나무 위에서 활동하는데, 겨울에는 먹이가 부족해서인지 땅으로 내려오곤 했다.

붉은머리오목눈이 사진을 찍을 때는 몰랐던 수풀 속의 뱀. 하천 변의 수풀은 시야가 확보되지 않고 위험한 요소가 많으니 가로질러 가지 말자.

    중랑천에는 집비둘기가 많지만, 그 정도까지는 아니어도 멧비둘기도 꽤 살았다. 두 종은 서로 어울려 먹이활동을 하기도 했다. 멧비둘기가 혼자나 서너 마리 정도로 움직이는 데 반해, 집비둘기는 큰 무리를 이루어 움직였다. 오리류로는 청둥오리와 흰뺨검둥오리가 사시사철 있었다. 잠수하는 민물가마우지와 달리 이들 오리류는 물구나무를 서서 머리를 물속에 넣고 엉덩이를 수면 위로 세운 모습으로 먹이활동을 했다. 오리류, 백조류처럼 잠수를 잘 안 하는 수면성 조류는 이런 자세로 수초와 같은 먹이를 먹는다.

청둥오리와 흰뺨검둥오리는 원래 철새지만, 일부가 텃새로 변하여 사철 만날 수 있다. 그래도 겨울철새로 오는 개체가 더 많다. 이처럼 계절에 따른 이동 경향은 종 안에서도 다르다. 연령에 따라 텃새와 철새로 갈리는 종도 있다. 겨울에 우리나라에 철새로 오는 독수리는 대부분 미성숙새이다. 이들은 몽골이나 시베리아에서 텃새로 사는 성조와의 경쟁을 피해 겨울을 나려고 우리나라에 온다. 어떤 새를 텃새로 볼지 철새로 볼지는 상대적이다. 그저 어떤 생활형의 비율이 가장 많은 가에 따라 분류하게 된다.

중랑천과 한강의 겨울철새

다른 계절에도 소소한 즐거움이 있지만, 하천 탐조는 역시 물새가 많은 겨울에 재미가 있었다. 물새가 오기 전에 중랑천을 걸으면 좀 심심한 느낌이었다. 그런데, 11월에 겨울철새가 찾아오면서 중랑천은 활기를 띠었다. 11월 초에 논병아리를 겨울철새 중에서 처음 만났다. 논병아리는 텃새로도 산다지만 중랑천에서는 겨울에 주로 볼 수 있었다. 11월 말이 되니 겨울 철새들이 쏟아지듯 나타났다. 그동안 보지 못했던 비오리, 고방오리, 알락오리, 넓적부리를 보았다. 원래 있던 청둥오리, 흰뺨검둥오리, 물닭도 북방 개체들이 합류하였는지 훨씬 수가 많아졌다. 겨울 물새들은 다른 종과 같이 있어도 서로 텃세를 안 부렸다. 물새도 산새처럼 다른 종간에 혼군을 이루었다. 물새의 혼군은 종간에 연대하여 움직인다기보다는 서로 꺼리지 않고 공간을 공유하는 쪽에 가까운 느낌이었다.

한강은 중랑천의 합류 지점부터 이촌역 사이를 주로 들렸다. 한강에는 중랑천에서 만난 새들을 모두 만날 수 있었고, 흰비오리, 뿔논병아리, 흰죽지, 댕기흰죽지 등 다른 새들도 볼 수 있었다. 12월에는 갯벌처럼 강바닥이 드러난 곳에 민물가마우지 수백 마리가 모여 있는 인상적인 장면을 보았다. 검은 새들이 너무 많이 모여 있으니 좀 기괴한 느낌이 들었다. 작은 무리와 달리 새의 큰 무리는 강한 인상을 준다. 가창오리 떼처럼 경이로운 느낌을 줄 때도 있지만, 어떨 때는 기괴한 느낌을 주기도 한다. 인간은 동물의 무리가 커지면 싫어한다. 인간과 동물의 갈등은 주로 그런 장소에서 발생한다.

중랑천에서 만난 알락오리(좌)와 고방오리(우). 나는 사실 고방오리가 더 알록달록해서 알락오리란 이름의 어감과 더 어울린다고 생각했다.

2월경부터 물새들이 북쪽으로 날아가기 위해 한강으로 모였다. 이동 중 포식 가능성을 줄이기 위한 행동이라고 한다. 혼자 이동하면 천적의 표적이 될 확률이 100%이지만, 많은 수가 같이 이동하면 개체수만큼 확률이 준다. 또 이동 후 도착한 번식지에서 짝을 찾는 데 드는 시간도 줄일 수 있다. 한강에는 여러 새가 많이 모여들었지만 유독 흰죽지가 많았다. 겨울철에는 흰죽지가 한강에서 개체수가 가장 많은 새였다.

3월 초에는 전에 민물가마우지가 모여 있던 하천갯벌에 갈매기 수백 마리가 모여 있었다. 자세히 보니 겨울철새인 재갈매기와 텃새인 괭이갈매기가 반반 섞인 무리였다. 괭이갈매기는 갈매기류 중 유일한 텃새로 꼬리 꽁지깃 끝에 검은 띠가 있는 점으로 동정한다. 갈매기류는 비슷비슷한 모습이어서 솔새류처럼 동정이 까다롭다. 그날 재갈매기와 괭이갈매기 무리에는 일찍 여름깃으로 갈아 머리가 검은색인 붉은부리갈매기가 간간이 섞여 있었다.

　하천에 모인 물새들은 3월 말이면 북쪽으로 번식을 위해 떠났다. 그 빈자리로 제비가 찾아왔다. 제비는 청계천에서 4월 중순에 만났다. 제비를 서울에서 그동안 못 보았었는데 청계천 하늘에 꽤 많은 수가 날아다녔다. 평택에서 보았던 제비를 서울에서도 만나니 반가웠다. 청계천 주변의 진흙과 하천변의 곤충이 제비를 오게 한 듯했다. 제비는 사람에 대한 두려움이 없어서인지 청계천 주변 시장과 주택가에 설치된 전깃줄에 앉아 울었다. '지지배배'라고 알려진 소리가 내게는 '삐쭈죽, 삐쭈죽, 삐지지지' 하며 마치 유리창을 마른걸레로 닦는 듯한 소리로 들렸다. 새소리는 사람마다 달리 들린다.

한강의 하천갯벌에 모여 있는 재갈매기와 괭이갈매기 무리. 수백 마리가 모여 있었다.

3장 다른 장소 탐조　163

그 많던 제비는 어디로 갔을까

전에는 쉽게 볼 수 있었던 제비들은 다 어디로 갔을까? 제비는 원래 의도적으로 사람 주변에 살려고 하는 새다. 사람이 저를 해치지 않고 천적들이 사람을 무서워함을 알기 때문에 일부러 처마 밑에 둥지를 짓는다. 사람이 없는 폐가에는 제비가 집을 안 짓는다. 그리고 흥부와 놀부에서 보듯이 우리나라 사람은 제비에게 호감이 있다. 그래서 집 안에 제비가 둥지를 틀어도 해치지 않고 여름 동안 잘 머물다 가게 한다. 그래서 우리나라 마을에는 제비가 많이 살았다. 그러나 언제부턴가 제비가 눈에 잘 띄지 않는다.

제비는 번식을 위해 우리나라를 찾는 여름철새이다. 그런데 번식 환경이 나빠지면서 제비가 잘 안 띄고 있다. 우선 건축물 형태의 변화로 둥지를 틀 곳이 줄었다. 아파트나 다세대주택이 늘고 처마가 있는 집이 줄어들었다. 둥지를 만들 처마가 줄면서 번식이 어려워졌다. 논이 줄어든 점도 원인이다. 둥지에 쓸 진흙과 지푸라기를 구할 논이 도시에서 거의 사라졌다. 농촌도 많은 논이 밭이나 과수원, 시설 재배지로 바뀌었다. 또 농약의 사용으로 농경지와 도시 녹지 모두 새끼에게 먹일 곤충이 줄었다. 제비를 가까이 보려면 논을 비롯한 습지를 잘 보전하고 농약의 사용을 줄여야 한다. 그러면 변화된 주거환경에서도 나름의 둥지 자리를 찾아가리라 본다.

크리스마스 탐조

둘째 해 겨울에 중랑천에서 크리스마스 탐조를 했다. 크리스마스 탐조는 세계의 모든 탐조인이 크리스마스에 일제히 탐조하고 그 기록을 공유하는 행사이다. 우리나라에서는 서울의새 모임이 크리스마스 탐조를 처음 시작하여, 2019년부터 네이처링에 기록하고 있다. 크리스마스 탐조의 시작은 사냥과 관련이 있다. 19세기 미국인들은 크리스마스가 되면 누가 하루 동안 더 많은 새를 사냥하는지를 겨루는 시합을 했다. 그런데 1900년에 오듀본협회 조류학자인 프랭크 채프먼이 새를 죽이는 대신 수를 세자고 제안했는데, 이것이 크리스마스 탐조의 기원이 되었다. 새를 만나고 동정하는 탐조는 목표물을 자기 것으로 수집하는 점에서 사냥을 닮았다. 탐조가 사냥본능의 변형된 형태라는 말도 있다. 다만 탐조는 시체 대신 경험을 수집한다. 탐조는 생명을 존중하면서 자연을 즐기는 점에서 인간의 더 성숙한 면이 발현된 취미이다.

크리스마스 당일에 서울의새 중랑천 모임에 참가했다. 날이 추워서인지 중랑천에서 온천처럼 김이 모락모락 올랐다. 그날은 권양희 선생의 인솔로 탐조가 진행되었다. 살곶이 다리 둘레를 탐조한 뒤 옥수역까지 걸어가며 탐조했다. 그날의 특별 미션은 '멧새를 찾아라'였다. 권양희 선생의 지인이 중랑천에서 멧새를 보았다고 전해서, 물새를 보면서 멧새도 함께 찾기로 했다. 탐조 전에 Merlin으로 멧새의 소리를 검색해 듣고 공유했다. 이름이 소박한 느낌이어서 흔할 것 같지만 사실 멧새는 희귀한 새라고 한다. 결국 그날 멧새를 보지는 못했다. 대신 같은 멧새과의 쑥새를 만났다.

그날은 중랑천과 한강을 거쳐서 정말 많은 새가 있었다. 중랑천과 한강을 비교하면 면적 당 새의 개체수는 중랑천이 훨씬 많았다. 한강에도 새가 많았지만, 한강이 워낙 넓어 면적당 밀집 정도가 중랑천에 비해 낮았다. 새의 종류도 수심이 얕은 중랑천에는 청둥오리, 흰뺨검둥오리, 넓적부리처럼 수면에 떠서 먹이활동을 하는 수면성 조류가 많았다. 반면에 수심이 깊은 한강에는 뿔논병아리, 흰죽지처럼 잠수성 조류가 많았다. 새들은 자신의 먹이활동에 유리한 곳에 자리를 잡고 산다. 부지런히 먹이활동 하는 수면성 조류와 달리, 잠수성 조류는 날이 추워서인지 부리를 어깨 깃털 속에 집어넣고 수면에 둥둥 떠 있기만 했다. 어깨 깃털에 부리를 넣는 행동은 한 다리로만 서고 나머지 다리를 몸 안에 넣는 것처럼 체온을 유지하려는 행동이다.

물새 탐조할 때는 새들이 비교적 덩치가 크고, 산새처럼 숨지 않고 시선이 트인 하천에 나와 있어 새를 찾기 쉽다. 다만 한강처럼 큰 하천에서는 새들이 멀리 있어 관찰이 어렵다. 새들이 너무 많은 점도 오히려 관찰을 어렵게 한다. 무수한 새들의 모습에 시선이 어지러워 특정 개체를 지목해 관찰하기 어렵다. 너무 많으니 개체수가 얼마나 되는지 세기도 어려웠다. 어떤 시기에는 한강에 새가 수만 마리 모일 때도 있다고 한다.

날이 추워 그날 한강의 물이 반쯤 얼어있었다. 인상적인 장면은 특정 종이 아주 많이 물가로 나와서 모여 있는 모습이었다. 물닭이 엄청나게 많이 중랑천 천변에 올라와 땅 위에서 무언가를 쪼고 있었다. 물 밖에서 물닭의 큰 군집을 보니 좀 낯설었다. 원앙도 큰 군집을 이루어 물가에 올라와 쉬고 있었다. 정말 엄청나게 추운 날이어서 어깨가 움츠러들었지만, 여러 사람이 함께 탐조하니 그럭저럭 견딜 만했다. 탐조는 일정대로 진행되어 옥수역에서 마쳤다.

크리스마스 탐조 중 중랑천에서 만난 물닭 무리. 물닭이 큰 무리를 지어 뭍에 올라온 모습이 낯설었다.

한강 오리 탐조

매년 2~3월에는 북쪽 번식지로 떠나기 전에 한강에 오리류가 모여든다. 안전하게 이동하기 위해 큰 무리를 만들고, 체력을 비축하기 위함이다. 서울의새는 이 기간에 한강 오리류 개체수 모니터링을 하고 자료를 축적하고 있다. 나도 모니터링에 하루 참여해서 밤섬 일대와 방호-대교 인근 두 곳을 조사했다.

이날 총 23종을 동정했다. 개체수는 흰죽지가 압도적으로 많았고 재갈매기가 다음으로 많았다. 새들이 워낙 멀리 있어서 쌍안경으로는 관찰이 어려워 필드스코프가 필요했다. 개체수 산정은 우선 새의 밀도가 비슷한 정도에 따라 구역을 나누고, 각 구역을 필드스코프로 몇 번에 걸쳐 보아야 다 볼 수 있는지를 따졌다. 그다음 필드스코프로 한 번 보았을 때 들어오는 개체수를 곱해 개체수를 구했다. 각 구역을 필드스코프 횟수가 아니라 육안으로 몇 개의 구간으로 나누어 구하기도 했다. 그리고 이러한 방식 대신 전체를 그냥 꼼꼼히 세기도 했다. 그런데 이러한 작업을 종별로 해야 했다. 초보인 내게는 개체수가 적은 뿔논병아리와 민물가마우지를 세는 임무가 맡겨졌다. 두 종은 개체수가 적어 복잡한 구획을 안 해도 되었다. 이런 임무는 쌍안경으로도 충분히 할 수 있었다.

미리 오리류 공부를 좀 했으면 좋았겠다는 생각이 들었다. 흰죽지가 너무나 많아 깨알처럼 한강을 덮고 있었다. 그 사이사이에 댕기흰죽지, 검은머리흰죽지, 적갈색흰죽지 등 여러 다른 오리류가 있었다고 한다. 구분해서 알아보면 좋았을 텐데 하는 아쉬움이 들었다. 그날은 흰뺨검둥오리와 청둥오리의 교잡종으로 추정되는 변종을 보았다. 청둥오리 되양인데 뺨만 흰뺨검둥오리의 색이었다. 한강에서는 오리류의 교잡종이 종종 목격된다. 네이처링을 보면 흰죽지×적갈색흰죽지, 적갈색흰죽지×붉은가슴흰죽지, 흰죽지×미국흰죽지, 흰죽지×붉은가슴흰죽지, 흰뺨검둥오리×가창오리 교잡종 등이 관찰된 바 있다.

　미리 공부하기를 잘했다고 느낀 경험도 했다. 그날 아물쇠딱다구리를 종추했다. 전에 큰오색딱다구리와 오색딱다구리를 비교하면서, 역시 비슷한 쇠딱다구리와 아물쇠딱다구리의 차이를 같이 공부한 적이 있다. 그런데 방화대교에서 탐조하고 있는데 쇠딱다구리 같은 새가 있는데 자세히 보니 등 가운데 흰무늬가 크게 있었다. 아물쇠딱다구리를 한강오리를 탐조하다 뜻하지 않게 만나니 약간 횡재한 느낌이었다. 종추는 의외의 장소에서도 종종 하게 된다.

　눈살을 찌푸리게 하는 일도 보았다. 새 무리 속을 수상스키가 가로질러서 새들이 날아올라 하늘을 배회하다가 다시 내려앉는 모습을 두 차례 보았다. 이 시기에 겨울철새는 번식지로 가기 전 막바지로 체력을 비축한다. 그런데 날아올랐다 내려오기를 반복하면 기력이 쇠진해서 번식지에 제대로 도달하지 못할 수 있다. 수상스키를 탈 때 새들이 날아오르는 것을 즐기려고 일부러 새 무리 속으로 보트를 몬다고 한다. 새들이 모여서 날면 아름답다지만 그날의 군무는 인간으로서 부끄럽고 심란했다. 그래서 서울시에 인터넷으로 제안 민원을 넣었다. 제안 요지는 첫째, 낚시 금지구역이나 기간을 두듯이 3월 한 달만 밤섬 일대에서 수상스키 운행을 중단해 달라고 했다. 밤섬 일대는 람사르협약 보호습지이니 충분히 그럴만한 가치가 있다고 했다. 둘째, 만일 그것이 어렵다면 해당 기간에는 한강 남단 구간에서만 수상스키를 타게 해달라고 했다. 일정한 구역에서만 수상스키를 타면 새들이 패턴을 익혀 한강 북단에 머물게 되고, 남단 구간이 강폭이 더 넓어 새와 보트가 충돌할 가능성도 적다고 부언했다. 셋째, 3월만이 아니라 다른 계절이라도 수상스키를 일부러 새무리가 있는 곳으로 몰고 가는 행위는 하지 않도록, 관련 업체를 계도해달라고 했다. 사실 수상스키 업자나 이용객 모두, 새를 날리는 행위가 얼마나 치명적인 결과를 주는지 모를 수 있다. 충분히 그러한 행동의 문제점을 알린다면, 다른 행동이 가능할지도 모른다.

며칠 후 서울시로부터 답변이 왔다. 답변에서 3월 중 철새 보호를 위한 수상스키 운행 제한은 법적 근거가 없어 불가능하다고 했다. 운행 제한은 상수원보호구역이거나 수상레저안전법에서 정한 안전을 위해 필요한 경우에만 가능하며 그 외는 강제하기 어렵다고 했다. 다만 원효대교에서 양화대교 구간의 수상스키 운행을 한강 남단에서만 하고, 새가 있는 곳으로 수상스키를 몰고 가지 말 것을 해당 업자에게 요청하겠다고 했다. 완전히 만족스럽지는 않았다. 수상스키 업체가 얼마나 그 요청에 응할지 의문스러웠다. 민원 내용이 전달되었을 때 수상스키 운영자들이 긍정적으로 받아들여 주기를 바랄 뿐이었다. 해당 내용을 다른 탐조인에게 공유하니 이제 시작하였으니, 의식이 바뀔 수 있도록 다방면의 노력을 해야 하지 않겠냐고 했다.

일부러 새 무리 속으로 수상스키를 몰아 새를 날지 한 모습

다음 해 2월 말에 한강오리 탐조에 다시 참여했다. 참가하면서 우선 수상스키 운행방식이 변했을지 궁금했다. 그런데 비가 와서일까? 그날은 수상스키가 다니지 않았다. 그리고 아직 시기가 일러서인지 오리들도 이전 해보다 훨씬 적었다. 밤섬, 방화대교, 옥수역 인근을 돌며 이제 모이기 시작한 한강오리들을 모니터링했다. 방화대교에서는 청머리오리, 적갈색흰죽지, 흰뿔부엉이를 종추해 즐거웠다.

모니터링을 마치고 돌아오면서 수상스키 운행방식에 대한 염려가 무의미할지 모른다는 생각이 들었다. 2024년 말부터 리버버스를 운행한다는 발표가 있었다. 작은 수상스키와는 비교가 안 되는 200인승의 배가 하루 60여 차례 한강을 오간다면, 한강오리는 먼 여행 준비를 위해 이곳에 모일 수 있을까? 리버버스가 다른 대중교통과의 연계성이 낮아 효율적이지 못하고, 한강 생태계에도 좋지 않다는 의견이 제시되고 있다. 이 목소리가 힘을 얻어 리버버스가 재고되었으면 하지만, 얼마나 반향이 있을지 걱정스럽다. 인간의 편익에 비해 동물의 삶은 너무나 사소하게 여겨진다. 결국 리버버스가 다니게 된다면 어쩌면 그날 본 한강오리가 마지막일지 모른다는 불안감이 들었다. 한강오리가 바뀐 한강의 조건에 적응할 수 있을까? 앞으로의 한강의 모습이 두렵다.

호수

내륙의 담수호는 강과 조류상이 비슷하다. 우리나라 강은 유속이 느려 조류의 서식조건이 담수호와 비슷하기 때문이다. 강의 중간중간 댐이 있고, 하구에는 농지에 바닷물이 들어오지 않도록 제방이 있어 호수처럼 유속이 느리고 수량이 많다. 큰 강 중 한강만이 하구에 제방이 없다지만, 신곡수중보와 잠실수중보가 있어 다른 강과 비슷한 조건이다. 따라서 내륙의 호수에서는 한강처럼 큰 강과 비슷한 조류를 만날 가능성이 크다. 호수는 대부분 폭이 넓고 새들이 멀리 있다. 그래서 물새를 잘 보려면 필드스코프를 사용하면 좋다.

팔당호의 큰고니

담수호로는 가장 먼저 팔당호에 들렸다. 겨울철새 탐조를 하는 중에 팔당호 인근에서 큰고니를 만날 수 있다는 자료를 접했다. 큰고니는 큰 개체는 몸무게가 20kg까지 나가서 우리나라에서 혹고니와 함께 가장 무거운 새이다. 몸무게가 많이 나가니만큼 날기 위해 이륙하려면, 오랫동안 수평으로 비행해야 한다. 한 번 비상하려면 에너지가 많이 필요하고 시간도 상당히 걸린다. 그래서 큰고니는 사람으로부터 안전거리를 확보할 수 있고, 길게 날아오르는 동작을 할 수 있는 호수나 큰 강에서 겨울을 난다. 팔당호 근처가 그런 조건에 맞는 장소이다.

팔당호는 1월 중순에 갔다. 탐조는 팔당대교에서 시작해 댐을 지나 호숫가를 따라 상류로 올라가며 했다. 큰고니는 팔당역에서 나와 한강을 처음 만나는 곳에 주로 있었고, 팔당댐 방향으로 올라갈수록 보이지 않았다. 큰고니는 강 중앙에서 유유히 수면 위를 다니고 있었다. 그러다가 청둥오리처럼 엉덩이를 수면 위로 올리고 먹이활동을 했다. 거리가 멀어 아득해 보이는 흰 몸체와 끼룩거리는 소리가 어우러져 약간 현실감이 없었다. 크고 아름다운 새를 일부러 찾아가 야생에서 만나는 느낌이 좋았다.

팔당대교 인근 강폭이 워낙 넓어서 쌍안경으로는 새들이 또렷이 보이지 않았다. 디지털카메라로 망원 기능을 써서 찍어도 역시 형체가 흐릿했다. 그래도 나름 동정한 바로는 팔당대교 인근에는 흰죽지와 물닭이 가장 많았다. 그 외에 청둥오리, 흰뺨검둥오리, 비오리. 논병아리, 민물가마우지를 보았다. 민물가마우지는 1월인데 벌써 머리에 흰 번식깃이 있었다.

그날 가창오리를 종추했다. 전 세계 가창오리의 90% 이상이 우리나라에서 월동하는데 팔당대교에도 들르고 있었다. 가창오리는 큰 무리가 경이로운 군무를 추는 것으로 유명하다. 가창오리는 낮에는 물 위에서 천적을 피해 휴식을 취하고, 저녁에 농경지로 이동하여 밤 동안 먹이활동을 한다. 금강하구와 같이 가창오리가 집단으로 모인 곳에서는 하천과 농경지를 오갈 때 하루 두 번 군무를 펼친다. 단지 서로 부딪히지 않게 30cm 정도를 유지하며 난다는 간단한 조건이 경이로운 광경을 만들어낸다고 한다. 체계적인 계획이 없이 개체 간의 상호작용만으로 장엄한 군무가 연출되는 것이다.

흰꼬리수리도 종추했다. 강 가운데 돌출한 바위 위에 앉아 있는 모습이 의연해 보였다. 팔당대교 근처에는 카리스마 있는 모습의 참수리도 온다는데 언젠가는 한 번 만났으면 한다. 이러한 대형 맹금류도 큰고니에게 큰 위험이 안 된다고 한다. 큰고니가 덩치가 워낙 클 뿐 아니라, 보기와 달리 성질이 거위처럼 공격적이어서 맹금류들도 건드리지 못한다. 우리나라 새 중 가장 키가 큰 두루미도 맹금류가 함부로 건드리지 못한다고 한다. 물론 사람이 다가가면 이들이 먼저 피하겠지만 자칫 위험할 수 있다. 흔히 만나는 백로류를 포함해 대형 조류에게 접근하는 일은 절대 해서는 안 된다.

새들은 팔당댐에 가까워질수록 점점 줄어들었다. 그리고 팔당댐 너머 팔당호에서는 새가 더 없었다. 호수에 사는 새를 만나려고 왔지만, 정작 대부분을 호수에 이르기 전의 하천에서 만났다. 댐을 막 넘어간 지점은 그래도 물이 얼지 않아 흰죽지 무리가 제법 있었지만, 얼마 안 있어 꽁꽁 얼어버린 호수를 만났다. 호수는 유속이 느려서 겨울에 물이 얼 가능성이 하천보다 크다. 물이 얼어버리면 물새는 그곳에 머물기 어렵다.

양수대교에서 만난 큰고니 무리

혹시나 해서 운길산역 방향으로 팔당호를 따라 더 상류로 갔다. 그런데 보행로 대부분에서 팔당호 방향 시야가 막혀 새를 볼 수 없었다. 마음이 조금 답답했지만, 그냥 산책한다는 기분으로 걸었다. 그러다 양수대교에서 다시 시선이 트였다. 반은 얼고 반은 녹아 있는 북한강에 큰고니 50여 마리가 있었다. 일부는 물 위에서 헤엄치고 일부는 얼음 위로 올라와 쉬고 있었다. 덩치는 어미새만 하지만 회색빛이 도는 미성숙새도 섞여 있었다. 탐조를 끝내는 시각에 큰 무리를 만나 그래도 오래 걸은 보람이 있었다.

왕송호

경기도 의왕시 인근에는 있는 왕송호를 2월 중순에 탐조했다. 왕송호는 호수 둘레로 산책로가 잘 조성되어 있어서, 편안하게 탐조할 수 있었다. 호수 규모가 약 1㎢로 적당히 크고 새들도 많았다. 다만 레일바이크길이 호수 둘레에 붙어 있어 관찰하기 어려운 지점도 있었다. 약 3시간 정도 산보하는 기분으로 탐조했다.

그날 만난 새는 총 18종으로 중랑천이나 한강에서 본 새와 비슷했다. 호수 주변으로 작은 저수지도 여럿 있었는데 물닭과 흰뺨검둥오리가 특히 많았다. 그날은 민물가마우지가 나뭇가지를 물고 날아다니는 모습을 많이 보았다. 호수 가운데 큰 버드나무숲이 있는데 민물가마우지가 그곳에 모여 있었다. 민물가마우지 무리는 약 100마리 정도가 되었다. 민물가마우지는 번식을 위해 버드나무숲에 모여 있었다. 그곳에 둥지를 만들기 위해 나뭇가지를 모으고 있었다. 물새 중에는 민물가마우지처럼 군락을 이루어 번식하는 종이 많다. 번식기에 한 쌍을 이루어 둥지 주변에 세력권을 만드는 산새들과는 다른 모습이다. 안개가 약간 낀 날이어서 뿌옇게 보이는 버드나무숲과 민물가마우지 무리가 어우러진 모습이 묘한 느낌을 주었다.

최근 민물가마우지 개체수 조절이 필요하다는 논의가 있다. 민물가마우지는 원래 겨울철새인데, 지구 온난화로 많은 수가 텃새화되어 우리나라에서 집단 번식하고 있다. 그런데 이러한 민물가마우지 군집이 어족자원을 해치고, 배설물로 식물의 백화현상을 낳는다는 우려가 제기되고 있다. 급기야 환경부가 민물가마우지 개체수 조절에 대한 지침을 각 지자체에 보냈다. 그 내용은 민물가마우지가 번식을 못하도록 둥지 제거, 군락지 내 수목 가지치기, 천적 모형 설치, 공포탄 발사 등이다. 그리고 이러한 지침을 넘어서 포획할 수 있는 유해야생동물로 지정이 추진되고 있다.

집비둘기가 그러하듯 새가 큰 군집을 이루면 사람들은 유해성 문제를 제기한다. 야생동물 피해는 우려만 가지고 문제 시 할 것은 아니다. 민물가마우지가 어족자원에 실제로 심각한 피해를 주는지 검증부터 해야 한다. 만일 양어장에 피해가 있다면, 민물가마우지를 제거하기보다는 필요한 방지시설을 설치해야 한다. 먹이를 얻기 어려우면 민물가마우지는 다른 곳으로 떠난다. 그리고 자연 하천에서 물고기를 포식한다면 그 또한 먹이사슬의 하나가 아닐까?

수목의 백화현상도 일정 정도는 그냥 놔두었으면 한다. 민물가마우지도 나무와 동등하게 자연의 한 부분으로 살 권리가 있다. 백화현상으로 나뭇가지가 줄면 민물가마우지는 적당한 다른 곳을 찾아 흩어진다. 그리고 민물가마우지가 떠나면 숲은 다시 살아난다. 자연은 회복력이 있다. 자연에 맡겨두면 균형을 찾아간다. 과거를 보면 인간의 섣부른 개입이 오히려 문제를 더 악화시켰다. 자연은 다양한 요소가 얽혀 있는 복잡계여서 이렇게 하면 저렇게 된다는 식으로 도식적으로 문제가 해결되지 않는다. 황소개구리나 뉴트리아 문제가 자연의 먹이사슬에 의해 저절로 누그러졌듯이, 기다림도 문제를 해결하는 방법이다. 사실 자연에 가장 치명적인 훼손을 주고 있는 인간이란 생물종이, 다른 종의 자연 훼손을 왈가왈부할 자격이 있는지 의문이다.

나중에 수라갯벌 옥녀봉에서 왕송호에서 보다 더 큰 민물가마우지 군집을 만났다. 민물가마우지의 큰 군집 또한 자연의 한 부분이다.

시화호, 탐조도 안전이 우선

  2월 초순 수도권에서 물새가 많기로 유명한 호수인 시화호에 갔다. 그런데 시화호에서 정작 호수는 못 보고 논습지와 갈대습지만 보았다. 방아머리 선착장 정류장에 내려 호수 남단의 둑으로 들어가려 했는데, 입구의 출입문이 잠겨 있었다. 나중에 농어촌공사에 문의한 바로는 간척이 진행 중이어서 안전을 위해 출입 통제하고 있다고 했다. 호수 가득 있는 각종 물새를 기대했는데 처음부터 난감했다. 어쩔 수 없이 호수 남쪽에 있는 습지를 탐조하기로 방향을 바꾸었다. 습지는 갈대가 가득해서 안이 보이지 않아 새가 별로 눈에 안 띄었다. 간혹 참새, 딱새, 붉은머리오목눈이가 갈대숲 바깥쪽에 보이는 정도였다.

  한참을 걸어 습지 테마공원을 지나자 동쪽으로 꺾어서 가는 길이 나왔다. 일정이 꼬여 기분이 별로였는데, 차가 거의 안 다니는 호젓한 길을 걸으니 차차 기분이 좋아졌다. 길옆으로 논습지가 계속 이어졌다. 간간이 보이는 웅덩이와 작은 저수지에는 청둥오리와 흰뺨검둥오리가 있었다. 그리고 논에는 큰기러기가 정말 많았다. 평화롭게 먹이활동을 하는 큰기러기들을 보며 한참을 걸었다. 멀리서 큰고니가 날아가는 모습도 간간이 보였다.

  그렇게 걷다 보니 논습지 안쪽으로 들어가고 싶은 충동이 느껴졌다. 그런데 논습지로 들어가는 길들은 입구를 통제하는 가림판으로 막혀있었다. 그러다 입구가 막히지 않은 길을 하나 발견했다. 그런데 이것이 별로 좋은 선택이 아니었다. 논둑길을 걷는데 큰기러기들이 자꾸 날아갔다. 논습지 내부를 돌아다니는 사람이 낯설었던 걸까? 습지 외곽길을 걸을 때는 안 그러더니 안으로 들어가니 꽤 거리가 있는데도 민감하게 반응했다. 논습지를 걷다 보니 시화호 남단의 갈대숲이 나왔다. 거기서 되돌아왔어야 했는데 귀찮은 마음에 습지를 대각선으로 가로질러 원래 출발점으로 빨리 가려고 했다. 그런데 그때부터 자꾸 길을 잃었다.

스마트폰 지도 앱의 위성사진에 분명 사잇길이 이어지는 것처럼 보이는데, 가다 보면 번번이 작은 개천이나 저수지 같은 물을 만났다. 되돌아왔다 다른 길을 찾기를 반복하며 미로 속의 쥐처럼 헤매다 낚시하는 중년 남자를 만났다. 나는 그때 가고 있던 길을 가리키며, 그 사람에게 이리로 계속 가면 밖으로 나갈 수 있냐고 물었다. 그는 그쪽은 잘 모르겠다고 했다. 어찌할지 고민하다 방향이 맞으니 어찌 되겠지 하고 계속 걸었다.

가는 길에 배설물 무더기를 여럿 보았다. 이미 고라니 발자국을 여럿 보았고 들개로 추정되는 발자국도 본지라 들개의 배설물로 추정했다. 시화호에서 들개가 고라니를 잡아먹는다는 말을 들은 적이 있다. 물론 모두 들개의 똥이라 볼 수는 없었다. 같은 개과 동물인 너구리의 똥일 수도 있었다. 또, 겨울에 억센 풀을 먹을 때는 큰기러기도 포유류와 비슷한 모양의 똥을 눈다고 한다. 이들 외에 삵도 습지를 좋아한다. 시화호가 다양한 새가 사는 중요한 서식지라지만, 호수 남쪽의 습지도 큰기러기, 청둥오리, 흰뺨검둥오리, 들개, 고라니, 삵, 너구리들이 어울려 사는 생명의 공간이다.

한참을 걷다 보니 습지가 끊기고 또 물길이 나왔다. 또 다른 길을 찾다 이번엔 얼음이 덮인 물길을 만났다. 빨리 간다고 길이 아닌 곳을 가로지른 행동은 어리석었다. 해가 이미 뉘엿뉘엿 지고 있었다. 어쩌면 습지에서 어둠을 맞을지 모른다는 위기감이 들었다. 얼음에 약간의 물기가 비쳐 건널 수 있다고 확신할 수 없었다. 모험할 수도 있지만, 자칫 깨진다면 한겨울에 습지 한복판에서 위험에 처할 수 있었다. 나는 이제까지 어리석음을 중단하고 길을 되돌아가기로 했다. 우선 쌍안경과 카메라를 가방에 넣고 최대한 움직이기 좋게 했다. 그리고 기억을 더듬으며 빠른 걸음으로 원래 왔던 길을 되돌아갔다.

한참을 걷다 보니 낚시를 하던 사람을 다시 만났다. 내가 길을 못 찾고 돌아왔다고 하니 그는 마침 낚시를 접고 돌아가려 하니 자기 차로 나가자고 했다. 덕분에 감사하게도 차로 습지를 빠져나와 월곶역까지 갈 수 있었다. 어디에서든 사람이 사람을 돕는다. 다시는 별일 없겠거니 하고 위험한 행동을 하지는 않겠다고 마음먹었다. 탐조보다 안전이 우선이다. 그리고 나로 인해 날아가야 했던 큰기러기들은 또 얼마나 힘들었겠는가. 길이 아닌 곳은 가지를 말자. 갈대숲은 특히 시선이 확보되지 않아 더 위험하다. 중랑천에서는 갈대숲 사진에서 나중에 뱀을 발견했고, 공릉천 갈대숲에서는 바닥에 숨겨진 수로를 본 적이 있다. 만일 누구라도 모르고 들어갔다가 수로에 떨어지면 크게 다칠 수 있어 보였다. 빨리 가려고 갈대숲을 가로지르는 행동은 절대 해서는 안 된다.

갈대숲은 바닥을 볼 수 없어 가로지르면 위험하다. 모르고 있다가 이러한 수로에 빠지면 크게 다칠 수 있다.

탐조 중 다른 동물을 만나면

시화호 습지에서 들개를 만날 가능성이 있었지만 나는 별로 두렵지 않았다. 전에도 들개를 만난 적이 있고 흔히 얘기되는 것과 달리 들개가 별로 공격적이지 않음을 알기 때문이다. 사실 들개는 반려견보다도 훨씬 덜 위험하다. 우리나라에서 1년에 약 2천 명이 반려견에게 물려 응급실로 후송되는 중상을 입는다. 반면, 들개로 인한 개물림 사고는 거의 없다. 들개에게 사람은 엄청나게 큰 동물이고 언제든지 달아날 수 있기에 굳이 공격하려 안 한다. 그리고 정해진 산책로를 낮에 다니면 들개를 만날 일은 거의 없다. 들개는 야생 포유류이다. 보통 야생 포유류는 사람을 의도적으로 회피한다. 그럼에도 탐조 중에 들개를 만난다면 다음과 같은 사항을 지키면서, 마치 나무나 행인처럼 무심하게 자리를 피하면 위험할 일은 없다. 이 사항은 멧돼지를 만났을 때도 같다.

- 들개의 눈을 정면으로 보지 말 것. 개는 눈을 똑바로 보는 것을 도전으로 여긴다. 사람도 누군가 똑바로 보면 불쾌한 것과 같은 이치다.
- 갑자기 다가가거나 만지려고 하지 말 것. 들개가 위협으로 느껴서 공격할 수 있다.
- 겁을 먹고 소리 지르거나 등을 보이고 달아나지 말 것. 공격본능을 자극한다.
- 먹이를 주려 하지 말 것. 먹이에 다가오는 과정에서 위험한 상황이 생길 수 있다.

사실 들개나 멧돼지보다 말벌류가 더 위험하다. 말벌류를 만나면 그들이 있는 곳을 가로지르려 하지 말고 멀찍이 피해서 가야 한다. 실제로 군 복무 시기에 부대로 돌아오는 길에 땅벌 떼를 만난 적이 있다. 괜찮겠지 하는 생각에 전속력으로 뛰어서 그들을 통과했다. 얼마간 뚼 후 땅벌 떼를 벗어났다고 생각하고 멈추어 섰다. 그런데 그때부터 땅벌들이 쏘아대기 시작했다. 일단 적으로 간주하면 말벌류는 대상을 추적한다. 그리고 노출된 손이나 머리만이 아니라 옷깃을 타고 들어가 몸을 쏜다. 그러니 말벌류를 본다면 멀찍이 돌아가라. 벌쏘임을 예방하려면 최대한 그들의 후각을 자극하지 말아야 한다. 탐조 시에는 향수 등 냄새가 강한 화장을 하지 말고, 달콤한 음료수의 노출도 피하자. 그런데도 벌이 몰려와 벌쏘임이 시작되었다면 30m 이상 최대한 달려서 달아나라. 나도 그래서 그나마 덜 쏘였다. 물이 있어 그 안으로 들어갈 수 있다면 가장 안전하다.

독사도 조심할 동물이다. 우리나라에 사는 독사로는 살무사, 쇠살무사, 까치살무사, 유혈목이 등이 있다. 흔히 꽃뱀이라 불리는 유혈목이는 독이 없다고 알려져 왔으나 사실은 가장 치명적인 독을 가지고 있다. 다만 독니가 입 앞쪽에 있는 다른 독사와 달리 어금니 부위에 깊숙이 있어 효과적으로 독을 주입하지 못할 뿐이다. 제대로 물리면 위험하니 예쁜 빛깔에 만만히 보고 건드려서는 안 된다. 독사에게 물리지 않으려면 풀숲으로 들어가지 않아야 한다. 독사가 사람을 쫓아와서 무는 일은 없지만, 풀숲에서 건드리면 문다. 자연을 탐방할 때는 반드시 시야가 확보된 정해진 탐방로로 다니자. 사람과 다른 동물 모두를 위한 일이다.

논습지

흔히 습지라고 하면 우포늪 같은 곳을 생각하지만, 우리나라에는 내륙의 자연습지는 적고, 인공습지인 논과 해안습지인 갯벌 순으로 면적이 넓다. 논은 인간이 만든 인공적인 공간이지만 다양한 생물이 사는 장소이다. 음양의 원리처럼 이질적인 것이 만나 조화를 이루면 생명이 생성된다. 물과 땅이 만나는 논은 갯벌과 더불어 풍부한 생태계가 있는 곳이다. 논은 인간에게 식량을 주며, 폭우를 가두고 지하수를 만들면서, 각종 생물의 서식처가 된다. 이처럼 많은 역할을 하는 논은 우리 강산과 뗄 수 없는 자연의 한 부분이다. 논습지 탐조로는 공릉천 주변과 철원 민통선 지역을 찾아간 경험을 적었다.

공릉천 논습지

탐조 첫해 사는 동네와 시내 공원에서 산새를 위주로 만나다가, 그나마 멀리 간다고 공릉천을 찾았었다. 한강 하구 파주에 있는 공릉천은 다른 곳에 가면 다른 새를 만날 수 있음을 또렷이 느끼게 해주었다. 공릉천은 논의 물이 빠진 겨울에 처음 갔다. 물이 없으니 습지라고 하기 모호할 수 있지만, 습지는 물이 빠져도 풍부한 생태계로서 역할을 한다.

겨울 공릉천에서는 우선 서울에서 볼 수 없던 기러기류를 많이 만났다. 겨울철새인 기러기들은 논 위에 남아 있는 알곡을 먹기 위해 이곳에 찾아온다. 한강으로 이어지는 공릉천 하구는 민간인 통제구역으로 철망이 쳐져 있어 내려갈 수 없었다. 탐조는 하구의 민간인 통제구역에서부터 금릉역 방향으로 상류를 향해 올라가며 했다. 공릉천 하구에서 상류를 바라보면 오른쪽에는 자연 하천인 공릉천이 있고 왼쪽에는 논습지가 있다. 천변의 강둑길을 따라 걸으며 좌우로 논습지와 공릉천을 둘러보며 탐조했다.

공릉천 탐조를 시작하자마자 농수로에서 물총새를 종추했다. 우리나라에는 물총새과로 물총새, 호반새, 청호반새가 있는데, 모두 아름다운 깃털을 가지고 있으며 물고기를 사냥해서 먹는다. 물총새는 물 위에서 정지비행 하다가 총알같이 입수하여 물고기를 잡는다. 잡은 물고기는 나뭇가지에 쳐서 죽인 후 삼켜 먹는다. 번식기에는 잡은 물고기로 구애급이(求愛給餌/courtship feeding)를 한다. 수컷이 물고기를 잡아 암컷의 부리에 내밀었을 때 먹으면 짝짓기를 받아들인다는 표시이다. 짝을 맺으면 물가 흙 벼랑에 구멍을 파고 그 안에 둥지를 틀어 번식한다.

공릉천은 곧게 만들어진 서울의 하천과 달리 구불구불한 자연 하천의 모습을 가지고 있다. 이곳의 기러기들은 마치 출퇴근하듯이 밤에는 인근 하천이나 저수지에서 잠을 자고 낮에는 논에서 먹이활동을 한다. 논에는 큰기러기와 쇠기러기가 정말 많이 있었다.

공릉천에서 만난 기러기류. 큰기러기(좌)와 쇠기러기(우)는 모습이 비슷하지만, 부리 색으로 구분할 수 있다.

하류에서는 훤히 하천을 볼 수 있었는데 상류로 올라갈수록 갈대숲이 우거졌다. 하천 변은 갯벌처럼 진흙으로 되어 있어 발이 쑥쑥 빠져서 걸을 수 없었다. 진흙 위에는 고라니로 보이는 우제류 발자국과 들개나 삵의 것으로 보이는 발자국이 찍혀 있었다. 실제로 논습지 쪽에서 들개를 보았기 때문에 갈대숲으로 넘어와 사냥할 가능성이 있었다. 갈대숲도 치열한 생존경쟁의 장소였다. 공릉천 상류에서 청둥오리, 쇠기러기와 어울려 헤엄치고 있는 황오리를 만나 종추했다.

뜸부기는 오지 않았다

초여름이면 논습지로 뜸부기가 찾아온다는 말을 듣고 6월 초에 공릉천을 찾았다. 동요 '오빠 생각'으로 친숙한 뜸부기는 여름철새이다. 뜸부기는 전에는 흔히 볼 수 있었지만, 농약 사용이 급증하면서 개체수가 줄어 만나기 어려워졌다. 논습지의 벼 사이에서 뜸부기가 나오기를 기대하며 공릉천을 따라 걸었다. 공릉천 하구에서 금릉역까지 걸어갔지만, 뜸부기를 만나지는 못했다. 대신 다른 새들을 많이 보았다.

공릉천 주변은 끊임없이 논이 이어졌다. 모내기를 마치고 얼추 자란 벼들 사이로 중대백로, 중백로, 쇠백로가 여럿 있었다. 파릇한 벼잎과 하얀 새들의 어울림이 아름다웠다. 황로도 많았고 간혹 왜가리도 있었다. 시선이 훤히 트인 논에서 물새들을 보다 문득 주걱 모양의 부리를 가진 새를 보았다. 저어새? 갯벌에서나 만날 귀한 새가 이곳에? 그런데 분명 저어새가 맞았다. 한 마리가 보이더니 여기저기서 여러 마리가 보였다. 저어새는 전 세계에서 오천여 마리 정도만 남아 있는 멸종위기종이다. 번식을 대부분 우리나라 서해안에서 해서 갯벌에서 종종 만날 수 있다. 그런데 논이 저어새까지 품어서 키우고 있었다. 저어새들은 주로 갯벌에서 넓은 부리로 물을 휘휘 저으며 작은 물고기나 무척추동물을 찾아 먹는다. 그런데 공릉천 논에서는 벼 때문에 방해되어서인지 논바닥을 쿡 찌른 후 몇 번 휘젓다가 다시 부리를 드는 행동을 반복했다.

또 다른 압권은 개개비 소리였다. 강둑길 다른 쪽에 있는 강변 갈대숲에서 무수히 많은 개개비가 울었다. 처음에는 개구리 소리라 추측할 정도로 개개비가 많이 울었다. 개개비는 간혹 갈대숲 위를 폴짝 날다가 다시 갈대숲에 숨었다. 강둑길에는 여름철새인 찌르레기가 날아다녔다. 공릉천의 여름은 겨울과 완전히 달랐다.

정말 많은 새를 만나 좋으면서도 뜸부기를 못 만나 아쉬웠다. 탐조를 마치고 오후에 정류장에서 버스를 타려 기다리는데 마을 어르신 한 분이 계셨다. "여기 뜸부기 없나요?"라 물으니 "많지! 저녁이면 뜸뜸하고 울어."라고 하셨다. 그렇다면 저녁에 맞추어 다시 와보리라 생각했다.

일주일 후 오후에 다시 공릉천을 찾았다. 저녁 시간에 맞추어 공릉천 하구의 논을 보려고 이번에는 금릉역에서 하구 방향으로 걸었다. 그런데 강둑길과 논 사이에 시멘트 배수로를 공사하는 모습이 그날따라 불편했다. 배수로가 언뜻 사람 키보다 깊어 보이고 넓이도 상당했다. 공릉천이 좋은 탐조지인데 환경훼손이 심해지고 있다는 말을 들은 적이 있는데 이를 두고 한 말일까? 그렇게 깊고 넓은 배수로는 동물들이 건널 수 없다. 어떤 동물도 갇히면 빠져나올 수 없고 사람조차 위험해 보였다. 논습지와 갈대숲 생물의 생태적 교류도 기대하기 어려워 보였다. 배수로가 필요하다면 필요한 만큼만 좀 낮고 좁게 할 수 없었을까? 시멘트가 아니라 흙바닥과 두둑을 유지하면서 배수로를 만들 수는 없었을까? 마음이 답답했다. 땅이 이어지면 생명이 만들어지고 끊어지면 생명도 사라진다.

저녁 무렵 공릉천 하구의 논습지에 도착했다. 일주 전과 비슷한 새들을 보았다. 저어새가 편대비행을 하는 모습을 보았다. 생각보다 많은 저어새가 이곳을 찾아왔다. 논둑으로 꿩이 오가는 모습도 보았다. 그러나 늦도록 기다려도 뜸부기의 소리도 모습도 만날 수 없었다. 논둑길을 이리저리 오가다가 한 젊은 농부를 만났다. 뜸부기를 본 적이 있냐 물으니 젊은 농부는 뜸부기가 무엇인지 몰랐다. 그래서 까만 새 본 적 없냐 했더니 그런 새는 본 적이 없다고 했다. 뜸부기는 아마도 이곳에 오지 않은 듯했다. 지난주 어르신은 어쩌면 추억 속의 새를 떠올리신 것이 아닐까? 아니면 논과 갈대숲을 끊어버린 배수로가 뜸부기가 이곳을 꺼리게 하지는 않았을까? 물론 뜸부기가 왔지만 내가 조복(鳥福)이 없어 못 만났을 수도 있긴 하다.

충분히 많은 새를 보아 좋았고, 기대하지 않은 저어새를 만나 더 좋았지만, 뜸부기를 못 본 점은 아쉬웠다. 해가 뉘엿뉘엿해져 탐조를 멈추고 버스 정류장으로 향했다. 버스를 타러 가다가 문득 논물을 들여다보았다. 논물에 빈틈이 없을 정도로 많은 무척추동물이 분주히 움직이고 있었다. 논은 생명으로 가득 차 있었다. 농민들이 논을 굳건히 지킬 수 있도록 방안이 추진되어야 한다. 논은 중요한 양곡 생산지이자 우리 자연의 중추적인 습지이다.

공릉천에서 만난 저어새. 많은 생명을 품은 논은 어떤 자연만큼이나 아름답다.

철원 두루미 탐조

겨울에 철원 민통선 내 논습지를 찾아갔다. 겨울이라 논습지는 물 없이 말라 있었다. 철원 민통선 지역은 겨울에 찾아오는 두루미로 유명하다. 두루미과는 일부일처제로 번식 후 이듬해 봄까지 새끼를 같이 돌본다. 그래서 주로 가족 단위로 철원을 찾는다. 철원은 우리나라를 찾는 두루미의 최대 월동지이다. 국립생물자원관의 개체수 조사자료에 의하면 2017~2019년 겨울에는 833~1,023마리가 철원을 찾았다. 철원은 재두루미의 최대 월동지이기도 해서 같은 기간 동안 2,766~4,469마리가 왔다. 철원에는 이들 두 종 외에 흑두루미, 캐나다두루미 등 두루미과의 다른 새들이 많이 찾아온다.

팔당호에서 만난 큰고니가 우리나라에서 가장 무거운 새 중 하나라면, 두루미는 키가 150cm에 이르러 가장 키가 큰 새이다. 우리나라 사람은 훤칠한 키에 우아하고 단정한 이미지를 가진 두루미를 예전부터 매우 좋아했다. 그래서 철원에서는 두루미를 주제로 생태관광을 운영하고 있다.

철원은 탐조여행 전문회사인 에코버드투어의 프로그램을 신청해서 갔다 왔다. 탐조는 이병우 대표의 인솔과 철원 지역 강사의 설명으로 진행되었다. 지역 강사는 그 지역 농민으로서 다른 농민 활동가들과 함께 두루미 탐조단체를 운영하고 있었다. 두루미 탐조는 이 단체와 에코버드투어가 협력하여 운영되고 있었다. 철원탐조는 두루미 서식지를 보호해 탐조인의 방문을 유도하여, 주민 소득을 늘리고 자연도 보전하는 생태관광을 지향했다. 프로그램을 통해 지역에 직접 지급되는 비용도 있지만, 방문객이 지역에서 소비하는 간접비용도 지역경제에 도움이 된다. 그래서 에코버드투어에서는 식사나 소모품 구입을 가능한 현지에서 할 것을 권하고 있다. 생태관광은 야생동물 보호의 한 방법으로 해외에서도 하고 있다. 예를 들어 아프리카에서는 야생동물 밀렵이 성행했는데, 사바나 여행이 활성화되어 현지 경제에 도움이 되자, 지역주민들이 야생동물 보호에 나서고 있다.

탐조는 두루미를 주제로 조성된 두루미 평화타운에서 출발하여, 민간인 통제구역 안의 논을 관찰하며 진행되었다. 참가자 중에는 미국인도 있었다. 간혹 탐조 프로그램에서 외국인을 만난다. 국내 거주 외국인이 참여하기도 하지만, 여행이나 비즈니스로 왔다가 일정에 여유가 있을 때 참여하기도 한다. 다른 나라의 새를 보고 싶어 할 만큼 그들에게 탐조는 꽤 중요한 관심사이다. 두루미는 주로 민간인 통제구역 안에 살고 있다. 탐조에 함께 참가한 아버지와 아들이 있었는데, 나는 지역 강사와 같이 그들의 차에 동승했다. 조류학자가 꿈인 아들과 그런 아들을 위해 탐조를 함께하는 아버지의 모습이 보기 좋았다.

출입을 통제하는 초소에서 신분을 확인받고 민통선 안으로 들어갔다. 민통선 안에는 넓은 논이 펼쳐있었다. 가장 먼저 독수리를 보았다. 어떤 논 위에 검은 퇴비가 많이 쌓여 있었는데 그 위에 독수리가 많이 앉아 있었다. 퇴비를 먹지는 않을 텐데 왜 저리 모여 있을까 의아했다. 겨울에 우리나라를 찾는 독수리의 90~95%가 미성숙새이다. 그런데도 덩치들이 상당히 컸다.

도로 양옆의 넓은 논 여러 곳에서 두루미와 재두루미 무리를 여럿 볼 수 있었다. 흑두루미도 보았다. 먹이활동을 하는 그들의 모습이 평화로워 보였다. 아이러니하게도 두루미가 철원에 이렇게 많이 오는 데는 분단 상황이 큰

정적으로 작용했다. 철원의 민통선 안은 사람의 출입이 제한되다 보니, 큰 규모의 농지를 기계화 영농으로 경작해야 했다. 기계로 추수하면 3~7%의 낟알이 거두어지지 않고 땅에 떨어진다고 한다. 이 낟알을 먹으러 두루미들이 겨울에 철원 민통선 지역에 온다. 또 철원 민통선 안은 사람이 없어 두루미가 안심하고 지내기 좋다. 우리나라에 농지가 더 큰 지역이 여럿 있지만, 사람의 접근이 적어 안전한 이 지역을 두루미가 선택한 것으로 보인다.

철원 하천에는 두루미, 재두루미와 함께 많은 오리류가 살고 있었다.

민통선 안의 논은 대부분 물이 없었지만 간혹 물이 넣어진 논과 작은 저수지가 있었다. 민통선 농부들은 두루미가 한곳에 안 모이게 여러 곳으로 나누어 물을 넣는다. 두루미는 낮에는 마른 논에서 먹이활동을 하고 밤에는 얕은 물이 있는 곳에서 잠을 잔다. 두루미는 덩치가 크고 성깔도 있어서 천적이 거의 없지만, 우리나라에서는 삵이 두루미를 종종 잡아먹는다. 삵은 두루미의 약점인 긴 목을 노린다. 물에서 잠을 자면 삵과 같은 천적이 접근할 때 물소리가 나서 금방 알아챌 수 있다. 물이 얼면 그 위에서 잔다. 미끄러워서 역시 천적이 접근하기 어렵다. 얼음 위에서 자도 두루미는 발이 동상에 걸리지 않는다. 새는 우리에게는 무릎처럼 보이는 발목 아래에 동맥과 정맥이 촘촘히 얽혀 있다. 동맥의 더운 피가 정맥을 덥히기 때문에 발이 동상에 걸리지 않는다.

    탐조코스 중에는 하천 근처에 먹이를 주어 모여든 새를 보게 하는 탐조대가 있었다. 탐조대에서는 이병우 대표의 안내로 새를 관찰했다. 이병우 대표는 그냥 눈으로 쓱 보고도 무슨 새가 있는지 알아보고 설명해 주었다. 그리고 참가자가 보도록 필드스코프를 맞추어 주었다. 정말 하천 주변에는 새들이 가득 앉아 있었다. 두루미, 재두루미, 큰고니, 청둥오리, 흰뺨검둥오리, 가창오리를 보았고 홍머리오리를 종추했다. 탐조대를 나와 다른 하천으로 이동했는데 고니를 종추했다. 우리나라에서 큰고니와 달리 고니는 귀하다. 둘은 큰고니가 좀 더 길고 각진 노란 무늬가 있는 부리인 데 반해, 고니는 노란 무늬가 둥글고 짧은 것으로 구분된다. 그날 만난 고니는 두 마리로 머리에 회색빛이 도는 아직 미성숙한 개체였다. 이병우 대표는 그 고니들이 그해 겨울 큰고니 무리 근처에서 합류하지도 달아나지도 않으면서 따라다니고 있다고 설명했다. 철원 한 곳에서 두루미, 재두루미, 흑두루미, 독수리, 고니, 홍머리오리 이렇게 6종을 종추했다.

고니류는 부리의 모습으로 구분할 수 있다. 왼쪽부터 큰고니, 고니, 흑고니.

늪 — 우포늪

늪은 바닥이 진흙이고 잎이 넓은 수면성 식물이 많은 곳이다. 늪은 연못이 확대된 형태로 볼 수 있는데 규모가 커지면서 생물상도 차이가 생긴다. 우리나라에는 면적이 큰 늪이 매우 드물다. 늪은 주로 주변 하천이 범람한 물이 고여서 만들어진다. 그런데 우리나라 하천에는 제방이 많이 설치되어 늪이 만들어지기 어렵다. 우포늪은 우리나라에서 규모가 큰 대표적인 늪지이다. 우포늪은 따오기 복원지로도 유명하다.

우포늪은 7월 말 에코버드 편으로 1박 2일로 갔다 왔다. 방문했을 때는 며칠 전 폭우로 물이 크게 불었다가 빠져나간 상황이었다. 우포늪은 우리나라에서 보기 어려운 정말 크고 아름다운 습지였다. 우포늪 탐조는 거대한 원시 자연에 풍덩 빠졌다가 나온 느낌이었다. 압도적으로 든 습지에 주변 수목이 어우러진 모습이 거대한 생명체처럼 느껴졌다. 우포늪의 물은 평시에 개천을 통해 들어오고 나가기도 하지만, 대부분은 낙동강 범람으로 들어온다. 범람 시기에는 수심이 4m가 넘어가기도 하지만 평시에는 30~50cm 정도라고 한다. 우포늪은 수면성 수초인 마름이 물 위를 가득 덮고 있었다. 마름에는 물밤이라 불리는 열매가 맺힌다. 겨울에는 물밤과 마름의 줄기와 뿌리를 먹으러 많은 기러기류와 고니류가 온다고 한다.

탐조는 우포늪과 삶을 함께해온 이인식 선생의 인솔로 이루어졌다. 교사로 재직했던 이인식 선생은 인생의 후반을 우포늪의 자연환경보전지역 지정과 보호를 위해 헌신했다. 이인식 선생은 지금도 하루 두 번 우포늪을 돌며 이상이 없는지 살피며 자연과 교감하고 있다고 한다. 이인식 선생은 유쾌한 말투로 우포늪 현장 상황을 생동감 있게 전해주었다. 이병우 대표는 탐조여행을 혼자 진행하지 않고 일부러 현지 강사와 연계하는 방식으로 한다. 현장 상황을 충실히 담기 위함이라고 했는데 이인식 선생의 설명을 들으면서 적절한 방식이라 생각되었다.

그날의 목표종은 따오기, 황새, 물꿩이었다. 나는 지난해에 이곳 탐조에서 담비를 보았다고 해서, 비록 새는 아니지만 은근히 담비와의 만남을 기대했다. 우리나라 육상생태계 최정점의 동물을 본다면 얼마나 짜릿할까 싶었다. 탐조는 일반인 탐조 외에 청소년 프로그램을 겸해서 초중등생이 많이 참가했다. 이인식 선생은 아이들에게 자신을 왜가리 할아버지라고 소개했다. 세상에 할아버지와 아이만큼 즐거운 짝꿍이 있을까? 이인식 선생은 아이들에게 연신 흥이 나서 우포늪에 관한 이야기를 들려주었고, 아이들은 할아버지의 옛날이야기처럼 재미있게 들었다.

우포늪 탐조는 새와의 만남이 중심이었지만, 자연과 관련된 여러 내용을 함께 접하며 진행되었다. 첫날 저녁 식사를 지역주민이 운영하는 식당에서 먹고 저녁 탐조를 나갔다. 탐방로를 따라가다가 이인식 선생이 수풀 속으로 나 있는 길을 가리키며 동물의 길이라 알려주었다. 그날 저녁에는 고라니, 너구리, 삵의 배설물을 보았다. 늪 주변을 돌아다니는 두꺼비도 보았다. 도시에서 못 보던 낯선 동물을 보면서 아이들은 즐거워했다. 외래동물인 뉴트리아 네 마리가 늪에서 유유히 헤엄치는 모습도 보았다. 생태계교란종이라고 문제가 되고 있지만 헤엄치는 모습이 너무나 평화로워 보여 그런 식의 평가가 미안하게 느껴졌다. 인간이 그들을 들여와서 방치하고 버렸는데 생명의 가치를 평할 자격이 있을까 싶다. 다행스럽게도 뉴트리아의 확산은 어느 정도 멈추었다고 한다. 삵과 같은 토종동물들이 적응해서 뉴트리아를 포식하기 시작한 때문이라 한다.

우포늪에는 왜가리를 포함해서 백로류가 많았다. 저녁 하늘을 왜가리들이 날아다니는데 유달리 큰 새 한 마리가 날개를 큰 깃발처럼 펄럭이며 일행을 향해 날아왔다. 나는 그저 좀 큰 왜가리라 생각했다. 그런데 날개를 크게 훅훅 치면서 가까이 올수록 실루엣이 달라 보였고 크기도 훨씬 컸다. 아이들이 "황새다!"라고 소리쳤다. 정말 황새였다. 황새는 마치 아라비안나이트의 로 크새가 연상되는 큰 날개로 하늘을 덮으며 탐방객 일행의 머리 위를 가로질러 날아갔다. 황새는 예산에서 복원한 개체들이 우포늪까지 날아온다고 한다.

저녁 무렵 우포늪은 푸르스름한 물빛과 주변의 식물들이 어우러져 정말 아름다웠다. 이런저런 새들을 만나며 우포늪의 저녁 풍광을 즐기다 보니 어느새 날이 어두워졌다. 숙소로 돌아가는 길에 솔부엉이를 보았다. 두 마리가 한 나무 주변을 맴돌며 날아다녔다. 사람들의 무리가 그들을 긴장하게 한 듯했다. 내일을 기약하기로 하고 숙소로 돌아가는 길에 청청지역에만 산다는 반딧불이를 몇 마리 보았다.

푸르스름한 물빛과 주변 식물이 어우러진 우포늪은 아름다운 생명체처럼 느껴졌다.

다음 날은 5시부터 탐조를 시작하기로 해서 일찍 알람을 맞추어 놓고 잤다. 그런데 새벽 4시가 되니 닭들이 목청껏 울어 도져히 잠을 잘 수 없어 일어났다. 새는 정말 새벽을 좋아한다. 닭 울음에 잠이 깨다니 도시에서 맛볼 수 없는 독특한 경험이었다. 전날과 다른 경로로 우포늪을 돌며 아침 탐조를 했다. 우포늪은 저녁만이 아니라 새벽에도 아름다웠다. 이렇게 웅장한 늪이 우리나라에 남아 있음이 다행스러웠다. 우포늪 탐조는 새를 만나 즐거웠지만, 자연을 함께 만나 더 즐겁다.

이인식 선생은 탐방로 주변의 자연에 대해 이런저런 설명을 하다가 자신의 꿈에 대해 말했다. 그는 늪 주변의 농경지 30만 평을 국가에서 매입하게 해서 습지를 확대하는 계획을 세우고 있었다. 매입한 논은 지역주민이 친환경으로만 농사짓게 하여 생물서식지가 되도록 하고, 이에 따른 생산량 저감은 국가에서 보전토록 할 계획이라 했다. 그리고 제방 아래로 낙동강에서 범람한 물이 들어올 수 있는 통로를 만들어 매입한 농경지가 물 저장고 역할을 해 홍수를 막게 할 생각이었다. 또, 새를 포함해 야생동물을 구조하는 센터를 만들어, 회복한 동물이 방사되기 전에 해당 농경지에서 자연 적응하도록 하고 싶다고 했다. 이인식 선생이 아이들에게 "어때, 멋지지!"라고 하며, 즉석에서 해당 장소의 이름을 공모했다. 한 아이가 "새버랜드!"라고 외쳤다. 이인식 선생의 새버랜드의 꿈이 꼭 결실 보기를 기원한다.

늪 주변의 논을 탐조하다 두 번째 목표종인 따오기를 만났다. 성체 세 마리가 논 주변 나무의 가지에 앉아 있었다. 따오기 성체는 회색 얼룩이 물든 하얀 깃과 선홍색의 얼굴을 하고 있었다. 백로류가 나무의 윗부분에 앉는 것과 달리 따오기는 아래 가지 쪽에 앉는다고 한다. 따오기들이 오래 한자리에 앉아 있어서 마음껏 관찰할 수 있었다. 그렇게 앉아 있다가 한 마리가 뭔가 소리를 지르며 신호를 주자, 조금 후 세 마리가 일제히 날아올라 어디론가 갔다.

우포늪 주변의 논을 돌다가 따오기 한 마리를 더 만났다. 얼굴이 빨간색인 성체와 달리 주황색인 어린새였다. 따오기는 논바닥을 부리로 쿡쿡 찌르고 있었다. 따오기는 다리가 아주 긴 편은 아니어서 수심이 15cm 이하인 곳에서 먹이활동한다. 우포늪의 깊이는 평시 30~50cm 정도이다. 그래서 따오기는 늪보다는 논에서 주로 먹이를 찾는다. 따오기는 논에서 미꾸라지, 수서곤충, 지렁이를 주로 먹는다. 분류 계통은 다르지만 다오기는 도요새류와 비슷한 부리를 가지고 있다. 그리고 따오기는 도요새처럼 부리로 논바닥을 찔러서 먹이를 찾는다. 이렇게 따오기는 논과 늪을 오가며 활동한다. 따오기가 잘 살려면 늪만이 아니라 건강한 논도 있어야 한다.

이인식 선생은 탐조하다 새를 놓쳐서 못 보았더라도 일부러 쫓아가지 말라고 했다. 그냥 배경에 녹아들어 가만히 있으면 새도 경계를 풀고 원래 자리로 돌아온다고 했다. 그리고 혹여 다가갈 때는 몸을 낮추어서 천천히 다가가라고 했다. 새들은 몸을 똑바로 세우고 빨리 다가가면 매우 싫어한다고 했다. 이런 설명을 듣고 있는데 논에서 먹이활동을 하던 따오기가 갑자기 날아와 보도 위에 앉았다. 장난기가 발동한 이인식 선생이 아이들에게 따오기에게 얼마나 가까이 갈 수 있는지 한번 해보자고 했다. 아이들에게 몸을 낮추고 열 걸음씩 다가가서 다시 앉으라고 했다. 이인식 선생의 지휘에 따라 아이들이 '무궁화꽃이 피었습니다'를 하며 가다 앉기를 반복했다. 정말 가까운 곳까지 갔는데도 따오기는 날지 않고 가만히 있었다. 서로를 바라보는 두 생물종의 어린 영혼이 너무나 천진해 보여 뭉클했다.

그러다 따오기는 다시 날아올라 논으로 갔다. 얼마 후 어미 두 마리가 정말 '따옥 따옥' 하는 소리를 내며 새끼에게 날아왔다. 우리가 본 새끼는 막내라고 한다. 다른 새끼들은 이미 다 독립하고 막내만 어미와 만났다 떨어지기를 반복하고 있다고 한다. 어미는 새끼의 홀로서기를 응원하며 지켜보는 상황이었다. 사람이나 새나 자식 걱정은 똑같다. 막내도 잘 적응해서 우포늪의 훌륭한 일원이 되기를 빌었다.

우포늪을 한 바퀴 돈 후에 따오기 복원센터를 방문했다. 방문하러 가는 길은 큰비로 늪이 범람하여 나뭇가지와 수초로 뒤덮여서 엉망이었다. 이 모습을 보고 우리를 인솔하던 복원센터 해설사가 사람들은 흔히 범람이 나쁘다고 생각하지만, 범람은 생명의 과정이라고 말했다. 물이 넘치는 파괴를 통해 육지와 물의 생명과 영양분이 교류하여 생태계가 풍부해진다고 했다. 그리고 흔히 늪을 쓸모없는 땅이라고 하지만, 홍수 때 어떤 댐보다도 물을 많이 저장해 피해를 줄이고 탁해진 물을 품어서 정화해준다고 했다. 평시에 얕은 습지인 우포늪이 직전의 큰비 때 4m 높이까지 불어나, 물을 저장했다가 다시 흘려보냈다고 했다. 그래서 늪을 메꾸려고만 하지 말고 생물 서식과 홍수 방제를 위해 잘 보전해야 한다고 말했다.

해설사는 따오기를 왜 굳이 복원해야 하는지도 들려주었다. 어떤 종을 복원함은 그들이 살 수 있는 서식지를 복원하는 일이라고 했다. 따오기 한 종을 복원하면 동시에 수많은 다른 생명도 같이 살 수 있는 터전이 마련된다고 들려주었다. 모든 생명은 서로 연결되어 있다. 한 종이 잘살면 다른 종도 잘살 수 있다. 탐조할 때 새만 볼 것이 아니라 새와 연결된 다른 생명과 주변 환경을 같이 보아야 한다는 생각이 들었다.

센터에는 어린 개체와 방사를 앞둘 만큼 자란 개체들이 각각 분리되어 있었다. 따오기는 흔히 알고 있는 흰색 깃이 아니라 회색이 얼룩덜룩한 깃을 가진 개체들이 많았다. 번식기에 목에서 나오는 멜라닌 색소를 몸에 발라서 그렇게 된다고 한다. 따오기는 그때까지 270마리가 방사되었고 그중 30~40% 정도만 살아남았다. 담비, 삵, 수리부엉이 등 다양한 천적이 따오기를 잡아먹었기 때문이다. 센터에서는 따오기의 죽음이 안타까울 수 있으나 자연스러운 과정이라고 평했다. 동물 복원에서 어느 정도의 피식은 감수해야 할 일이다. 오히려 우포늪의 자연이 다양한 천적이 살 정도로 풍요하다는 증거일 수 있다.

센터 방문을 마치고 돌아오는 길에 전날 솔부엉이가 있던 곳을 향했다. 가는 길에 하늘에서 꾀꼬리 대여섯 마리가 큰부리까마귀를 공격하는 모습을 보았다. 예쁜 모습과 자신을 드러내지 않는 수줍은 행동과는 달리 그날 본 꾀꼬리들은 정말 용맹했다. 마치 총알처럼 빠른 속도로 주변을 돌며 쪼아대자, 큰부리까마귀는 혼비백산해서 달아났다.

전날 솔부엉이가 날아다닌 곳에 도착해 보니 같은 나무에 어린새 한 마리가 앉아 있었다. 여러 사람이 "너무 귀여워!"라 말하며 감탄했다. 어린새는 아무 생각 없이 사람을 멀뚱멀뚱 쳐다보았다. 따오기도 그렇지만 어린새는 경계심이 없고 순진무구하다. 주변에 어미 두 마리도 있었다. 새끼가 높은 가지에 있어서 안전하다고 생각한 것인지, 어제처럼 경계하지 않고 안정된 모습으로 있었다. 야행성 조류여서인지 가물가물 졸기도 했다. 낮에 솔부엉이를 또렷이 보고 참가자들은 무척 좋아했다. 그리고 물꿩을 못 보아서 아쉽다는 사람도 있었다. 나는 담비를 못 보아서 아쉬웠다. 사실 담비를 만나는 일은 복권 당첨과 같은 일이라 바랄 바는 아니지간 그래도 아쉬웠다. 그날 아침 탐조에는 너구리와 고라니를 만나 좋았다. 담비와의 만남을 다음으로 기약하고 풍성한 경험을 했던 우포늪 탐조여행을 마쳤다.

우포늪의 따오기는 늪과 논을 오가며 활동했다.

갯벌

갯벌은 우리나라에서 논 다음으로 면적이 큰 습지이다. 물과 땅이 만나는 갯벌은 생명이 넘치는 공간이다. 우리나라에는 서해와 남해에 풍부한 갯벌이 있다. 갯벌에는 각종 무척추동물과 어류가 많아 이를 먹으려 많은 철새와 나그네새가 온다. 특히 봄가을에 갯벌에 오면 도요물떼새류 탐조를 풍부하게 할 수 있다. 도요새는 보통 부리가 길고 물떼새는 짧다. 또 물떼새는 눈이 크다. 도요새는 천천히 걸으며 갯벌에 부리를 집어넣어 촉각으로 먹이를 찾고, 물떼새는 뛰어다니며 먹이를 찾아 쪼아 먹는다. 그러나 이런 차이는 도요새과와 물떼새과 내에서도 천차만별이라 참고만 해야 한다.

고잔갯벌

갯벌은 집에서 도시철도로 쉽게 갈 수 있는 인천의 고잔갯벌을 탐조 둘째 해 8월에 처음 찾았다. 갯벌을 따라 이어진 보도를 걸으며 해안의 새들을 보았다. 고잔갯벌은 대도시 한가운데 있는 작은 갯벌이지만 새들이 꽤 많이 있다. 고잔갯벌에 오자마자 우선 저어새를 10여 마리 만났다. 갯벌에 생긴 웅덩이를 주걱처럼 생긴 부리로 휘휘 젓고 있었다.

고잔갯벌에서 저어새, 개꿩, 알락꼬리마도요, 청다리도요를 종추했다. 모두 갯벌에 살지만, 먹이와 포식방법에 따라 부리 모양이 제각각이었다. 넓적한 저어새와 달리 알락꼬리마도요와 청다리도요는 길쭉한 부리를 가지고 있었다. 그런데 청다리도요의 부리는 약간 위로 향해 있는데, 알락꼬리마도요는 아래로 부리가 휘어 있었다. 청다리도요는 갯벌의 흙을 위로 퍼 올려 먹이를 잡고, 알락꼬리마도요는 부리를 위에서 아래로 내리꽂아 먹이를 잡는다. 그날도 알락꼬리마도요가 작은 게를 그런 방식으로 잡는 모습을 보았다. 개꿩은 이들에 비해 비교적 짧은 부리를 가지고 있는데, 이런 부리는 갯벌에 사는 작은 무척추동물을 쪼아서 뽑아 먹기에 적합하다. 부리의 모습은 새의 먹이활동을 그대로 반영한다.

고잔갯벌의 표면은 온통 작은 게들로 덮여 있었다. 이렇게 많은 게가 갯벌에 살고 있음을 처음 알았다. 게 말고도 수많은 무척추동물이 살고 있을 것이다. 칙칙한 흙색과 달리 갯벌은 수많은 생명이 살아 숨 쉬는 곳이었다.

게를 잡아먹고 있는 알락꼬리마도요. 갯벌은 거의 뻘 반, 게 반이었다. 갯벌에는 무수히 많은 무척추동물이 살고 있다.

매향리

탐조 셋째 해 8월 말에 탐조단체의 프로그램을 신청하여 매향리 갯벌에 도요물떼새 탐조를 갔다 왔다. 도요물떼새는 일부 번식하는 종도 있지만, 대부분은 나그네새로 봄가을에 갯벌이나 섬에서 주로 만난다. 매향리에 갔던 날은 도요물떼새가 본격적으로 오는 시기보다는 조금 빠르지만, 물때와 휴일을 따져 날짜를 잡았다고 했다. 갯벌 탐조는 조수가 들어가고 나가는 시각인 물때가 중요하다. 갯벌 탐조는 조수가 해변으로 밀려오는 만조에 주로 한다. 만조일 때 새가 해변으로 와서 가까이 볼 수 있기 때문이다. 간조에 하는 탐조는 모래 성분이 많아서 걸을 수 있는 단단한 갯벌에서만 가능하다. 갯벌은 발이 푹푹 빠지는 곳이 많고 빠르게 물이 차올라 위험할 수 있다. 일단 물이 차오르기 시작하면 빠를 때는 자전거 주행 속도로 물이 밀려온다. 그러므로 갯벌 탐조는 들어가지 말고 쌍안경이나 필드스코프로 밖에서 해야 안전하다. 만일 갯벌에 들어가려 한다면, 해당 갯벌의 지형과 물때를 잘 아는 경험 있는 탐조인의 안내에 따라 안전하게 탐조해야 한다.

매향리에 들르기 전에 주변의 배후습지와 화성호를 먼저 탐조했다. 도요물떼새는 갯벌에서 주로 활동하지만, 해안과 가까운 논이나 갈대숲 같은 배후습지에도 많이 온다. 화성호 인근에는 끝없이 논과 갈대숲이 이어져 있었고 그 사이로 도로가 나 있었다. 화성호 주변의 도로를 차로 돌다가 '쯔쯔 쯔쯔' 하고 규칙적으로 우는 소리를 들었다. 인솔자는 개개비사촌이 내는 소리라 알려주었다. 개개비와 달리 그 사촌의 소리는 조용한 편이었다. 개개비사촌은 키가 작은 식물이 번성하는 천이 중간 과정의 습지에서 주로 서식한다. 개개비사촌은 모새달처럼 키가 작은 식물을 거미줄로 엮고, 그 안을 털이 많은 씨앗으로 채워서 둥지를 만든다. 키가 더 큰 풀은 바람에 많이 흔들려서 둥지를 안정되게 만들기 어려워 선호하지 않는다고 한다.

화성호 인근 습지에서는 제비가 단연 압권이었다. 제비는 월동을 위해 남쪽으로 떠날 때, 여러 장소에 모이면서 점점 큰 군집을 이룬다. 그래서 마지막에 제주도에 모일 때는 수만 마리가 모인다고 한다. 화성호도 중간에 모이는 곳이어서 정말 제비가 많았다. 그날은 아주 특이한 모습을 보았는데, 정말 뜨거운 날씨인데도 도로 아스팔트 위에서 제비가 배를 대고 있었다. 뜨거운 지열로 기생충이 떨어져 나가게 하는 행동이라고 한다.

지열로 기생충을 쫓기 위해 뜨거운 아스팔트에 배를 대고 누운 제비들

제비들은 전깃줄에 많이 앉아 있었다. 제비들 사이에서 나그네새인 갈색제비를 종추했다. 제비보다 작고 갈색 무늬에 꼬리가 짧은 귀여운 새였다. 갈대습지에서는 황로 무리도 만났다. 그런데 이름과 달리 머리가 황색이 아니라 흰색이었다. 겨울깃으로 바뀌면 그렇다고 한다. 겨울깃으로 바뀐 후에는 황로는 부리가 노란색인 점으로 같은 부위가 검은색인 쇠백로와 구분한다. 갈대습지에서 새끼와 같이 있는 물닭을 보았다. 그런데 새끼의 머리깃이 붉은색이었다. 약간 귀여운 못난이 인형 같은 느낌이 들었다. 귀엽다는 감탄사가 여기저기서 들렸다. 탐조인은 새의 귀엽다는 특징에 마음이 많이 이끌린다.

갈대숲 사이에 물이 꽤 많은 저수지가 있었는데, 저어새 무리가 그곳에 있었다. 무리 중에는 날개 끝이 검은색인 어린새도 많았다. 앞서 물닭이 그렇듯이 새들은 성장단계에 따른 색 변이가 다양하다. 저어새들 사이로 도요물떼새가 몇 종 있었다. 각종의 동정 포인트를 들으며 장다리물떼새, 쇠청다리도요, 흑꼬리도요를 종추했다.

머리가 붉은 물닭 새끼. 못난이 인형처럼 귀여웠다.

배후습지를 볼 때는 적당한 수의 종을 접해서, 차근차근 새로운 경험이 쌓이는 듯해 재미있었다. 그런데 정작 화성호와 매향리 갯벌에서는 너무 많은 종을 접하면서 좀 막막했다. 경험을 온전히 흡수하려면 그에 맞는 지식이 필요했다. 호수와 갯벌의 새들이 멀리 있어서 쌍안경으로는 관찰이 어렵고 필드스코프가 필요했다. 그래서 쌍안경으로 두리번대며 보다가 선배 탐조인이 필드스코프로 어떤 종을 찾으면 순서대로 돌아가며 보았다.

우선 화성호 탐조를 먼저 했다. 화성호에는 저어새 군집 주변으로 수많은 도요물떼새류와 갈매기류가 있었다. 새들이 너무 멀리 있고 종이 다양해서 구분이 어려웠다. 매향리 갯벌에도 많은 도요물떼새류와 갈매기류가 있었다. 매향리는 갯벌 옆에 둑방처럼 단층이 진 도로가 있어서 그 위에서 탐조했다. 저녁 무렵 점점 만조가 되면서 새들이 해변으로 가까이 왔지만 역시 좀 멀었다. 화성호에서처럼 선배 탐조인들이 필드스코프로 정말 다양한 새를 동정하고 이름을 말해 주었다. 꺅도요, 깝작도요, 꼬까도요, 알락도요, 알락꼬리마도요, 중부리도요, 흰물떼새, 꼬마물떼새, 송곳부리도요, 붉은발도요, 좀도요, 노랑발도요, 현장에서 주섬주섬 메모한 새의 이름이다. 이외에도 여러 새를 동정했지만, 외형의 특징을 구분하기 어려웠다. 새의 이름도 머리에 잘 안 들어와 그 이름이 그 이름 같았다. 왜 '희망물떼새', '행복도요' 같은 이름은 없을까? 그런 이름은 부를 때마다 기분이 좋아지고 기억도 잘 되지 않을까 하는 넋두리를 했다.

  탐조를 마친 후 필드스코프를 하나 사기로 했다. 초심자이니 가장 저렴한 제품으로 주문했다. 더 좋은 사양의 제품은 경험이 더 쌓여 필요성을 느끼면 그때 구매하기로 했다. 대중교통으로 탐조를 다닐 요량이라 받침대는 삼발이 대신 배낭에 넣을 수 있는 외발이로 정했다.

새 이름은 어떻게 지어질까

  새의 이름은 다양한 방식으로 지어진다. 우선 꿩, 소쩍새, 개개비처럼 우는 소리를 따서 붙이는 경우가 많다. 다음으로 청딱다구리, 흰눈썹황금새처럼 외형에서 이름을 따기도 한다. 이 경우 큰유리새의 '유리'는 파랗다, 쇠딱다구리의 '쇠'는 작다, 황새의 '황'은 크다, 꼬까도요의 '꼬까'는 화려하다를 의미하는 접두어이다. 행동을 따서 이름을 짓기도 한다. 저어새는 물을 휘휘 저으며 먹이활동을 하는 모습에서 이름을 땄다. 이름이 서식지에서 유래하기도 한다. 물에 사는 닭을 닮은 새의 이름은 '물닭'이다. 이름과 특징이 일치하지 않을 때도 있다. 흰뺨검둥오리의 뺨은 그다지 희지 않다. 그래서 바꾸자는 말도 있지만 한 번 지어진 이름은 바꾸기 어렵다. 이미 있는 기록을 모두 바꾸어야 하기 때문이다. 새의 이름은 띄어쓰기하지 않고 '검은이마직박구리'처럼 하나로 붙여서 쓴다.

매향리 재방문

처음 방문했을 때, 매향리에서 도요물떼새를 만나기 좋은 물때가 만조 800~850cm 사이라는 말을 들었다. 인터넷으로 10월 물때표를 보니 13일 오후 4시 11분이 833cm로 적당했다. 그래서 전에 갔던 제방을 다시 방문하려고 했다. 서해와 같이 해안선이 복잡한 해변은 가장 안쪽이 탐조 포인트가 된다. 도요물떼새는 주로 물이 얕은 해변이나 갯벌에 있으려 한다. 도요물떼새는 오리류와 같은 다른 물새와 달리 헤엄을 못 친다. 그래서 만조가 될수록 얕은 물을 찾아 안으로 이동한다. 간조에는 갯벌에 널리 퍼져 있다가도 만조가 되면 깊은 물을 피해 안쪽 해안으로 모인다.

혼자 대중교통으로 떠난 탐조는 모든 게 뜻대로 안 됐다. 나는 자동차보다 대중교통으로 다니길 좋아한다. 운전을 싫어하기도 하고 무언가를 탔다 걷다 하는 여정 자체를 즐긴다. 그런데 그날 매향리처럼 철도역에서 멀리 있는 장소는 대중교통으로 탐조하기 상당히 힘들다고 느꼈다. 왜 미국에서 자동차의 보급과 함께 탐조가 확산했는지 알 듯했다. 매향리 인근을 지나는 버스들의 배차 간격은 120분에서 230분이었다. 철도역에서 버스로 목적지까지 가는 시간도 1시간 반 정도가 되었다. 사실 많은 지역의 대중교통 시간이 이와 비슷하다. 10분 이내면 버스나 지하철을 탈 수 있는 일부 대도시의 대중교통 시간은 오히려 특수한 경우이다. 그러니 도시인이 철도역에서 먼 곳을 대중교통으로 탐조한다면, 평소와 다른 시간 흐름을 감안해야 한다. 그날은 아침 8시에 나와 밤 10시가 넘어서야 집으로 돌아왔다. 도요물떼새를 본 시간은 2시간여 정도였다.

탐조 지점에 도착해서 보니 갯벌에는 도요물떼새류가 아니라 기러기류가 많이 있었다. 주로 큰기러기로 보였다. 간간이 백로류도 보였다. 기러기류나 백로류가 내륙 습지만이 아니라 갯벌에도 온다는 걸 알았다. 점점 바닷물이 밀려오자 기러기들은 어디론가 날아갔다. 대신 그 자리에 도요물떼새류가 찾아왔다. 주변에서 알려주는 사람이 없이 혼자 하니 그 새가 그 새 같았다. 지난번 탐조 때 여러 종을 동정했지만, 종추했다고 다음에 식별할 수 있지는 않았다. 다시 만날 때 식별까지 하려면 반복하고 친근해지는 시간이 필요했다. 검은머리물떼새나 개꿩처럼 특징이 뚜렷한 종은 구분할 수 있었다. 그러나 대부분은 그냥 왕눈물떼새와 비슷한 류, 마도요와 비슷한 류, 재갈매기와 가까운 류 정도로 구분되었다. 그래도 큰 범주 분류도 의미 있고 누구나 우선은 그렇게 시작한다고 생각하기로 했다.

매향리 도요물떼새들은 물끝선을 따라 이동했다.

도요물떼새류는 바다와 갯벌이 만나는 물끝선 안팎으로 있었다. 물끝선 바깥으로 바닷물이 좀 있는 곳에는 키가 큰 알락꼬리마도요, 저어새, 검은머리물떼새, 청다리도요 등이 있었고, 물이 없는 갯벌에는 왕눈물떼새, 민물도요 같은 키가 작은 새들이 있었다. 그중 작은 새들은 활발하게 갯벌을 오가며 먹이를 찾았다. 시간이 가면서 바닷물이 다시 빠지기 시작했다. 도요물떼새도 물끝선을 따라 멀어졌다. 그러면서 먹이활동을 멈추고 다리를 하나 들고 부리를 깃털에 넣고 휴식을 취하는 새가 많아졌다. 가만히 쉬고 있는 모습이 평화로워 보였다. 그렇게 두 시간여 탐조하다가 발걸음을 돌렸다. 머리 위로 V자 대형으로 날아가는 기러기 무리가 여럿 보였다. 앞으로는 매향리 정도 거리의 탐조 장소는 차를 이용해서 가기로 했다. 그리고 대중교통으로도 자주 들릴 수 있는 가까운 곳을 하나쯤 정해서, 도요물떼새를 포함한 바닷새를 차근차근 알아가기로 했다. 그래서 다시 고잔갯벌을 찾기로 했다.

물때표 보는 법

물때표는 국립해양조사원 사이트나 스마트폰 앱 바다타임 등에서 확인할 수 있다. 아래는 매향리 탐조를 했던 2023.10.13일 물때표이다.

	2023년 10월	월령	물때표 /물흐름	만조시각	간조시각	일출 /일몰	월출 /월몰
금	13일 (음8.27)	....	....	03:55(821) ▲+664 16:11(833) ▲+685	....	....	....

탐조는 물때표 중 만조 시각을 보아서 날을 정한다. 해당 일에는 오전 03:55분과 오후 16:11분에 만조였다. 이중 탐조에 적합한 오후 만조의 1시간 정도 전부터 탐조했다. 매향리는 평택의 물때표를 보면 된다. 매향리에서 탐조에 적합한 만조 수위는 800~850cm이다. 해당일의 만조 수위는 833cm였다. 만조 수위 옆의 ▲+685는 간조 이후 차오른 해수면 높이다. 적합한 만조 수위는 탐조 지점별로 다르다. 예를 들어 유부도는 690cm라고 한다.

다시 고잔갯벌

11월에 중순에 고잔갯벌을 다시 찾았다. 고잔갯벌은 만조 830cm일 때 탐조 적기라 하여 그에 맞추어 날을 잡았다. 그날 물때는 4시 17분에 만조였다. 내게는 동생처럼 여기는 회사 동료 장문수와 이철희가 있다. 마침 장문수의 집이 고잔갯벌과 가까워 셋이 오랜만에 모여 점심을 먹기로 했다. 원래는 그런 후 헤어지려 했지만, 바람 쏘일 겸 모두 갯벌로 가기로 했다. 갯벌을 보다가 내친김에 탐조 한번 해보라고 했다. 내가 가져간 쌍안경, 필드스코프, 카메라를 나누어 들고 고잔갯벌 옆 보도를 걸으며 탐조했다.

서서히 물이 밀려오는 바닷물 위로 잔물결이 일었다. 수면 위로 오후 햇살이 비추어서 윤슬이 반짝였다. 물끝선을 따라 새들이 점점 다가왔다. 새가 꽤 많았지만 종류는 다양하지 않았다. 괭이갈매기, 마도요, 민물도요, 개꿩, 왜가리, 청둥오리, 흰뺨검둥오리를 만났다. 모두 아는 새여서 오히려 기분이 좋았다. 청둥오리, 흰뺨검둥오리를 보니 오리류도 기러기류처럼 담수만이 아니라 해수에서도 잘 지내는 듯했다.

다시 들린 고잔갯벌에서 종추한 새들. 혹부리오리(좌)와 노랑부리저어새(우)

그날은 노랑부리저어새와 혹부리오리를 종추했다. 저어새가 눈 둘레까지 검은 무늬에 있는 반면에 노랑부리저어새는 검은 무늬가 눈앞까지만 있었다. 흑부리오리는 선홍색 부리가 인상적이었다. 부리에 작은 혹이 있었다. 익숙한 새를 만나고 두 종을 종추하니 기분이 좋았다. 다양한 새를 한 번에 만나도 좋지만, 이렇게 소화할 정도로 새로운 종을 만나는 일도 내게는 괜찮았다. 앞으로도 물때가 맞을 때면 고잔갯벌을 물새 학교로 삼아 종종 찾을 생각이다. 간혹 멀리도 떠나야겠지만, 꾸준히 들릴 곳도 한 군데 있으면 좋으리라 생각했다.

그동안 가까운 이 중에 탐조에 관심을 두는 사람이 없었는데, 좋아하는 동생들과 탐조하니 좋았다. 그들이 앞으로 얼마나 탐조를 즐길지는 모르겠지만, 그날은 재미있게 즐겼다. 봄에 나그네새가 지날 때 물때가 맞는 날 고잔갯벌에 다시 모이기로 했다.

섬

섬은 탐조지로 어떤 장소보다 인기가 많다. 섬에서는 좁은 면적인데도 다양한 종류의 새를 만날 수 있다. 철새의 이동은 많은 에너지가 필요하여 한 번에 목적지까지 갈 수 없다. 그래서 철새나 나그네새는 이동 중간중간에 육지에 내려와 먹고 휴식을 취하며 체력을 보충한다. 그런데 육지로 이동하는 새는 흩어져서 쉬기 때문에 눈에 잘 안 띈다. 반면 섬은 바다의 오아시스 같아서 바다로 이동하는 많은 새들이 좁은 면적에 모여든다. 그래서 면적에 비해 많은 새를 만나게 된다. 봄가을에 섬 탐조를 하면 한꺼번에 종추를 많이 할 수 있다. 섬 탐조를 하면 산새를 주로 만나지만 갯벌이 있는 섬에서는 도요물떼새류도 많이 만날 수 있다.

유부도

섬 탐조는 탐조 둘째 해 10월 초순에 에코버드투어 편으로 처음 갔다. 이미 한 차례 섬 탐조를 예약했다 미룬 터라 많이 기대되었다. 목적지는 나그네새인 도요새와 물떼새가 많이 들르는 유부도였다. 설레는 마음으로 기다리는데, 예정일에 온종일 비가 온다는 예보를 접했다. 취소할까도 했지만 이렇게 계속 미루면 안 될 듯해서 그냥 비옷과 우산을 챙겨 참가했다.

신도림역 출구에 모여 카풀로 출발해 서천군 독립운동가 김인전공원에 도착했다. 도착 후 공원 주변 해변에서 잠깐 탐조했는데 갯벌에서 청다리도요와 마도요를 만났다. 그날 청다리도요의 소리를 처음 들었는데 바다와 어울리는 예쁜 소리였다. 마도요는 고잔갯벌에서 보았던 알락꼬리마도요와 비슷했지만, 깃털색이 좀 달랐다. 마도요가 등허리, 날개 밑, 배아래 쪽이 하얗고 전체적으로 희끗희끗한 느낌이라면, 알락꼬리마도요는 알록달록한 점이 많고 좀 더 색이 짙었다.

공원 근처 식당에서 해물칼국수로 점심을 먹었다. 식사 후 비옷을 걸친 후 작은 배를 타고 유부도로 넘어갔다. 유부도는 육지로부터 배로 5분이면 갈 수 있는 작은 섬이다. 그날은 오후 3시경 만조에 맞추어 탐조가 진행되었다. 해변으로 가는 길에 세가락도요가 바닷가에서 요리조리 돌아다니는 모습을 보았다. 보통 새는 발가락이 4개인데 이 새는 발가락이 세 개여서 그런 이름을 갖게 되었다고 한다.

유부도 해변에는 도요물떼새가 정말 많았다. 우리나라 갯벌에 도착한 도요물떼새류는 평균 보름 정도 머문다. 그러나 한 번에 일제히 오지 않고 여러 개체가 이어서 와 머물기 때문에 더 긴 기간 이들을 만날 수 있다. 도요물떼새는 봄에는 약 한 달 정도 가을에는 석 달 정도 모습을 볼 수 있다. 봄에는 빨리 가서 번식 영역을 확보하려고 체력이 어느 정도 보충되면 바로 떠나지만, 가을에는 굳이 일찍 갈 필요가 없으니 서식 여건만 좋으면 중간 기착지에 오래 머문다고 한다.

유부도 해변에는 새들이 크게 두 무리로 나뉘어 앉아 있었다. 해변 가까이에는 작은 도요물떼새들이 있었고, 해변에서 좀 멀리 육지가 드러난 곳에는 알락꼬리마도요와 검은머리물떼새처럼 덩치가 큰 새들이 모여 있었다. 동행한 탐조인들은 필드스코프로 여러 종의 도요물떼새를 찾아서 내게 보라고 했다. 그러다 넓적부리도요를 보았다. 넓적부리도요는 멸종위기야생생물 I급으로 극히 적은 수만 남아 있다. 세계의 탐조가들이 버킷리스트로 만나고 싶어 할 만큼 귀한 새이다. 그런데 나는 유부도 탐조를 시작하자마자 만났다. 동행 탐조인들은 엄청나게 좋아하는데 나는 너무 쉽게 만나서 아무 느낌이 없었다. 행운은 때로 감흥을 빼앗는다.

내가 감동적으로 본 장면은 도요물떼새의 군무였다. 가창오리 군무만 들어왔는데 도요물떼새도 큰 무리를 이루어 멋진 비행을 했다. 둥글게 뭉쳤다 길게 늘어졌다 하는 모습이 마치 고래 한 마리가 하늘을 나는 듯했다. 정말 경이로웠다. 그런데 갑자기 매가 나타나 장엄한 군무 속을 파고들려 했다. 사실 군무의 발단이 매의 출현인 경우도 많다. 매의 공격을 피하려 날아오른 후 무리 지어 날면서 저절로 군무가 만들어진다. 매가 이리저리 하늘을 날며 무리 중 한 마리를 채가려 했지만 결국 실패했다. 자연이 만드는 그 모든 장면이 다 아름다웠다.

이런 멋진 장면들이 사람들에 의해 갑자기 중단되었다. 탐조인들 외에 해변에 사진가들도 있었는데, 누군가 "자! 3m만 앞으로 갑시다!"라고 외치며 해변으로 접근했다. 점점 간조로 바뀌자 가까이 가려 한 것이다. 그러자 해변에 있던 도요물떼새들이 모두 날아 멀리 알락꼬리마도요가 있는 곳으로 가버렸다. 그리고 더 이상 활발하게 날지 않았다. 더 이상 새 사진을 찍을 수 없게 된 사진가들은 이내 자리를 떠났다. 해변이 다시 조용해졌지만, 새들이 되돌아오지 않아 관찰이 어려웠다. 그래서 그냥 섬 풍경 자체를 감상하기로 했다. 그런데 새를 일부러 부각해서 보지 않고 풍경에 녹아들어 있는 상태로 보아도 꽤 좋았다. 이내 파도 소리가 귀에 들어왔다. 마음이 조용하고 편안했다. 3~4시간을 그렇게 해변 탐조를 하다가 유부도를 나왔다. 비를 맞아 불편한 점도 있었지만, 좋은 경험을 많이 해서 기분이 좋았다.

인솔한 현지 전문가는 그날 20종을 만났다고 설명해 주었다. 내가 사진을 찍어 새로 동정한 종은 민물도요, 왕눈물떼새, 검은머리물떼새, 세가락도요, 마도요, 넓적부리도요, 이렇게 5종이었다. 그런데 일행 중 한 사람이 단톡방에 자신이 찍은 새 사진을 많이 올렸다. 사진을 도감과 비교하여 동정하려 했지만, 몇몇 종이 도감의 사진이나 그림과 딱 맞아떨어지지 않았다. 도감과 대조만으로 척척 동정이 되지는 않았다. 결국 찍은 사람의 허락을 받고 사진을 네이처링에 올렸다. '이름을 알려주세요' 메뉴를 활용해서 무슨 종인지를 알 수 있었다. 사진을 올려주는 사람, 동정하여 대답해주는 사람 모두 고마웠다.

유부도의 도요물떼새 군무. 마치 한 마리의 고래가 하늘을 나는 듯한 느낌이었다.

기상변화에 대비한 복장과 물품

유부도 탐조 때는 기상이 예측되어 미리 비옷과 우산을 준비할 수 있었다. 그러나 기상예보와 달리 날씨가 갑자기 나빠지는 경우가 있으므로 비와 눈, 더위와 추위 등 기상변화에 항상 대비해야 한다. 그래서 탐조 때는 다음과 같은 물품을 준비하면 좋다.

- 접이식 우산 또는 일회용 비옷 : 무게를 최소화하면서 갑작스러운 비에 대처
- 가벼운 방수형 잠바 : 갑작스러운 비나 기온이 내려갈 때를 대비
- 물과 보온물통 : 갈증, 더위와 추위에 대응
- 모자와 선크림 : 강한 햇빛에 의한 화상이나 일사병 대비, 모자는 겨울엔 보온 역할도 함
- 작은 아이젠 : 산에서 탐조할 때 빙판이나 갑작스러운 폭설에 대응
- 등에 멜 수 있는 배낭 : 두 손을 자유롭게 움직일 수 있으면서 다양한 준비물을 넣을 수 있음
- 긴바지 : 진드기, 모기, 가시나 날카로운 풀잎에 의한 상처 예방
- 핫팩 : 날씨가 매우 추운 날은 유용함.
- 오픈핑거형 벙어리 장갑 : 손의 보온을 하다가 카메라 작동 등이 필요할 때, 벙어리 캡을 벗기고 자유롭게 손가락을 쓸 수 있음

어청도

유부도 탐조 이듬해에 봄섬 탐조를 어청도로 에코버드투어 편에 1박 2일로 갔다 왔다. 군산여객터미널에서 배를 타고 어청도에 도착하니 괭이갈매기들이 맞아 주었다. 갈매기가 어우러진 포구의 모습이 보기 좋았다. 탐조가

아니어도 바닷가는 그 자체로 좋다.

　어청도에는 정말 여러 종류의 새가 있었다. 새로운 새를 만날 때마다 사람들은 몹시 즐거워했다. 이틀 동안 73종을 만났는데 이것도 평소보다 적은 축이라고 했다. 봄에는 번식지로 가려는 새들이 섬에 잠깐 들렀다 떠나기를 반복한다. 그래서 시기별로 다른 새를 연이어 만난다. 그런데 이 시기에 새는 기력을 소진한 상태로 섬에 온다. 서해안의 섬은 봄에 중국이나 대만에서 올라오는 새들이 한반도를 거칠 때 만나는 첫 육지이다. 제주도를 제외하면 해협 사이에 거의 섬이 없어 새들은 어쩔 수 없이 섬에 모이게 된다. 넓은 바다를 건너온 새는 기진맥진한 상태여서 민첩하게 날지 못한다. 그래서 고양이의 공격에 취약하다. 다행히 어청도에는 길고양이가 보이지 않았다. 길고양이가 있다고는 하는데 중요한 철새 통과장소인 만큼 잘 관리되었으면 한다.

　어청도에서는 유달리 휘파람새가 많았다. 휘파람새 소리를 배경음악으로 탐조는 해안 마을과 산기슭, 밭을 돌며 진행되었다. 가장 관심이 뜨거웠던 곳은 폐교 운동장과 덱 로드가 있는 해안 절벽이었다. 폐교 운동장에는 낮은 키의 풀이 가득했다. 그 풀밭으로 새들이 찾아왔다. 아이들이 섬에 없는 점은 아쉽지만, 인간이 버린 자리에 다른 생명이 깃들었다. 참가자들은 예전에 어린이들이 앉았었을 스탠드에 앉아 새명을 한참 했다. 운동장 바닥에 꼬까참새와 촉새가 많이 내려와 먹이활동을 했다. 큰밭종다리와 힝둥새도 여기저기 보이고 황로도 성큼성큼 다녔다. 쇠붉은뺨멧새와 검은머리촉새도 보았다. 그동안 한 번도 보지 못했던 새를 여럿 보니 신기했다. 이런 맛에 섬 탐조를 하는구나 하고 생각되었다.

　덱 로드 입구에는 붉은 해당화가 피어 있었다. 그날 해당화를 처음 보았는데 단박에 알아보았다. 정말 아름다운 꽃이었다. 덱 로드는 해당화가 곱게 핀 바닷가를 지나 낮은 해안 절벽을 따라 이어졌다. 절벽에는 작은 나무와 덩굴이 많았는데 수풀 위로 작은 새들이 마치 나비처럼 수없이 날아올랐다. 특히 솔새류와 딱새류가 많았는데 너무 종류가 많아 제대로 익힐 수가 없었다. 그래서 그들이 날아다니는 모습을 그냥 보면서 즐기기로 했다. 그렇게 덱 로드를 걷다가 그동안 소리로만 접했던 흰눈썹황금새를 드디어 만났다. 황금색과 검은색, 흰색이 어우러진 모습에 저렇게 예쁜 새가 있나 싶었다.

소리로만 접했던 흰눈썹황금새를 어청도에서 처음 눈으로 보았다. 정말 예쁜 새였다.

다음 날은 오후 배가 뜨지 않을 수 있으니 오전 배로 나가야 할지 모른다는 말이 있었다. 안개가 많이 들면 항해를 할 수 없다고 했다. 다행히 오후 배가 운항이 되어 일정대로 섬을 나올 수 있었다. 섬 탐조는 안개, 바람, 폭우 등으로 배 운항이 중단될 때가 있다. 이를 섬에 갇힌다고 표현하는데 핑계 김에 탐조를 충분히 해서 좋다고도 한다. 그러나 그럴 수 없는 사람이 많으므로 불확실성이 있으면, 미리 안전하게 섬을 나가거나 여행 전에 좀 여유있게 휴가를 얻는 편이 좋다.

다음 날도 첫날과 비슷한 코스로 탐조가 진행되었다. 참가자들의 탄성을 부른 새는 검은바람까마귀였다. 참가자 중 많은 사람이 계 탔다고 하며 정말 예쁘다고 말했다. 그만큼 만나기 어려운 새라고 한다. 나는 넓적부리도요 때처럼 좀 무덤덤했다. 그날 나를 즐겁게 한 새는 후투티였다. 오래전에 만났지만 정작 탐조 시작 후에는 만나지 못했던 후투티를 어청도에서 만났다. 전깃줄에 앉은 후투티를 네이처링에 종추 기록으로 올리면서 기분이 정말 좋았다.

어청도에서 만난 검은바람까마귀. 모두들 탄성을 부르며 좋아했다.

마을 뒤편 산에 있는 저수지에 괭이갈매기가 모여서 목욕하는 모습도 인상적이었다. 날개를 팔랑거리며 반짝반짝 물을 튀기는 모습이 싱그러웠다. 괭이갈매기도 바다보다는 민물에서 목욕하기를 더 좋아한다. 소금기 문제가 없고 물을 마실 수 있으면서 수심도 낮아 더 안전하게 목욕할 수 있기 때문으로 보인다. 다만 민물이 없으면 바다에서도 목욕한다고 한다.

하늘에서 큰부리까마귀가 왕새매를 공격하는 모습을 보았다. 왕새매가 일방적으로 당하고 있었다. 대부분 맹금류는 큰부리까마귀나 까치에게 공중전에서 당한다. 맹금류가 이길 수 있지만 불필요한 부상을 피하려고 회피한다고 보통 얘기된다. 그러나 그날은 왕새매가 심하게 당하고 있는 느낌이었다.

탐조는 식사 시간을 기준으로 오전과 오후로 나누어 진행되었다. 어청도에서 묵었던 민박집은 식당을 겸하고 있어 탐조 중 식사를 그곳에서 했다.

어청도에서 난 나물과 해산물, 그곳 사람들의 손맛으로 만든 음식은 맛깔스러웠다. 새를 만나며 함께 접하는 향토 음식은 탐조를 더 즐겁게 한다.

어청도에서 정말 여러 종의 새를 만났다. 그런데 늘 만나던 참새, 까치, 붉은머리오목눈이는 한 마리도 못 만났다. 박새는 딱 한 마리만 만났다. 내륙에서는 흔한 새가 섬에서는 오히려 희귀했다. 날개가 짧아서 바다를 건널 수 없기 때문이라고 한다.

해안 — 동해안

해안 탐조는 조수간만의 차가 적은 동해 해변과 같은 장소에서 하는 탐조를 의미하며 적었다. 갯벌이 있는 서해와 달리 동해는 주로 모래 해변이 있다. 서해에서 도요물떼새를 주로 만난다면, 동해는 그곳 나름의 독특한 해양성 조류를 보게 된다. 갈매기, 흰갈매기와 같은 몇몇 갈매기류, 흰줄박이오리, 귀뿔논병아리 등이 그런 새이다.

동해안 탐조를 탐조단체의 프로그램을 신청하여 갔다 왔다. 동해 탐조는 처음이라 새로운 새를 많이 만나리라 자못 기대했다. 그런데 아쉽게도 그날은 파도가 심해서 새를 만나기에 좋은 날씨는 아니었다. 파도가 잔잔한 날에는 바다에 새가 더 많이 보이고, 해안 바위에 올라와 쉬기도 해서 관찰하기 좋다고 한다.

탐조는 고성 아야진항에서 강릉남대천까지 동해안 도로를 따라가면서, 중간중간 차에서 내려 새를 보는 방식으로 진행되었다. 강원도는 수도권과 또 달랐다. 서울은 겨울이어도 따뜻한 날씨였는데, 아야진항으로 가는 도로 주변은 하얀 설산이 드리워져 있었다. 면적이 작다고 여기지만, 우리 국토는 다양한 특성을 가진 지역을 품고 있다.

아야진항에서는 겨울철새인 흰줄박이오리를 종추했다. 역시 동해안의 새는 처음부터 달랐다. 흰줄박이오리는 머리부터 배까지는 청회색이고 옆구리는 붉은데, 머리, 목, 가슴에 흰 줄무늬가 있었다. 또렷하고 아름다운 모습이었다.

관동팔경 중 하나인 청간정 주변 해변에서는 여러 갈매기 종류를 만났다. 우선 흰갈매기를 만났다. 흰갈매기는 흰 바탕의 몸에 옅은 회색 날개를 가지고 있다. 큰재갈매기도 보았다. 큰재갈매기는 재갈매기보다 덩치가 크고 날개가 더 짙은 회색이다. 그런데 큰재갈매기와 재갈매기가 같이 있으면 대비되어서 구분되지만, 따로 떨어져 있으면 구별이 쉽지 않다고 한다. 줄무늬노랑발갈매기도 큰재갈매기와 비슷한 모습인데 다리색이 다르다. 줄무늬노랑발갈매기는 노란색, 큰재갈매기는 분홍색이다. 이처럼 갈매기 종류는 솔새류처럼 구분하기에 까다롭다. 종명이 '갈매기'인 새도 보았다. 인솔자가 동정을 해주어서 알 수 있었지, 혼자서는 도저히 구분할 수 없었다. 갈매기는 머리가 좀 동글동글한 느낌이었다.

청간정 해변에서는 바다비오리도 만났다. 비오리와 비슷한 모습인데 뒷머리에 삐죽삐죽한 깃이 있는 점이 달랐다. 뿔논병아리의 큰 무리도 보았다. 동해안의 뿔논병아리 무리는 텃새가 아니라, 북쪽에서 월동을 위해 내려온 철새이다. 논병아리 무리는 해변에서 상당히 떨어진 바다 위에서 둥둥 떠다니며 휴식을 취하고 있었다.

봉포항에서는 먼 바다 쪽에서 아비과의 새를 만났다. 아비과는 겨울철새로 우리나라를 찾는다. 아비과의 새는 월동기에는 주로 먼바다에서 헤엄치는 모습으로 만나게 된다. 우리나라에는 큰회색머리아비가 가장 많이 온다. 그날 만난 새도 목 안쪽과 배 아랫부분이 흰색이어서 큰회색머리아비로 동정되었다. 큰회색머리아비는 겨울철새로 우리나라에 올 때는 수수한 모습인데, 번식지에서는 좀 더 화려한 색을 갖는다. 아비과는 종류별로 조금씩 다른 외형 특징을 가지고 있다. 해안 탐조를 하다 아비과 새를 만나면, 미세한 차이를 구분하며 동정하는 재미가 있을 듯했다. 그 외 바다비오리가 많이 있었고, 청둥오리도 많았다. 고잔갯벌에서도 느꼈지만, 청둥오리는 민물과 바닷물을 가리지 않고 서식했다.

속초 영금정 해안에서는 바다 가운데 섬 위에 모여 있는 가마우지과 무리를 보았다. 내륙 하천에서 만나는 민물가마우지와는 다른 가마우지와 쇠가마우지였다. 민물가마우지와 가마우지는 모습이 비슷한데 머리에서 부리와 흰색 뺨이 만나는 부분으로 구분한다. 민물가마우지는 이곳이 둥그스름하고 가마우지는 각이 져 있다. 쇠가마우지는 위의 두 종에 비해 크기가 작고, 뺨의 흰색이 없으며 부리가 가늘다. 두 종의 부리가 밝은색인 데 비해 쇠가마우지의 부리는 짙은 어두운색이기도 하다.

가마우지와 쇠가마우지.
볼이 하얀 개체가 가마우지, 그 앞과 뒤에 얼굴이 모두 검은 새가 쇠가마우지.

동해안에는 석호가 많다. 석호는 바다와 분리되어 해안에 있는 호수이다. 지하에서 해수가 올라오거나 수로로 바다와 연결되어 있어 석호는 염분의 농도가 높다. 석호로는 영랑호, 청초호, 경포호를 들렀다. 석호에는 내륙 하천에서와 비슷한 새들이 많았다. 댕기흰죽지, 검은머리흰죽지, 청둥오리, 물닭이 많았다. 붉은부리갈매기를 비롯한 갈매기과 새도 많았다. 청초호에서 귀뿔논병아리를 종추했다. 귀뿔논병아리는 눈동자가 빨갛고 눈에서 부리까지 붉은 선이 있어서 인상적이었다. 그리고 윗머리의 검은색과 흰 뺨의 경계선이 뚜렷하고 매끈하게 일직선이다. 경포호에서는 흰뺨오리를 종추했다. 흰뺨오리는 머리가 녹색 광택이 나는 검은색인데 뺨에 흰 무늬가 크게 있어, 매우 또렷한 인상이었다.

동해안에는 바다로 흘러드는 하천도 많이 있었다. 하천으로는 산곡천, 연곡천, 양양남대천, 강릉남대천을 들렀다. 원래 동해안 하천에도 새가 많은데 그날따라 별로 안 보였다. 그해는 유달리 동해안 쪽에 새가 없었다고 한다. 그래도 해안과 석호에서 새로운 새를 몇몇 만나서 나름 만족스러웠다. 우리 국토의 여러 곳에서 각각 다른 새를 만남은 정말 즐거운 일이다. 기회가 될 때마다 우리 땅의 가보지 않은 곳을 찾아가고 싶다.

동해에서는 그곳만의 독특한 새를 만날 수 있었다. 왼쪽부터 시계 방향으로 흰줄박이오리, 귀뿔논병아리, 흰뺨오리.

4장 새와 함께 살기

4장 새와 함께 살기

1. 좋은 도시 서식지 만들기

한정된 종만 번성하는 도시

도시의 새는 인간과 상호작용이 가장 많은 대형 동물이다. 점점 더 많은 사람이 도시에 살고 있다. 유엔 보고에 의하면 2050년에는 전 인류의 3분의 2 정도가 도시에 살 거라 한다. 우리나라는 도시화가 훨씬 심해 2022년 기준 인구의 91.9%가 도시에 살고 있다. 그런데 멧돼지, 들개, 쥐에서 보듯이 인간은 다른 포유류에게 적대적이어서 도시에서 이들 모두를 몰아내려고 한다. 양서류나 파충류의 도시 내 개체수가 적은 점을 고려한다면 조류만이 도시에서 서식하는 대형 동물이다. 따라서 새는 도시 생태계를 대표하는 핵심 구성원이다.

그런데 도시에서는 한정된 종의 새만이 번성하고 있다. 집비둘기는 도시에서 번성하는 새 중 하나이다. 집비둘기는 오히려 도시에 많이 있고 지방에서는 보기 어렵다. 집비둘기가 도시에서 번성한 이유는 우선 먹이가 많기 때문이다. 도시에서는 인간이 먹고 남은 음식물쓰레기가 엄청나게 많이 발생한다. 그런데 집비둘기는 특이할 정도로 인간을 두려워하지 않는다. 그래서 다른 새들이 사람을 두려워해 다가오지 못하는 동안 집비둘기는 그 음식물쓰레기를 고스란히 차지했다. 도시의 지형 특성이 집비둘기의 원종인 바위비둘기의 서식처와 비슷한 점도 유리하게 작용했다. 바위비둘기는 건조한 사막의 바위에 둥지를 틀고 산다. 그런데 물이 수도꼭지로 숨어버리고 바위를 닮은 건물이 무수히 많은 도시는 집비둘기가 원래 살던 서식처와 흡사하다. 이러한 이유로 집비둘기는 도시 안에서 번성하고 있다. 음식물쓰레기나 바위가 적은 숲에서는 집비둘기를 거의 찾기 어렵다. 숲에서 집비둘기를 보았다면 분명 가까이 큰 시설물이 있다고 보면 된다.

집비둘기의 사촌 격인 멧비둘기도 도시에 많이 산다. 멧비둘기도 집비둘기처럼 사람을 두려워하지 않는다. 뒷산에는 작은 체육공간들이 몇 곳 있다. 이곳에서 만나는 멧비둘기는 발 바로 앞에서도 태연히 먹이활동을 한다. 주택가에서도 별로 꺼리지 않고 다니는 모습을 본다. 다만 도심이 중심 서식지인 집비둘기와 달리 멧비둘기는 산림이나 공원을 중심으로 살면서 일부가 주택가로 내려온다. 주택가 중에서도 아파트단지처럼 정원이 있는 공간을 좋아한다. 먹이도 음식물쓰레기보다는 식물로부터 나온 먹이를 즐긴다.

직박구리도 도시에서 번성하고 있는데 멧비둘기처럼 얼마간이라도 식물이 있는 곳을 선호한다. 광화문역 근처에서 친구를 기다린 적이 있다. 혼잡한 시내지만 혹시나 해서 주변을 돌아봤는데 직박구리 2~3마리가 시끄럽게 울며 근처 가로수 사이를 오가고 있었다. 서울 한복판에서 직박구리가 가로수를 서식처로 살고 있었다. 직박구리는 어떻게 도시에서 번성하게 되었을까? 직박구리는 예전엔 서울에서 만나기 어려운 새였다. 그런데 어느 때부터인가 가장 많이 보이는 새 중 하나가 되었다. 직박구리가 왜 도시에서 번성하는지 명확히 규명하기는 어렵지만, 우선은 지구 온난화가 원인으로 추정된다. 원래 직박구리는 남부지방에 주로 서식했는데 지구 온난화가 되면서 중부지방에서도 번성하게 되었다. 동백꽃의 꿀을 먹으며 남부지방에 살던 동박새가 요즘 중부지방에서 많이 보이는 것도 같은 맥락이다.

도시에서 조경수가 늘어난 점도 이유이다. 직박구리는 감이나 꽃사과처럼 과육이 많은 열매를 좋아한다. 그런데 아파트단지나 공원의 조경수로 이런 유실수들이 많이 심어지면서 직박구리의 먹이가 늘어났다. 직박구리는 먹이 적응성도 강해 꽃, 꿀, 곤충처럼 다양한 먹이를 식물, 특히 나무에서 얻는다.

그래서 직박구리는 나무가 어느 정도 있는 공원, 아파트단지, 야산에 주로 살며, 빌딩가나 상업지구처럼 식물이 전혀 없는 곳에는 별로 없다.

또 다른 이유는 직박구리의 소리가 유달리 커 영역 방어에 유리한 점이다. '삑, 삑' 하며 우는 직박구리는 시끄러운 새로 유명하다. 새들은 소리로 영역을 주장하는데 도시는 소음이 심해서 소리가 큰 직박구리가 메시지를 전달하는 데 유리하다. 그리고 직박구리는 자신이 주장한 영역을 지킬 수 있을 만큼 성격도 만만치 않다. 역시 성격이 만만치 않은데 덩치까지 더 큰 까치와 자리를 두고 싸울 만큼 직박구리는 성격이 대담하다.

농촌에서 많이 살던 까치와 참새도 도시에 성공적으로 적응했다. 이들도 집비둘기처럼 사람이 배출하는 음식물을 잘 먹는다. 특히 까치는 적극적으로 쓰레기봉투를 뜯어서 그 안에 있는 음식물을 꺼내 먹기까지 한다. 다만 음식물쓰레기 외에 열매나 곤충 먹이도 좋아하는 까치와 참새는 직박구리처럼 어느 정도 녹지가 있는 공간을 선호한다.

최근에는 큰부리까마귀도 도심 생활에 적응하고 있다. 나는 서울지하철의 역에 근무한다. 내가 근무했던 역 근처에 있는 송전탑에 큰부리까마귀가, 전신주에는 까치가 둥지를 만들고 번식하는 모습을 보았다. 두 곳의 거리는 약 100m로 그 정도면 번식기에 서로 평화를 유지하며 새끼를 키울 수 있는 모양이다. 주변의 녹지라야 300m 이상 떨어진 청계천이 전부인데, 많은 먹이가 필요한 번식기에 도심에서 새끼를 키우고 있었다. 큰부리까마귀를 전에는 깊은 산에서만 보았는데 이제 도시에서 심심치 않게 볼 수 있다. 도시 내 건물과 송전탑에 둥지를 틀고 음식물쓰레기를 먹는 것에 적응해 가고 있는 듯하다. 큰부리까마귀가 얼마나 늘어날지는 좀 더 두고 보아야겠지만, 도시에서 전보다는 분명 많아지고 있다.

이렇듯 여러 새가 도시환경에 적응하여 인간 주변에 많이 살고 있다. 그러나 이는 일부 적응력이 있는 종만의 성공이다. 일부 종의 개체수가 많을지

언정 도시의 종 다양성은 매우 낮다. 여러 종이 고루 잘 살 수 있는 방향으로 도시환경을 만드는 노력이 필요하다.

종의 수와 녹지와의 거리

어떤 지점에 얼마나 많은 종이 있는지는 주변 녹지와의 거리가 큰 영향을 준다. eBird로 뒷산과 산아래아파트의 모니터링을 하던 중, 번식기인 4월부터 6월 사이에 뒷산에서 800m 정도 떨어진 C아파트도 조사해 보았다. C아파트를 택한 이유는 산아래아파트와 같은 브랜드여서, 조경방식이 유사해 조류 서식조건이 비슷하다고 본 까닭이다. 뒷산에서 상당 거리 떨어진 점만이 뒷산과 붙어 있는 산아래아파트와 다르다고 보았다.

해당 기간의 모니터링 결과, 뒷산에서 31종을 만났으며, 산아래아파트에서 16종, C아파트에서 12종을 만났다. 뒷산의 새 중 두 아파트에서 볼 수 없는 종이 꽤 많지만, 두 아파트의 새는 단 한 종을 빼고 모두 뒷산에 있었다. 그 한 종은 집비둘기였다. 멧비둘기가 아파트로 내려오는 경우는 꽤 있는데, 집비둘기가 산으로 올라간 경우는 전혀 없었다. C아파트의 모든 종은 산아래아파트에서 볼 수 있었다. 즉, 뒷산, 산아래아파트, C아파트 순으로 뒷산으로부터 멀어질수록 관찰 종수가 줄었다. 종수만이 아니라 개체수도 같은 순이었다. 섬처럼 고립되어 있지만 그래도 자연녹지인 뒷산이 인공녹지인 아파트 정원보다 더 다양한 종이 사는 핵심 서식지였다. 뒷산으로부터 멀어질수록 종수가 주는 점을 볼 때, 아파트의 조류 서식은 주변의 거점 녹지와 어느 정도 거리에 있는지가 큰 영향을 준다고 보았다.

배봉산에 인접한 시립대 캠퍼스의 조류 서식에 대한 임성수의 2013년 논문에도 유사한 결과가 있다. 이 논문을 보면 배봉산으로부터 거리가 멀어질수록 캠퍼스 내 출현 종이 줄어들었다. 쇠딱다구리 400m, 꾀꼬리 500m, 곤줄박이, 어치, 딱새, 오목눈이는 600m, 박새, 쇠박새, 붉은머리오목눈이, 울새는 700m 내에서만 출현했다. 배봉산으로부터 800m 정도 떨어진 C아파트의 출현 종이 적은 것은 거점 녹지와의 거리가 결정적 영향을 준 것으로 보였다.

배봉산에서 북한산까지 도로 탐조

산아래아파트와 C아파트를 비교하면서 주변의 거점 녹지로부터 멀어질수록 출현종이 적어짐을 알았다. 그래서 실제로 도심 내에서 어떤 새들이 있는지 탐조해 보기로 했다. 장소는 원래는 이어져 있었으나 지금은 단절된 배봉산, 천장산, 북한산을 잇는 길로 했다. 배봉산이 끝나는 삼육병원에서 청장산이 있는 홍릉수목원길을 거쳐서, 북한산이 시작되는 국민대까지 걸어보았다. 해당 경로를 특징에 따라 구간을 나누어서 조류 종을 관찰했다.

삼육병원에서 카이스트 구간, 국민대 직전의 내부순환로 아래와 같이 도로 주변에 녹지가 없는 곳은 역시 출현종이 적었다. 통행량이 많은 도로 구간에서는 도심성 조류조차 별로 없었다. 그러한 구간에서는 가로수를 통해 이동하는 조류는 참새가 유일했다. 그것도 나무가 크고 잎이 우거진 가로수가 있는 경우에 한했다.

반면 홍릉수목원길, 고려대 후문 쪽 개운산길과 같이 주변에 녹지가 있는 길은 출현종이 많았다. 해당 구간에서는 박새류는 물론이고 딱다구리류, 솔새류, 어치와 같은 산림성 조류가 보였다. 직박구리나 까치 같은 사람의 거주지와 친근한 종도 주변에 녹지가 있는 구간에서 더 많이 도로 주변에서 보였다.

배봉산에서 북한산으로 가는 길의 가로수는 대부분 작고 나뭇잎도 성겨 새가 안심하고 이동하기에는 부족했다. 도로는 인간에게는 이동통로이지만 새에게는 방해물이었다. 새가 이동하기 위해서는 인간의 길과는 다른 통로가 마련되어야 한다.

좋은 녹지를 만들고 연결하자

새는 외곽의 거점 녹지로부터 도시를 통과하여 이동할 때, 최단 경로가 아니라 녹지가 양호한 경로를 이용한다고 한다. 도시에서 새가 잘살게 하려면, 좋은 녹지를 가능한 한 많이 만들고 서로 연결해서 새들이 잘 오갈 수 있게 해야 한다. 도시녹지로는 도시공원만이 아니라 아파트단지의 정원도 큰 비중을 차지한다. 아파트단지 내에 좋은 녹지를 만드는 노력이 필요하다. 어떤 녹지가 좋은 녹지일까? 그것은 자연의 숲을 닮은 녹지이다. 이러한 녹지는 생물이 살기 좋은 서식지 역할을 한다. 그러면 새가 많이 살게 되고, 조류가 동적인 경관을 만들어 정원이 더 생동감 있고 아름다워진다.

우선 녹지를 다양한 식물로 조성해야 한다. 다양한 식물은 여러 종류의 새가 적응할 수 있는 다양한 먹이와 은신처를 제공한다. 녹지 조성 시에는 교목, 관목, 화초류로 다층식재를 해야 한다. 새들은 다양한 층위의 공간에 깃들어 산다. 까치나 큰부리까마귀는 소나무 같은 교목, 오목눈이나 박새는 배롱나무 같은 아교목, 참새나 붉은머리오목눈이는 영산홍이나 화살나무 같은 관목을 좋아한다. 잔디만 깔린 터에 삐죽이 큰 나무만 있는 곳은 좋은 서식지가 아니다.

자생식물을 위주로 심으면 녹지가 새에게 더 좋은 서식처가 된다. 자생식물은 새와 함께 진화하였기 때문에 새는 친숙한 먹이와 은신처를 얻을 수 있고, 식물은 새의 도움으로 종자를 효과적으로 퍼트리고 곤충을 억제할 수 있다. 곤충도 자생식물과 함께 진화했기 때문에, 치명적인 피해를 주지 않고 식물이 자신의 서식처로 남도록 한다. 또 열매 먹이가 맺히는 식물을 많이 심으면 새가 살기 좋다. 그런 점에서 팥배나무가 조경수로 많이 보급됐으면 한다. 자생수종이면서 산림 수종이어서 도시녹지를 자연의 숲과 비슷하게 만들기에 좋다. 또한, 새의 먹이가 되는 열매가 많이 열리면서 모습도 아름답다. 산아래아파트에서 오목눈이와 붉은머리오목눈이의 번식 사례에서 보듯이, 향나무나 병꽃나무처럼 가지가 빽빽해 숨어서 번식할 수 있는 나무도 심으면 좋으리라 본다.

녹지를 서로 연결하는 노력도 필요하다. 새는 노출된 공간이 아니라 나무가 있는 공간을 통해 이동하기를 선호한다. 도시에서 새들이 잘 이동하기 위해서는 징검다리가 되는 식물공간이 많이 있어야 한다. 우선 가로수를 풍성하게 가꾸어야 한다. 선형으로 연결된 풍성한 가로수는 새에게 이동통로가 된다. 가로수는 조류 이동통로 외에도 녹음 제공, 공해와 열섬 현상 완화 역할도 한다. 배봉산에서 북한산으로 가는 길에 본 가로수는 이러한 역할을 하기에는 가지와 잎이 부족했다.

옥상정원

가로수와 더불어 옥상정원이 새의 이동에 징검다리가 될 수 있다. 옥상정원은 물론 사람에게도 도움이 된다. 휴식 장소를 제공하면서, 기온 완충효과가 있어 건물의 냉난방 에너지를 절감한다. 옥상정원은 인공지반 위에 토양과 식물을 배치하는 공사를 통해 조성하지만, 텃밭상자처럼 간단한 방식으로 만들 수도 있다. 건강한 먹거리를 가꾸면서 다른 생명과도 나눌 수 있다. 원래 콩 세 개를 심으면 하나는 새가 먹고 하나는 벌레가 먹고 하나만 인간이 먹는다고 했다. 그런 마음으로 옥상에 텃밭상자를 가꾸면 어떨까?

실제로 새가 옥상정원을 이용하는지 보기 위해 청량리에 있는 한 건물의 옥상정원을 5월 초에 관찰해보았다. 해당 옥상정원은 잔디밭을 기본으로 해서 몇 곳에 수풀이 있고 작은 연못이 있는 형태이다. 그곳에서 직박구리, 박새, 딱새, 까치, 참새, 집비둘기 이렇게 6종을 보았다. 이 중 직박구리, 박새, 딱새는 수풀을 나와서 다른 곳에 갔다가 다시 돌아오는 육추 시 보이는 행동을 반복했다. 옥상정원에서 번식이라니 놀라운 일이었다.

해당 옥상정원은 배봉산과 홍릉수목원 중간에 있어 주변 녹지와 완전히 격리된 곳이다. 9층으로 꽤 높이가 있는 건물이다. 그런 곳에서 산림성 조류인 박새가 번식까지 하는 모습에서, 옥상정원이 녹지를 연결하는 생태 징검다리가 될 가능성을 보았다. 보도블록의 빈틈에 민들레꽃이 피듯이 여건만 만들어주면 인공구조물 위에도 생명은 찾아온다. 옥상정원에서 날벌레류, 거미류, 딱정벌레류, 벌 등 여러 곤충을 보았다. 식물이 조성되자 곤충이 찾아왔고 이들이 새도 불러들였다.

직박구리 한 마리가 연못에서 목욕하고 몸을 털고 있었다. 작게라도 새가 물을 마시고 목욕할 곳을 만들면 옥상정원이 훌륭한 비오톱(Biotope)이 될 수 있다. 이러한 옥상정원이 많아진다면 공중생태계가 형성될 수 있다. 그러면 연결되어 있던 예전처럼 배봉산과 천장산, 북한산을 새들이 마음껏 이동할 수 있다. 새는 초록을 따라 이동한다. 하늘에서 내려 보았을 때 옥상정원으로 도시가 온통 녹색으로 보이는 상상을 해본다.

2. 직박구리연못 투쟁기

직박구리연못

　새가 잘 살기 위해서는 먹이, 물, 숨어서 쉴 수 있는 은신처, 새끼를 낳아 키울 번식처가 필요하다. 공원이나 아파트 정원과 같은 녹지는 이 중 특히 물 먹을 곳과 새끼를 키울 번식처가 부족하다. 그래서 부족한 두 요소를 채우는 노력이 필요하다. 산아래아파트도 비교적 나무가 많아 먹이와 은신처는 풍부한 편이다. 반면 마시거나 목욕할 수 있는 물이 부족하다. 그리고 박새와 같은 작은 새들이 새끼를 키울 나무 구멍도 거의 없다. 탐조하면서 새가 잘 살 수 있는 환경에 관심이 생겼고, 부족한 물과 번식처를 아파트 내에 만들어야겠다고 생각하게 되었다. 그 시도로 연못조경과 논화분, 인공새집 설치를 하였다.

　아파트 내에 큰 연못이 두 곳이 있지만, 물이 없을 때가 많았다. 탐조 첫해, 남산 탐조에서 실개천에서 새가 목욕하는 모습을 보고 집으로 돌아왔을 때, 새삼 물이 없는 연못이 눈에 거슬렸다. 탐조하면서 새에게 물이 있는 장소가 꼭 필요하다는 점을 알게 되었기에 텅 빈 연못이 불편했다. 성격상 어디에 민원을 넣어본 적이 없는데 아파트관리소를 찾아가 연못에 물을 넣어달라고 했다.

　관리소에서는 물값과 전기비 때문에 물을 넣지 말라는 주민 요구가 있다고 답변했다. 또 물을 넣으면 청개구리가 울어서 가까이 있는 아파트 동에서 잠을 못 자겠다는 민원도 있다고 했다. 같은 사항에 대해 사람마다 정말 다른 생각을 할 수 있었다. 물값과 전기비는 아파트 환경을 위해서는 그 정도는 사용해야 한다고 생각되었다. 그러나 청개구리 소리는 수면과 관련된 일이라 고민이 되었다. 평소 연못에서 청개구리 소리가 들릴 때면 정말 듣기 좋았다. 서울에서 개구리 소리를 들을 수 있으니 정말 좋다고 생각했다. 그런데 어떤 사람에게는 불면을 부르는 소리일 수 있었다. 관리소에서는 그래도 이제 날이 상당히 더우니 물을 넣겠다고 했다.

며칠 후 물이 채워진 연못에서 직박구리가 물속으로 들어갔다 나왔다 하며 목욕했다. 물을 묻혔다 털어내는 모습이 시원해 보였다. 목욕을 마친 후 직박구리는 연못 주변의 돌 위에 앉아 쉬었다. 그 모습이 평화로워 보여서 흐뭇했다. '그래. 오랜만에 좋은 일 했구나.' 하는 생각이 들었다. 그리고 연못 이름을 '직박구리연못'으로 부르기로 했다. 다른 연못은 개구리 동상이 있어 주민들이 개구리연못이라 부르고 있었는데, 특별한 조형물이 없는 그 연못에 내 나름의 이름을 붙였다.

불행히도 연못에 물을 대었던 일은 결과가 안 좋았다. 연못에 물을 대고 한 달쯤 지나자, 녹조가 끼기 시작했다. 점점 짙어진 녹조는 나중에 지켜보기 힘들 정도로 흉했다. 관리사무소에서 녹조 제거를 위해 물을 빼고 연못을 건조한 후 다시 물을 댔다. 그러나 얼마 안 있어 다시 녹조가 번졌다. 결국, 연못에 물을 얼마 채워두지 못하고 뺐다. 다시 드러난 연못 바닥은 보기 안 좋았다. 어떻게 하면 문제를 해결할 수 있을까 고민이 되었다.

어느 날 물이 없는 연못 바닥의 배수구 덮개 틈으로 멧비둘기가 머리를 넣고 물을 먹는 모습을 보았다. 얼마나 목이 마르면 좁은 틈에 머리를 넣을까 애처로웠다. 내가 물을 양껏 못 마시고 목욕을 전혀 못 한다고 대입해 생각해 보니, 새들이 정말 힘든 시간을 보내겠다 싶었다. 가능한 연못에 오래 물을 채워 두는 방법을 찾고 싶었다.

인터넷에 자료를 보고 생각한 방법은 연못조경이었다. 연못에 노랑어리연을 심어 수면을 덮게 하면 그늘이 드리워져 녹조가 억제될 듯했다. 노랑어리연꽃이 피면 연못의 모습도 보기 좋아져 주민들도 좋아할 듯했다. 그런데 이런 방법을 어떻게 실행할지 난감했다. 그냥 내 마음대로 하면 되는지, 관리사무소의 허가를 받아야 하는지 알 수 없었다. 이런 고민을 하다 아파트 내

조경동호회가 떠올랐다.

장미 전정 참가

   조경동호회는 아파트 정원을 가꾸고자 만들어진 주민들의 자생 단체이다. 전에부터 아파트에 조경동호회가 있는 걸 알고는 있었다. 조경동호회 사람들이 정원 여기저기에서 무언가를 심고 물을 주는 모습을 보았다. 그러나 크게 관심을 두지 않고 그저 '좋은 일을 하는구나!' 정도로만 생각했다. 그런데 직박구리연못에 녹조 문제가 생기면서 조경동호회에 대한 기억이 떠올랐다. 조경동호회에 가입해서 내년에 녹조 해결을 위한 연못조경을 제안하면 어떨까 생각했다. 그래서 동호회 작업에 참여한 후에 제안하리라 마음먹었다.

   연못조경을 생각을 한 후 조경동호회 활동에 참여할 기회를 기다렸다. 다행히 조경동호회 공지를 접해 작업하는 날을 알 수 있었다. 처음 참여한 작업은 장미 전정이었다. 아파트단지 울타리에 심어 있는 장미를 전정하고 울타리에 고정하는 작업이었다. 작업 전에 선배 회원에게서 작업 설명을 들었다. 낡은 가지를 잘라내고, 새 가지를 눕혀 케이블 타이로 울타리에 고정하라고 작업 요령을 들려주었다. 그렇게 해야 장미 가지 전체에서 풍성하게 꽃이 핀다고 한다. 꽃은 새로 난 가지에만 피기 때문에 낡은 가지를 제거해야 하고, 장미를 누이지 않고 세워두면 가지 끝에만 꽃이 피기 때문이란 설명을 들었다. 장갑을 끼고 작업을 했지만, 손이 둔해 정작 케이블 타이를 묶을 때는 장갑을 벗어야 해서 가시에 꽤 많이 찔렸다. 그래도 작업은 재미가 있었다.

   두 번 정도 작업을 같이한 후, 동호회에 가입한 동기를 회원들에게 말했다. 탐조하면서 새가 사는 공간에도 관심이 갔고, 아파트 정원이 사람만이 아니라 새들도 같이 잘 사는 곳이 되기를 바라고 있다 했다. 그리고 새들이 물을 마시고 목욕할 수 있도록, 연못에 오랫동안 물을 넣어 둘 방법을 찾고 있다고 했다. 그래서 녹조를 막도록 노랑어리연으로 연못조경을 하자고 제안했다.

한 가지 우려하는 말이 있었다. 연못 바닥에 노랑어리연을 심으려면 지금의 돌로 된 바닥을 진흙으로 덮어야 하는데, 미관상 안 좋고 냄새가 난다고 했다. 이 문제를 어떻게 해야 할지 고민이 되었다. 고민에 대한 조언을 아파트탐조단의 온라인 강의 프로그램에서 들을 수 있었다. 매 강의 끝에는 질문이나 각자의 생각을 말하는 시간을 가졌는데, 어느 날 아파트 연못 조경에 대한 나의 고민을 얘기했다. 그날 들었던 여러 조언 중 몇 가지를 적용하면 좋을 듯했다.

조언 중 하나는 화분에 진흙을 담고 노랑어리연을 심어 연못 속에 넣는 방법이었다. 그렇게 하면 연못 바닥 전체를 진흙으로 덮을 필요도 없어 냄새나 미관 문제를 해결할 수 있을 것 같았다. 다른 하나는 연못 속에 다슬기를 키우는 것이었다. 녹조는 유기물을 먹고 식물성 플랑크톤이 번져서 생기는데 다슬기를 키우면 유기물을 줄일 수 있다고 한다. 나는 여기에 물배추를 키워 연못 그늘을 더 촘촘하게 만들고, 물벼룩을 풀어서 녹조를 먹게 하는 방법을 추가로 생각했다. 이런 생각을 정리해서 조경동호회 다음 해 사업으로 제안하겠다고 마음먹었다.

아파트대표회 발표

수중화분 설치는 후술하는 인공새집과 함께 아파트대표회에서 발표하고 승인을 얻어 예산지원을 받아서 했다. 탐조 첫해 12월 말에 다음 해 조경동호회 사업을 논의하는 자리가 있었다. 동호회 사업과 예산을 정해 아파트대표회에서 발표하고 승인받으면 예산을 지원받게 된다. 이 자리에서 다음 해

사업예산에 수중화분 2개와 인공새집 10개를 반영해 주기를 제안했다. 연못 내 수중화분을 설치하여 녹조를 억제하고, 인공새집 10개를 설치해서 새들이 아파트단지 내에서 잘 번식하게 하자고 말했다. 그 외 다슬기 살포와 같은 녹조 억제 방법도 설명했다. 토의하면서 아무래도 수중화분과 인공새집 설치에 대해 아파트대표회의 허락이 필요하다고 의견이 모아졌다. 새로운 기물을 단지 내에 설치하는 것이니 미리 이해를 구해야 한다는 의견이었다. 그래서 동호회 예산을 아파트대표회에 설명할 때, 나도 같이 참가해서 수중화분과 인공새집 설치에 대해 발표하기로 했다.

탐조 둘째 해 2월 말에 아파트대표회에 참가해서 수중화분과 인공새집에 관해 설명했다. 직박구리가 목욕하는 모습이 보기 좋아서 해본 적 없는 민원을 넣은 것에서 시작해서, 아파트대표회에서 발표까지 하게 되었다. 입주자라면 아파트대표회가 잘 운영되도록 관심을 가져야 하겠지만, 주민 대부분은 아파트를 퇴근 후 쉬는 곳이지 가꾸고 돌볼 곳으로 생각하지 않는다. 이미 많은 에너지를 일터에서 소진했기 때문이다. 나 또한 관심을 안 가졌기 때문에 처음 참석한 아파트대표회 자리가 어색했다. 다행히 수중화분과 인공새집에 대한 제안은 별 이견 없이 받아들여져 예산에 반영되었다.

노랑어리연 화분과 논화분 설치

아파트대표회 승인을 얻은 이후 발표한 내용을 순서대로 진행했다. 우선 5월 초순에 바닥이 막힌 큰 화분을 세 개 샀다. 두 개는 아파트 예산으로 구매해 연못 두 곳에 각각 하나씩 두었다. 나머지 하나는 자비로 구매해 내가 사는 아파트 창문에서 보이는 잔디밭에 놓았다. 잔디밭 화분에는 내 나름의 버드피딩 방법으로 화분에 물을 채워 논화분을 만들어 볍씨를 뿌렸다. 먹이를 직접 주기보다는 새가 먹이를 얻기 좋은 서식조건을 만드는 쪽을 선호하기에 생각한 방법이다. 화분에 있는 물을 새들이 먹게 하고, 겨울에는 벼도 먹게 할 생각이었다. 감을 까치밥으로 남기듯 벼를 남기려 했다. 우리의 인정스러운 정서와도 맞고 아파트에 벼가 자라는 장소가 하나쯤 있으면 괜찮을 듯했다.

화분 설치는 만만치 않았다. 진흙을 캐서 화분이 있는 곳까지 옮겨 화분에 채우는 과정이 시간도 들고 힘들었다. 화분 세 개에 진흙을 간신히 채운 후 그중 두 개에 노랑어리연 모종을 심고 물을 채웠다. 물이 채워진 화분을 보니 마음이 흡족했다. 노랑어리연이 무럭무럭 자라 연못 위를 모두 덮어서 그늘을 드리워지는 상상을 했다.

노랑어리연 화분을 설치하고 나서 물이 채워지기를 기다렸다. 몇 번 관리사무소에 물을 언제 채우는지 전화도 했다. 그렇게 기다리는 동안 직박구리나 멧비둘기가 연못의 화분에 와서 물을 마시고 목욕하는 모습을 종종 보았다. 물이 든 화분만으로 새들이 물을 마시고 목욕하기에 부족함이 없었다. 청개구리 울음 때문에 잠을 못 자는 사람도 있다고 하는데 자꾸 연못에 물 넣어 달라고 보채지 말고, 연못의 물은 아파트 관리사무소의 일정에 따라 채워지게 하고, 그때까지 물이 담긴 화분으로 대체해도 될 듯했다. 사실 아파트에 연못이 없는 경우가 더 많으므로 연못이 아파트 새들을 위한 보편적인 물 공간이 되기도 어렵다. 물을 담은 용기를 설치하는 방법이 있지만, 이 경우는 꾸준히 청소해 주어야 하고 경관미가 부족하다. 식물을 심은 물화분을 설치하면 번거롭게 청소할 필요 없이 새들에게 물을 제공할 수 있겠다 싶었다. 식물이 있는 모습은 보기에도 좋다.

논화분에도 물을 가득 채웠다. 너무 물이 깊으면 목욕을 안 하니, 작은 새가 내려앉도록 큰 돌도 하나 넣었다. 그리고 볍씨를 사서 논화분에 직파했다. 벼가 잘 자라서 겨울에 새들이 먹는 모습을 상상했다.

5월 말 연못에 물이 채워졌다. 계획대로 물배추를 사서 연못에 넣었다. 물벼룩이 증식하길 기대하고 공원에 있는 연못에서 물을 떠 와서 넣었다. 시장에서 다슬기도 사서 넣었다. 집에 구피를 키우는 어항이 있는데 어디서 왔는지 물달팽이가 번식하고 있었다. 그 물달팽이도 혹 도움이 될까 해서 연못에 넣었다. 녹조 제거를 위한 계획을 실행한 뒤 작년과 달리 연못의 물이 깨끗하게 유지되는 모습을 상상하며 여름을 기다렸다.

논화분을 만드는 과정은 써레질과 비슷하다. 먼저 논흙처럼 가급적 진흙 성분이 많은 흙을 준비한다. 화분 아래에 거름을 넣고 흙과 물을 넣어서 삽으로 섞어준다. 나는 작은 새가 내려 앉기 좋도록 돌을 하나 얹었다. 다음 해에는 벼를 베어내고 화분을 뒤집어서 같은 작업을 반복했다. 벼의 남은 줄기와 뿌리는 자연스럽게 거름이 되었다.

녹조와의 전쟁

그해 여름은 녹조를 억제하기 위한 온갖 시도를 하며 보냈다. 결과적으로 이전 해 같이 녹조가 연못을 가득 메우는 일은 없었으나 말끔하게 통제하지도 못했다. 절반의 성공이라 볼 수 있었다. 시도했던 방법 대부분이 기대했던 결과를 얻지 못해 아쉬웠다.

연못에 물을 넣자, 녹조가 거침없이 늘어갔다. 큰 기대를 걸었던 노랑어리연은 잎이 별로 안 퍼져 수면의 작은 부분에만 그늘을 드리웠다. 성장이 너무 더디어 노랑어리연꽃이 노랗게 피어 주민들을 즐겁게 하는 조경 효과도 기대할 수 없었다. 번식력이 강해서 노랑어리연 이상으로 수면에 그늘을 드리우리라 기대했던 물배추는 어떤 이유인지 하얗게 잎이 변색 되면서 사라졌다. 유기물을 먹어서 녹조를 억제하리라 기대했던 다슬기도 모두 사라졌다. 그나마 물달팽이는 어느 정도 정착해서 연못 바닥에 깨알같이 붙어 있었다. 그러나 녹조는 계속 번져갔다. 물달팽이의 효과는 미미했다.

수면을 덮으리라 기대했던 물배추는 어떤 이유에서인지 잎이 하얗게 변색 되면서 사라졌다.

물을 넣고 얼마 안 있어 올챙이들이 많이 돌아다녔다. 연못에 관심을 두면서 알게 되었는데 가을에 물을 빼도 완전히 물이 배출되는 것이 아니라, 연못 아래에 있는 저류조에 일정 정도 물이 남아 있었다. 청개구리들은 연못에 물이 없을 때는 저류조의 물에 의지해서 살다가, 연못에 물을 대면 일제히 번식을 시도해서 올챙이를 만들었다. 연못에 물을 대고 한 달 정도 지나니, 누가 풀어놓았는지 직박구리연못에는 구피가, 개구리연못에는 미꾸라지가 돌아다녔다. 구피는 순식간에 번식까지 해서 새끼들이 보였다. 올챙이, 구피, 미꾸라지 모두 유기물을 먹기 때문에 녹조 억제에 도움이 될 텐데 역시 효과가 없었다. 그래서 녹조를 억제한다는 미생물제제를 뿌렸다. 큰 기대를 했는데 이마저도 효과가 없었다. 녹조가 자연스럽게 억제되는 생태계를 연못에 만들려는 계획은 결국 실패했다. 특정 조건에서 어떤 생물이 폭증하면 자연의 먹이사슬로도 상당 기간 조절하기 어렵다. 풍부한 생태계가 있는 바다에서도 적조가 발생하고, 호수도 녹조로 가득 채워질 때가 있다. 산아래 아파트 연못도 그런 경우였다.

생물학적 방법이 모두 실패한 후 화학적 방법을 시도했다. 바로 과산화수소 투입이다. 인터넷 자료들을 보니 과산화수소가 공원 연못에서 녹조 제거를 위해 많이 사용되고 있었다. 과산화수소가 물과 만나면 물과 산소로 분리되는데, 이때 발생한 산소 방울이 녹조를 죽인다. 산소로 녹조를 제거하므로 환경을 오염시키는 것은 아니다. 그런데도 왠지 반칙을 쓰는 듯한 느낌을 지울 수 없었다. 조루에 물을 담고 과산화수소를 희석해서 연못 전체에 뿌렸다. 처음엔 그다지 효과가 안 보여 5일 정도 간격으로 계속 뿌렸다.

과산화수소는 효과가 있었다. 녹조 제거에 관심을 두면서 알았는데 같은 아파트인데도 두 연못의 녹조 성질이 달랐다. 직박구리연못의 녹조는 꺼끌꺼끌한 실 같은 형태로 바닥에서 약간 들떠서 있었다. 반면, 개구리연못의 녹조는 바닥에 질척질척하게 눌러서 붙어 있었다. 과산화수소의 효과는 개구리연못에서 나타났다. 과산화수소를 뿌리니 바닥에 붙어 있던 녹조가 위로 둥둥 뜨기 시작했다. 다행히 올챙이나 미꾸라지 같은 다른 동물은 영향을 안 받고 변함없이 잘 활동했다. 그런데 얼마 후 장마가 와서 한동안 과산화수소 투입 작업을 중단했다. 장마가 그치고 7월 중순에 개구리연못을 다시 가보니 녹조가 완전히 사라졌다. 장마 후 물이 탁해져 빛이 안 들어와서인지, 개구리연못의 녹조는 그 이후로 더는 불어나지 않았다.

직박구리연못에서는 과산화수소도 소용이 없었다. 개구리연못과 달리 녹조가 계속 증가했다. 직박구리연못의 녹조에 효과가 없었던 이유는 녹조의 종류가 다르기 때문으로 보였다. 직박구리연못의 녹조는 조직이 견고해서 과산화수소의 영향을 안 받는 듯했지만, 정확히 알 수는 없었다. 결국 짧은 시간에 녹조를 많이 제거할 수 있는 큰 동물이 투입되었다. 바로 인간인 나였다. 연못에 들어가서 장갑 낀 손으로 녹조를 거두어서 잠자리채에 넣었다.

그렇게 잠자리채에 녹조가 모이면 밖으로 꺼내서 치웠다. 그렇게 어느 정도 억제되는 듯했지만, 기온이 오르고 햇빛이 강해지자, 녹조가 폭발적으로 증가했다. 7월 하순으로 넘어가면서 직박구리연못의 녹조가 정말 짙어졌다. 녹조 제거를 위해 연못물을 넣었다 뺐다 하다, 결국 연못물을 일찍 빼버렸던 작년과 같은 일이 반복될까 걱정되었다. 그러면 새가 물을 못 먹게 될뿐더러 연못의 구피, 미꾸라지, 올챙이까지 모두 죽게 된다. 그래서 손으로 녹조를 제거하는 작업을 더 열심히 하려 했다. 그런데 어느 날부터 양이 너무 많아서 도저히 녹조 제어가 안 됐다. 몸을 기역 자 모양으로 숙여서 오래 작업하니 허리에 통증도 왔다.

여러 노력에도 불구하고 연못은 짙은 녹조로 가득 찼다. 그해 여름은 내내 뜰채로 녹조를 떠내면서 보냈다.

역부족을 느끼고 있는데 원군이 생겼다. 어느 날 퇴근해서 직박구리연못으로 갔는데 전에 후투티를 보여주었던 보안실장이 관리사무소 직원과 함께 커다란 뜰채로 녹조를 제거하고 있었다. 뜰채는 나무 자루 끝에 쇠로 만들어진 망이 있어서, 연못 밖에서 허리를 덜 숙이고 녹조를 걷어낼 수 있었다. 나도 녹조를 제거하고 있다며 말을 거니, 보안실장은 물고기들이 다니는 모습이 보기 좋아 자신도 녹조를 걷기 시작했다고 말했다.

그렇게 관리사무소에서 녹조를 제거하고 나도 시간이 되는대로 녹조를 제거했다. 이런저런 시도 끝에 직박구리연못의 물은 일찍 빼지지 않고 늦가을까지 담겨있었다. 물이 연못에 오랫동안 있게 한다는 목표는 이루었지만 만족스럽지는 못했다. 시도했던 방법 대부분이 실패했고, 인위적인 수거 없이 생태계의 자정 작용으로 저절로 관리되는 시스템을 만들지 못했기 때문이다. 언제까지 내가 녹조를 걷어내는 일을 할지도 의문스러웠다. 녹조를 관리하는 중에 생긴 여러 의문에 대해서 답을 알 수 없던 점도 마음에 안 들었다. 노랑어리연은 왜 번지지 못했을까? 물배추는 왜 하얗게 변하여 사라졌을까? 다슬기는 왜 모두 없어졌을까? 물달팽이, 올챙이, 구피, 미꾸라지, 물벼룩 그리고 미생물까지, 이런 생물들로도 녹조를 억제 못 한다는 말인가? 도대체 내가 사는 아파트의 연못은 왜 그렇게 녹조가 주체 못 하게 번지는 것일까? 이런 질문들의 대답을 찾을 수 없어 아쉬웠다.

가을 연못

직박구리연못의 녹조는 나와 관리사무소 직원들의 작업으로 완벽하지는 않지만 보기 흉하지 않은 정도에서 억제되었다. 아무리 퍼내도 녹조가 끊임없이 생겨서인지, 언제부턴가 관리사무소 직원들은 녹조 제거에서 손을 놓았다. 다만 내가 멈추지 않고 녹조를 퍼내고 있기에 연못의 물을 빼지는 않았다. 결국 가을이 되어 날이 선선해지면서 직박구리연못에서 녹조의 기세가 꺾였다. 진작부터 녹조가 잡힌 개구리연못은 신경 쓸 일이 없었다. 직박구리연못만 10월 중순까지 일주일에 한 번 정도 뜰채로 녹조를 걷어내다 그 이후에는 하지 않았다. 녹조가 바닥에 깔린 상태로 더 이상 불어나지 않아 미관상 만족스럽지는 않았지만, 그 정도에서 놔두기로 했다. 아파트 관리사무소에도 찾아가 녹조가 어느 정도 진정되었으니, 물을 가능한 한 오래 연못에 채워두어 달라고 부탁했다. 관리사무소에서는 동파 문제가 없는 11월 중순까지 연못의 물을 넣어두겠다고 했다. 그때까지 아파트의 새들이 목을 축이고 목욕할 수 있겠구나 싶었다.

녹조를 퍼내는 일에서 벗어나니 좀 홀가분했다. 여름 동안 연못에 마음이 매여 있었다. 한 번 마음을 두고 돌보니 연못들이 이전과는 달리 느껴졌었다. 계속 신경이 쓰이고 손이 갔다. 이익이 되든 안 되든 사람은 자신이 정성을 들인 대상에 애정을 가질 수밖에 없다. 연못에 직박구리, 멧비둘기, 까치 같은 새들이 와서 물을 먹는 모습을 보면 흐뭇했다.

녹조와의 싸움은 힘들었지만, 새들이 연못에서 물을 먹는 모습을 보면 흐뭇했다.

어느 날 아침에는 노랑할미새 두 마리가 연못에서 물을 먹다 날아가는 모습을 보았다. 노랑할미새는 주로 계곡이나 저수지에 사는 여름철새 또는 나그네새이다. 고립된 아파트단지이지만 작은 연못이 있어서 노랑할미새가 들렀다고 생각하니 기분이 좋았다. 9월에 노랑어리연꽃도 몇 송이 피었다. 작고 노란 꽃이 아름다웠다. 내게 작은 보상이 주어지는 느낌이었다. 누군가 풀어놓은 구피는 어찌나 번식을 잘하는지 나중에는 조금 과장하면 연못이 물 반, 고기 반으로 바뀌었다. 주민들도 연못의 물고기를 보며 좋아했다. 연못에 물을 빼는 시기가 뒤로 미루어지면서 구피들이 살아 헤엄치는 시간도 늘었다.

10월 말이 되자 기온이 떨어지면서 구피가 연못에 보이지 않았다. 싸늘한 밤기운이 열대어류인 구피의 생을 거두어 갔다. 연못에서 한껏 자유롭게 생을 누렸지만, 구피를 연못에 풀어준 일은 좀 가혹한 면이 있었다. 여하튼 그 해에 연못물을 지키는 데는 구피가 큰 몫을 했다.

11월 중순에 예정대로 연못의 물이 모두 빠졌다. 그래서 연못 바닥에 남은 녹조 찌꺼기를 손으로 걷어냈다. 그다음 노랑어리연 화분에 있는 낡은 줄기들을 제거하고 물을 가득 채웠다. 화분의 물이 녹았다 얼었다 하며 새들이 겨울 동안 부족하나마 목축임을 할 수 있으리라 기대했다. 그러나 노랑어리연 화분의 물은 12월에 시작해서 이듬해 2월 말까지 대부분 얼어있었다. 간혹 따뜻한 날 물기가 비치기는 했다. 그런 미미한 물기라도 새들에게 도움이 되었을는지.

다음 해 연못

겨울 동안 노랑어리연 화분의 물이 꽁꽁 얼어있어서 이듬해 노랑어리연이 다시 살아날지 궁금했다. 뿌리까지 얼었다면 다시 싹을 틔우기 어려울지도 몰랐다. 다행히 4월이 되자 노랑어리연 싹이 나와 화분을 채우기 시작했다. 겨울에 화분의 물이 얼어도 노랑어리연의 뿌리가 월동함을 알 수 있었다.

5월 말에 이전 해처럼 다시 연못에 물이 채워졌다. 녹조 예방을 위해 물벼룩을 작년보다 많이 풀어보았다. 효과가 있는 듯 한동안 녹조가 없었다. 그러나 6월 말이 되자 녹조가 다시 걷잡을 수 없이 늘어났다. 어차피 녹조가 억제가 안 되고 뜰채 작업을 하려면 시간도 들고 허리도 아프니 그냥 놔둘까도 생각했다. 그런데 그러지 않았으면 했는데 이전 해처럼 누군가 또 구피를 연못에 풀어놓았다. 구피 때문에 차마 여름에 물을 빼게 놔둘 수 없었다.

뜰채로 녹조를 뜨면 수많은 수서곤충이 같이 올라왔다. 살 자리를 만들면 생명은 이내 찾아온다. 세상은 생명의 씨로 가득 차 있다.

모든 과정은 이전 해와 비슷했다. 장마 후 개구리연못은 물이 흐려지고 더 이상 녹조가 안 생겼다. 직박구리연못은 장마 후에도 녹조가 계속 늘어났다. 과산화수소도 소용이 없어서 다시 뜰채로 녹조를 걷어내야 했다. 뜰채를 걷어낼 때 보면 각종 수서곤충이 올라왔다. 물달팽이도 올라왔다. 물달팽이는 저류조에서 월동한 듯했다. 어디 있다가 오는지 소금쟁이도 돌아다녔다. 연못에 물을 대자 각종 생명이 찾아왔다. 살 자리가 만들어지면 생명은 반드시 찾아온다. 세상은 생명의 씨로 가득 차 있다. 꼭 새 때문만이 아니라 그 여러 생명체가 삶을 누리는 시간을 연장하기 위해서 녹조가 많다는 민원을 막고 싶었다. 나는 계속 뜰채 작업을 해야만 했다.

그러다가 9월에 허리를 다치는 일이 있었다. 더 이상 뜰채 작업을 할 수 없었다. 작업을 전혀 안 하니 연못이 녹조로 가득 찼다. 그렇다고 녹조 때문에 물이 빠지도록 놔둘 수는 없었다. 관리사무소에 전화해서 이전 해처럼 11월까지는 연못물을 빼지 말아 달라고 했다. 관리사무소에서 그렇게 하겠다고 했다. 어느 날 연못을 보니 표면에 하늘이 비추어 있었다. 그리고 녹조들이 마치 녹색 구름처럼 보였다. 나름 보기 좋다는 생각으로 정신 승리를 하고 있는데, 한 아이가 아빠와 같이 연못에 와서 이렇게 말했다. "아빠. 완전 똥물이야!"

그렇게 시간을 보내다 11월 중순에 연못의 물이 빠졌다. 이렇게 해서 그 해의 직박구리연못 투쟁은 끝났다. 그해 노랑어리연이 화분을 벗어나 연못 바닥 여러 곳에서 올라왔다. 어쩌면 다음 해에는 노랑어리연의 잎이 더 많이 연못을 덮어 녹조가 억제될지도 모른다. 물론 그리될지는 장담할 수 없다. 노랑어리연 잎이 오래 파랗지 않고 갈색으로 금방 변하는 문제도 있었다. 갈변한 잎이 미관상 좋지 않았다.

모든 게 썩 마음에 들게 되지는 않았다. 작은 연못 안에서도 자연은 복잡계여서 뜻대로 안 되고 예측이 어렵다. 여하튼 그해도 나름 수고했다. 자신과 인연이 닿은 대상에 작게라도 좋은 일을 했다는 점은 위안이 되었다. 그러나 허리통증을 안고서 뜰채 작업을 계속할 자신은 없었다. 나중에는 손목도 다치는 일이 있었다. 어찌해야 할까? 인터넷에서 EM 흙공과 우렁이가 녹조 제거에 좋다는 내용을 접했다. 한 번 시도해 볼 생각이다. 언젠가는 먹이사슬과 자정 작용으로 저절로 녹조가 억제되는 연못을 만들고 싶다. 묘안이 없을까?

노랑어리연 잎이 상당히 퍼졌지만 금방 갈변해서 보기가 안 좋았다.

논화분

직박구리연못과 함께 논화분도 내겐 중요한 관심사였다. 논화분을 설치한 뒤 조루로 수시로 물을 가득 주었다. 어느 날, 논화분에 딱새와 참새가 와서 물을 마시고 목욕하는 모습을 보았다. 딱새가 먼저 와서 꽁지깃을 씻으며 물을 마시는데 참새가 날아왔다. 딱새는 입을 크게 벌리고 겁을 주려다 이내 안 되겠다 싶은지 도망갔다. 전에도 보면 새들은 대치할 때 입을 크게 벌려 상대를 위협했다. 딱새와 참새가 툭탁거리는 모습이 아기자기하니 재미있었다. 작은 화분이 새들의 갈증을 덜어준다 생각하니 흐뭇했다.

5월 중순 볍씨를 논화분에 뿌렸다. 멧비둘기가 볍씨를 많이 먹는다고 해서 처음에는 한냉사를 논화분에 덮어주었다. 그런데 얼마 후 열어보니 싹이 난 볍씨가 뿌리를 내리지 못하고 둥둥 떠다녔다. 벼가 물속에서 싹이 트면, 이내 자리 잡고 저절로 수면 위로 올라올 줄 알았는데 아니었다. 처음에는 얕게 물을 넣었다 자라는 성장 정도에 맞추어 물 높이를 올려야 함을 벼농사 책을 보고 알았다. 그래서 일단 물을 빼고 날마다 조금씩 더 채웠다. 어느 정도 싹이 자라 자리 잡은 뒤 한냉사를 치웠다. 그 후로는 벼가 쑥쑥 자랐다. 볍씨를 너무 많이 뿌려서 수시로 벼를 솎아주었다.

논화분에서 물을 마시는 딱새. 논화분에 물을 넣자 여러 새가 찾아왔다.

7월이 되자 벼가 논화분을 가득 채웠다. 뿌리도 단단히 박혀 더는 솎아줄 수 없었다. 그래서 새들이 물을 먹을 때 앉도록 놓아둔 돌 주변으로 넘어오는 벼잎을 계속 따주었다. 어느 날 벼잎을 끊고 있는데 동네 아주머니 한 분이 다가와 뭐냐고 물었다. 겨울에 새 먹이로 벼를 키운다고 했더니 아주머니는 논화분을 유심히 보았다. 그러더니 줄기가 날씬한 것만 벼고 줄기가 넓은 것은 피라고 하며 지목한 풀의 넓적한 줄기를 뚝뚝 끊었다. 피도 씨앗이니 새가 먹지 않을까 생각됐지만, 아주머니의 태도가 워낙 단호해서 가만히 지켜보아야 했다. 후투티 사진을 보여준 보안실장도 논화분에 관심을 보였다. 아주머니가 말한 것 외에 벼와 피 사이의 다른 특징을 알려주었다. 피는 잎의 세로 가운데 선이 뚜렷하지만, 벼는 그런 선이 옅고 잎 전체가 녹색이라고 했다. 논화분이 아파트 주민에게 작은 관심거리가 된 것에 기분이 좋았다. 벼가 어떤 원예식물보다 도시 사람을 기분 좋게 함을 느꼈다.

화분에 벼를 키우는 중에 깔따구 유충과 장구벌레가 생겼다. 깔따구 유충은 선명한 붉은 색의 지렁이 모양인데 물속에서 몸을 요동치듯 움직이며 다닌다. 나는 처음에 깔따구 유충이 지렁이를 닮아 실지렁이라고 생각했다. 그러다 나중에 물웅덩이와 논에 있는 무척추동물을 채집하여 관찰하는 한 생태프로그램에서 깔따구 유충이란 걸 알았다. 그 프로그램에 참여한 한 어린이가 '춤추는 빨간 벌레'가 무엇이냐 물었었다. 동심이 만드는 표현이 재미있고 순수해 미소가 지어졌었다. 깔따구 유충은 퇴적물을 먹고 정화하는 역할을 해서 실지렁이와 생태적 역할이 비슷하다. 특별히 해로운 점은 없으니 그리 신경 안 써도 된다.

장구벌레는 모기의 유충이므로 관리가 필요하다. 주민들이 보면 싫어할 소지도 있다. 장구벌레가 생기면 논화분에 물을 주다 안 주기를 반복하면 억제할 수 있다. 벼가 물을 빨아들여서 여름에는 이틀이면 물이 말라 바닥이 드러났다. 그러면 장구벌레가 모두 사라져서 다시 물을 채워주었다. 다만 적기에 물을 다시 채워주어야 해서 계속 논화분에 관심을 두는 번거로움이 있기는 했다.

작물은 농부의 발자국 소리를 듣고 자란다고 한다. 내가 자주 들러서인지 벼가 아주 잘 자라서 그해 논화분에는 대풍이 들었다.

벼는 쑥쑥 잘 자라 가을이 되자 이삭이 풍성하게 달렸다. 농사로 따지면 풍년이었다. 작물은 농부의 발자국 소리를 들으며 자란다고 하는데, 논화분에 자주 들린 결과 같았다. 그런데 왜 그런지 가을에 벼가 잘 익은 후에도 새들이 알곡을 활발히 먹지 않았다. 일단은 가을에 조경수 열매가 많으니, 그

것을 먼저 먹는 것이 아닐까 생각했다. 새에게 알곡보다 과실이 더 맛있어서 그러리라 추측했다.

겨울이 되니 인기가 없던 벼에 새들이 관심을 보이는 듯했다. 조경수 열매가 줄어들자, 새들이 벼를 찾아왔다. 주로 참새가 눈에 많이 띄었다. 그런데 볍씨는 드문드문 없어지지 않고 이삭에 따라 전부 있거나 없었다. 볍씨가 일부만 남아 있는 이삭은 없었다. 좀 의아하긴 했지만, 참새가 알곡을 먹을 때 옮겨 다니지 않고, 선택한 이삭을 집중적으로 먹고 다른 이삭으로 옮긴다고 추측했다. 논화분이 새들의 겨울 허기를 덜어준다고 생각하니 흐뭇했다. 알곡은 빠른 속도로 없어지지는 않았다. 겨우내 걸쳐서 조금씩 줄어들어 2월 중순에야 알곡이 거의 사라졌다. 참새들이 똑똑하게 적절히 주기를 배분해서 먹나 싶었다.

그런데 이런 추측은 완전히 오류였다. 이듬해 3월에 논화분을 보다가 보안실장을 만났다. 내가 새들이 알곡을 이삭별로 순차적으로 먹었다고 하니 그분이 진짜 경과를 말했다. 그분은 새들이 볍씨를 너무 안 먹어서 신경이 쓰였다고 한다. 그래서 이삭을 훑어 바닥에 뿌려주니 잘 먹더라고 말했다. 그제야 왜 알곡이 듬성듬성 없어지지 않고 이삭 전체가 순차적으로 없어졌는지 알 수 있었다. 보이는 것만으로 섣불리 결론 내려서는 안 됨을 새삼 느꼈다. 전혀 생각하지 못한 것이 원인일 수 있다.

센서캠

다음 해에는 새로운 시도로 논화분 가까이에 센서캠을 설치했다. 센서캠은 움직이는 물체가 감지되면 카메라가 켜져 일정 시간 동영상을 찍는 기기이다. 센서캠을 작동해서 새들이 어떻게 논화분을 이용하는지 보려 했다. 3월 중순에 논화분에 다시 물을 채웠다. 3월 중순에 벼를 베어내고 흙을 뒤집었다. 써레질하듯이 화분에 거름을 넣고 그 위에 흙을 넣고 물을 채운 뒤 삽으로 섞었다.

물은 채운 뒤 센서캠을 작동시켜보았다. 처음 하루 동안 설치해서 영상을 확인하니 참새 11마리, 까치 2마리, 멧비둘기 1마리, 딱새 1마리가 논화분에서 물을 마시고 갔다. 참새와 까치는 종종 목욕도 했다. 물은 안 마셨지만, 길고양이 한 마리도 논화분 근처에 왔다가 갔다. 내가 자주 보지 못했을 뿐이지 실제로 새들이 논화분을 이용한다는 사실을 확인하니 기분이 좋았다.

참새가 벼에 달린 알곡보다 땅에 떨어진 볍씨를 좋아하는지 알기 위한 실험도 해보았다. 플라스틱통에 볍씨를 가득 담고 논화분 근처에 두었다. 하루를 설치하고 다음 날 센서캠 영상을 확인해 보니 플라스틱통에 참새들이 버글버글 모여든 모습이 보였다. 참새들이 먹어 볍씨는 깔끔하게 모두 사라졌다. 참새는 확실히 이삭에 달린 것보다 바닥에 떨어진 알곡을 좋아했다. 흔들리는 벼에 매달려 알곡을 먹는 일은 참새에게 힘들 수 있다. 벼가 참새의 무게를 이기지 못하고 흔들리거나 꺾여 불안정하기 때문이다.

그해도 논화분에 벼가 잘 자랐다. 중간에 잠깐 잎이 노랗게 마르는 병해가 들기는 했다. 그래도 시간이 지나니 이내 괜찮아졌다. 가을이 되니 벼가 잘 익었다. 다만 이전 해보다는 벼 알곡이 덜 맺혔다. 그하는 피를 뽑지 않았다. 아무래도 그 영향인 듯했다. 그해 겨울에는 새들이 벼단 아니라 피도 먹었겠지만, 논화분의 모습이 이전 해보다 덜 보기 좋았다. 주민들이 벼화분을 보는 재미도 있으니, 어느 정도는 피를 관리해야겠다고 생각했다.

이렇게 논화분은 새가 목을 축이고 겨울에 먹을거리를 얻는 장소로 자리를 잘 잡았다. 논화분이 연못이 없는 아파트에서 새에게 물을 주는 좋은 방법이 될 듯했다. 다만 벼가 성장을 위해 물을 빨아들이고 증산작용도 해서, 자주 물을 주어야 하는 단점이 있긴 하다. 물론 어떤 용기에 물을 주어도 갈아주어야 하니 손이 가기는 마찬가지이다. 용기를 쓴다면 물확처럼 조경미를 살려서 비치하면 어떨까 싶다. 건물을 세우고 바닥을 포장하면서 아파트에는 새들이 물을 마시고 목욕할 만한 곳이 없다. 논화분처럼 수생식물을 심은 화분을 두거나 물확을 비치하면, 새들이 잘 살게 도움을 주면서 아파트 경관도 개선하리라 본다.

센서캠에 찍힌 논화분을 찾아온 새들. 까치, 참새, 멧비둘기, 딱새 등 다양한 새가 논화분을 찾아왔다.

3. 곤줄박이 인공새집

인공새집 설치

연못과 고군분투하던 그해 또 다른 관심사는 인공새집이었다. 인공새집은 아파트에 새들이 번식할 장소를 제공하기 위해 시도했다. 인공새집은 아파트탐조단 강의에서 접하면서 관심을 두게 되었다. 아파트 정원의 조경에 대한 강의였는데, 조류에 의한 생물학적 곤충 방제가 살충제에 의한 화학적 방제보다 위해성이 적고 효과가 높을 수 있다는 의견이 인상적이었다. 아파트에 새들이 많이 살게 하면, 인체에 유해한 살충제를 뿌리지 않고 먹이사슬을 통해 곤충 방제를 할 수 있다는 의견이었다.

아파트에서 탐조하다 보니 정원이 눈에 들어왔고 새들이 사는 공간에 대한 애정이 생겼다. 자신이 사는 아파트에 이렇게 좋은 정원이 있음을 탐조하면서 알았다. 전에는 아무 신경을 쓰지 않고 아파트 정원을 지나쳤는데 새를 보면서 꽃도 보이고 나무도 보였다. 인공새집을 설치해서 새들이 잘 번식해서 곤충을 억제하면, 정원의 식물이 잘 자라고 새와 사람 모두에게 좋겠다고 생각했다.

인공새집 10개를 설치하여 새들이 잘 이용하는지 모니터링해보려 했다. 만일 새들이 인공새집에 많이 들어와 번식한다면, 살충제를 대신해 새들이 해충을 방제하는 방안을 모색할 수 있다고 보았다. 독표로 한 종은 박새였다. 박새는 육식성이 강해서 번식기에 곤충을 많이 잡아 새끼에게 먹인다. 그리고 인공새집을 가장 많이 이용하는 새이기도 하다. 인공새집은 박새와 같은 2차 수동성 조류의 번식에 도움을 준다. 수동성 조류는 나무 구멍에 둥지를 트는 새를 말한다. 스스로 나무에 구멍을 내서 둥지를 만드는 딱다구리류는 1차 수동성 조류라 한다. 박새류처럼 1차 수동성 조류의 둥지를 재사용하거나 자연적으로 생긴 나무 구멍에 둥지를 트는 새를 2차 수동성 조류라 한다. 박새류, 동고비, 딱새, 흰눈썹황금새 등이 2차 수동성 조류이다.

1차 수동성 조류는 주로 죽거나 나이 든 나무처럼 무른 재질의 나무에 구멍을 뚫고 둥지를 만든다. 그런데 아파트에서는 고사목이 생기면 미관을 고려하여 바로 제거한다. 또 지하 주차장을 설치하면서, 인공지반을 만들고 그 위에 나무를 새로 심어서 수령이 오래된 큰 나무도 적다. 그리고 인공지반 위라 흙도 깊이 쌓지 않아 나무가 크게 자라기 어렵다. 더구나 아파트단지에는 딱다구리류가 별로 살지 않는다. 그래서 박새류가 둥지를 틀 나무 구멍이 없다. 그런데 인공새집이 딱다구리류가 만드는 구멍을 대신할 수 있다. 인공새집은 인위적인 수목 관리로 자연이 왜곡된 부분을 보충해 준다.

인공새집은 1857년 독일의 베르레프슈에서 160ha 조림지에 해충방제를 위해 2,000개가 처음 설치되었다. 당시 독일에서 전 지역에 산림해충이 발생했는데 인공새집을 설치한 곳은 피해가 없었다. 2009년에 국립산림과학원이 홍릉 숲에 인공새집을 설치하고 모니터링한 결과에 따르면, 박새 한 쌍이 연간 18만 7,500마리의 해충을 새끼에게 먹여 약 48만 원 정도의 방제 효과가 있었다고 한다. 박새류가 잘 살아서 정원에 살충제를 안 써도 되면 좋겠다는 생각에, 인공새집 설치를 연못조경과 함께 조경동호회에 제안하고 아파트대표회에서도 발표했다.

인공새집은 3월 초에 설치했다. 보통 모든 인공새집에 새가 들어오지는 않는다고 한다. 그래서 공원에 설치된 사례들과 비슷하게 30% 정도는 들어왔으면 했다. 아파트에 박새류가 꽤 있어서 그 정도는 들어오지 않을까 기대했다. 인공새집은 일반적으로 제시되는 기준에 따라 설치하되, 아파트 구역 전체에 고르게 설치하려 했다. 뒷산 근처만이 아니라 반대편 구역에도 인공새집이 박새류를 끌어들일지 궁금했기 때문이다. 인공새집은 가능한 충분한 간격을 두고 설치했다. 목표종인 박새는 30m 이상의 거리를 두어야 둥지를 튼 개체들 사이에 충돌이 없다고 들었기 때문이다. 그런데 이런 기준이 절대

적이지는 않았다. 다음 해에 인공새집을 재배치했는데 10m 정도 간격으로 설치한 두 곳에서 모두 번식이 있었다. 처음 인공새집을 설치할 때 따랐던 통용기준은 다음과 같다.

- 차도나 보행로와 일정 거리가 있는 곳
- 햇빛이 잘 들되 직사광선에 노출되지 않는 곳
- 나무 앞은 트여 있되 주변이 적절히 가려진 곳
- 길고양이 등 천적이 접근 못 하게 인공새집 아래에 나뭇가지가 없을 것
- 지상에서 적정 높이 확보(최소 1.5m 이상)
- 둥지 구멍을 빗물이 안 들어오게 수직이나 약간 아래로 향하게 할 것
- 박새를 목표종으로 하면 인공새집 구멍 지름은 3~4cm가 적정
- 번식기 영역 다툼을 고려하여 인공새집 간 30m 이상 간격을 두고 설치

좀처럼 새가 깃들지 않았다

인공새집을 설치하고 이제나저제나 새가 들어올까 기다렸다. 그런데 새가 들어올 기미가 전혀 보이지 않았다. 그러다 문득 박새류가 아파트에서 보이지 않는다는 걸 알았다. 번식기가 되자 박새류가 뒷산으로 올라간 것 같았다. 아파트보다 뒷산이 새끼를 키우기에 더 안전하고 덕이 많기 때문이다. 뒷산에는 사람이 접근하지 못하는 곳이 꽤 있고, 딱다구리류가 만들어 놓은 나무 구멍도 많다. 그리고 새끼에게 먹일 곤충이 풍부하다. 번식기에 새들은 영양이 많고 소화 잘되는 육식성 먹이로 새끼를 키운다. 박새류는 육식성이 강해서 다른 새보다 새끼를 키울 때 곤충을 더 선호한다. 그런데 산아래아파트는 수목소독을 해서 뒷산보다 곤충 밀도가 낮다.

감정이입을 해서 내가 새라고 가정하고, 번식 장소로 아파트와 뒷산 중에

서 고르라면 당연히 뒷산을 선택할 것이다. 원격무선 추적으로 번식기 활동 범위를 조사한 송원경의 연구에 의하면, 박새는 번식기에 둥지로부터 30m 이내에서 주로 활동한다. 이 정도의 좁은 영역에서 새끼를 위한 먹이를 구해야 하는데, 수목소독 때문에 곤충밀도가 낮은 아파트단지는 번식에 덜 매력적이다. 풍부한 곤충과 나무 구멍이 있는 야산이 바로 옆에 있다면 박새류는 그리로 갈 수밖에 없다. 그래서 번식기에 박새류가 아파트단지에 보이지 않은 것으로 추정됐다. 반면 가을이 되면 조경수 열매를 먹으려 뒷산에서 다시 내려오기 때문에, 아파트단지에 박새가 늘어난다고 보였다. 여러 야생동물이 그러하듯이 박새도 번식기에 숲으로 들어가고, 추위가 오면 인가가 있는 평지로 내려오는 작은 이동을 하는 듯했다.

만일 박새류가 주거지와 가까이 둥지를 틀려 한다면 무엇보다 안전을 중시하는 듯했다. 길동생태공원이나 홍릉수목원을 보면 인공새집이 그리 높지 않은 위치에 있어도 박새류가 둥지를 틀었다. 그러나 내가 사는 동네를 보면, 둥지를 모두 사람 손이 닿지 않는 3m 이상인 곳에 틀었다. 박새류는 내가 설치한 멀쩡한 인공새집을 놔두고, 아파트 정자의 지붕 틈, 주택가 골목에 있는 통신탑의 좁은 홈, 테니스장 조명의 전등갓에 둥지를 틀었다. 모두 사람의 손이 닿지 않는 높은 곳이었다.

5월 중순이 되어도 인공새집 어디에도 새의 기척이 없었다. 새의 포식 활동으로 살충제를 대체한다는 거창한 생각을 가졌었는데 좀 실망스러웠다. 그리고 인공새집에 대해 꽤 힘주어서 조경동호회 사람들에게 얘기했는데, 결과를 뭐라 설명할까 난감했다. 그런데 5월 말에 인공새집 한 곳 근처에서 박새류의 소리가 요란하게 들렸다. 소리 나는 곳으로 가보니 길고양이 한 마리가 인공새집 근처를 얼쩡대고 있었다. 내가 다가가자 길고양이는 도망쳤다. 왠지 강한 느낌이 들어 인공새집 옆의 문을 살짝 열어보니 이끼가 잔뜩 쌓인 것이 보였다. 박새류는 둥지 재료로 이끼를 많이 사용한다. 분명 박새류가 둥지를 튼 것이다. 어미새가 놀랄까 봐 얼른 문을 달고 자리를 떴다. 박새류는 알을 품고 있을 때 자꾸 들여다보면 둥지를 포기하고 다른 곳에 다시 알을 낳는 경우가 있다고 한다. 단, 이미 포란이 끝나고 육추를 시작하면 어떻게든 둥지를 사수한다.

새끼를 키우는 어미에게 스트레스를 주지 않기 위해 멀리서 보기만 했었는데, 인공새집 안을 한 번은 확인해야 번식 여부를 알 수 있겠다는 생각이 들었다. 미안한 마음이 들었지만, 인공새집 측면에 있는 청소용 문을 모두 열어보았다. 최초로 이끼가 쌓인 것을 확인한 인공새집에서 30m쯤 떨어진 다른 곳에서도 이끼류가 쌓인 것을 확인하고 문을 닫았다. 나머지 인공새집은 비어 있었다.

그 후로부터 인공새집 두 곳을 멀찍이서 유심히 보았다. 그러나 박새류가 인공새집을 드나드는 모습은 좀처럼 볼 수 없었다. 답답한 마음으로 지켜보던 어느 날 인공새집 구멍 밖으로 머리를 빼꼼히 내밀고 있는 새를 보았다. 곤줄박이였다. 그리고 며칠 후 다른 인공새집에서도 얼굴을 내민 곤줄박이를 보았다. 두 곳 모두 곤줄박이가 들어왔다. 곤줄박이는 박새보다 산림성이 강하고 개체수도 적은데 인공새집을 찾아와줘 정말 고마웠다. 그 후로 나는 곤줄박이가 유달리 정이 갔다.

곤줄박이의 이소

곤줄박이는 통상 보름 정도 포란하고 보통 보름에서 삼 주 정도를 육추한다. 인공새집을 이용한 곤줄박이도 이와 비슷한 기간에 번식을 마쳤다. 5월 24일에 둥지 구멍으로 곤줄박이가 머리를 내민 것을 처음 보았고, 6월 22일에 둥지를 떠난 것을 확인했다. 두 곳 모두 비슷한 시기에 번식이 이루어졌다. 포란과 육추를 자세히 보려면 인공새집을 열어보아야 하지만, 어미새의 스트레스를 생각해서 그렇게 하지 않았다. 그냥 둥지 주변에서 보이는 어미 새의 행동으로 둥지 안의 상태를 짐작했다.

포란 중에는 곤줄박이가 인공새집을 드나드는 모습을 거의 볼 수 없었다. 그러다 육추가 시작되면서 곤줄박이가 벌레를 물고 인공새집을 들락거리는 모습이 종종 보였다. 그런데 곤줄박이는 인공새집을 사람이 보지 않을 때 드나들려 했다. 인공새집 근처 나뭇가지에 앉아 있는 곤줄박이를 보았는데, 내가 지켜보자, 딴청을 부리며 가만히 앉아 있었다. 그러다 내가 일부러 다른 방향으로 고개를 돌리고 곁눈질로 보면, 그제야 쏜살같이 둥지 안으로 들어갔다. 천적에게 둥지를 노출하지 않으려는 행동으로 보였다. 그래서 나는 항상 인공새집 구멍과 다른 방향에 서서 곁눈질로 보아야 했다. 곤줄박이는 둥지를 튼 인공새집은 모두 구멍이 인도와 반대 방향이었다. 새집을 드나드는 모습을 들키기 싫어 그러한 인공새집에만 둥지를 튼 듯했다. 나도 둥지를 들키지 않게 하려고 다른 사람이 없을 때만 인공새집을 곁눈질로 보았다. 누구라도 인공새집으로 들어가는 새를 보고 열어보면 낭패이기 때문이다.

인공새집 안으로 어미가 들어가면 먹이를 달라고 새끼들이 지르는 소리가 들렸다. 더 크게 입을 벌리며 소리 지르는 새끼가 먹이를 받을 가능성이 크다. 어미는 새끼의 입 속의 색에 반응하여 먹이를 주기 때문에 입을 더 크게 벌릴수록 유리하다. 곤줄박이는 5~8개의 알을 낳는다. 이 중 먹이를 충분히 먹은 새끼만 살 수 있기에 소리 지르기도 생존경쟁의 하나이다. 어떨 때 보면 새끼들은 어미가 둥지를 떠난 후에도 '찌지징, 찌지징' 하며 소리를 냈다. 어미에게 먹이를 가지고 오라고 재촉하는 소리 같았다.

포란과 육추를 가까이서 보지 못했지만, 그들이 거기 있다는 것을 알고 멀리서 보며 응원하는 것만으로 즐거웠다. 그러다 어느 날 인공새집에서 새끼들의 소리가 들리지 않았다. 이소했겠다고 짐작되어 인공새집을 열어보니 새끼들이 없었다. 인공새집에는 이끼류와 마른풀이 있고 그 위에 털 종류가 얹어있었다. 둥지의 높이는 약 3cm 정도였다.

곤줄박이는 주로 이끼를 재료로 둥지를 만들었다.

총 10개의 인공새집 중 2개에서만 번식이 이루어졌다. 애초의 기대에는 많이 못 미치지만 그래도 두 곳의 번식을 보면서 기분이 좋았다. 그리고 깨달은 바도 있었다. 조경수가 다양해서 어쩌면 아파트 정원이 뒷산보다도 새에게 좋은 서식지일지도 모른다는 생각은 틀렸었다. 박새류가 아파트 정원에 살기는 하지만 번식은 꺼렸다. 먹이가 되는 곤충이 부족하고 사람이 많아서 안전하지 않기 때문이다. 아파트 정원이 새에게 좋은 서식지가 되기 위해서는 곤충이 적절히 살아야 한다. 깔끔한 정원을 원하는 사람들의 바람과 다른 생명들이 잘 사는 서식지를 마련하는 일을 조화하는 방안이 필요했다.

버려진 땅이 좋은 서식지

인공새집 번식을 보면서 인간이 버린 곳이 새에게는 귀중한 장소라는 역설적인 사실을 알았다. 1986년 원전 사고가 발생하였을 때 체르노빌은 영원히 아무것도 살 수 없는 불모의 땅이 되리라고 보았다. 그러나 사람이 떠난 이후 오히려 풍부한 생태계가 복원되어 다른 곳보다 더 많은 생물이 살고 있다. 최상위 포식자는 다른 자연 서식지보다 무려 7배나 서식밀도가 높아졌다. 동물에게 인간은 방사능보다도 위험한 존재이다. 따라서 사람 주변에 다른 동물이 살 수 있으려면, 인간의 영향을 최대한 줄이는 노력이 필요하다.

곤줄박이가 둥지를 튼 두 곳은 아파트단지 내에서 후미진 장소였다. 뒷산과 인근 대학에 인접한 아파트 외곽의 장소로 사람들이 관심을 두지 않고 수목 관리를 안 하는 곳이다. 나무가 깔끔하게 관리된 조경공간에는 둥지를 안 틀고 어찌 보면 버려진 땅에 곤줄박이는 둥지를 틀었다.

어떤 장점 때문에 그곳을 선택했을까? 우선 사람의 접근이 적어 안전하다. 후미진 곳이어서 관심을 가지고 접근하는 사람이 별로 없다. 인공새집이 비록 낮게 설치되어 있지만, 보행로와 둥지 사이에 나무가 여럿 있어서 잘 보이지 않았다. 해당 장소는 안전할 뿐 아니라 먹이도 많다. 조경 관리를 안 해서 살충제를 뿌리지 않아 곤충이 많기 때문이다. 또 아파트와 인접한 대학과의 사이에 식물이 자연 그대로 자라는 방치된 공터도 있다. 역시 곤충이 풍부한 곳이다. 역설적이지만 수목 관리를 안 하는 곳이 경관은 비록 떨어지지만, 새가 번식하기는 더 좋은 장소였다.

조경관리를 하지 않고 사람의 시선이 닿지 않은 곳에 곤줄박이는 번식했다.

그렇다면 아파트 정원의 수목 관리를 어떻게 해야 할까? 새가 많이 살게 하려면 정원의 나무를 자연에 맡겨서, 가지치기도 안 하고 죽은 나무도 남겨서 새들의 은신처를 많이 남겨야 한다. 또 새들이 먹을 곤충이 많이 있게 수목소독도 안 해야 한다. 곤충이 있어야 새도 잘 산다. 그런데 사람들은 곤충이 많이 돌아다니고 나무의 모습이 어지러운 정원을 좋아할까? 아무래도 곤충이 없고 깔끔한 모습의 정원을 원할 것이다. 새가 잘 살게 하면서도 주민들이 원하는 바를 충족시키는 방법은 없을까? 우리의 공간 중 모두는 아니지만, 일부는 다른 생명을 위해 남기면 어떨까 싶다. 아파트의 일정 구역을 생물서식지로 정해 나무와 풀이 자연 그대로 자라게 했으면 한다. 자연과 비슷한 공간이 마련되면, 새들이 안심하고 번식할 수 있다. 이러한 곳이 새를 비롯한 다른 동물의 서식 거점이 되면, 아파트 정원 전체의 생물 다양성이 높아질 수 있다.

일정 규모가 되는 장소가 있다면 그곳을 자연형으로 유지하면 된다. 만일 큰 공간이 없다면 아파트 조경공간 중 사람이 접촉하는 전면부는 밀도 있게 조경 관리를 하고, 그 배후공간 중 일부를 식물이 자연스럽게 자라게 하면 되리라 본다. 이러한 배후공간에 사는 곤충은 자연적인 먹이사슬로 억제하면 어떨까 한다. 모든 장소를 인간이 개입하려 말고 일정 구역은 자연에 맡기는 공간관리 방식이 도입되었으면 한다.

수목소독에 대한 지침이 필요하다

아파트 정원을 생물서식지로 보는 관점에서 수목소독지침의 개발이 있어야 한다. 가치 있는 생물서식지가 되기 위해서는 곤충의 밀도가 적절히 유지되어야 한다. 따라서 무한정 살충제를 쓰는 것이 아니라 꼭 필요한 정도만 사용하는 지침이 필요하다. 현재는 곤충을 무조건 제거할 대상으로만 보고 있다. 곤줄박이 인공새집을 보면서 새를 보호하기 위해서는 곤충이 보호되어야 함을 느꼈다. 곤충이 사는 정원이 건강한 정원이다. 곤충을 해로운 존재로 여기지만, 곤충 다양성이 동물과 식물의 다양성을 결정한다. 여러 동물의 먹이가 되고 식물의 수정을 매개하기 때문이다. 지구상의 곤충은 무려 약 100만 종에 이른다. 그 외 다른 동물이 40만 종, 식물이 35만 종인 데 비해 훨씬 종류가 많다. 그 수도 많아서 약 140경 마리의 곤충이 살고 있다고 한다. 그만큼 곤충은 생태계 곳곳의 연결고리이자 기초 역할을 한다. 곤충이 없으면 인간도 없다. 사람에 따라 곤충이 불편하겠지만 너그럽게 받아들이고 같이 살아야 한다.

수목소독지침은 유익한 곤충이 살게 하기 위해서도 필요하다. 2022년에는 우리나라에서 약 78억 마리의 꿀벌이 사라지는 일이 있었다. 꿀벌은 식물 수분의 대부분을 담당하여 식물이 잘 살기 위해서는 꼭 필요한 곤충이다. 유엔환경계획(UNEP)에 의하면 세계 식량의 90%를 차지하는 작물 100종 중 70종 이상이 꿀벌의 수분에 의존한다. 꿀벌이 사라지면 식량 생산에 직격타가 온다. 꿀벌이 사라진 원인 중 하나로 네오니코티노이드 성분이 들어간 농약이 지목되고 있다. 네오니코티노이드 성분의 농약은 꿀벌의 신경 전달을 방해해 벌 폐사를 유발한다. 이러한 위해성 때문에 EU에서는 사용을 금지하고 있다. 식물을 잘 살게 하려고 살충제를 뿌리지만, 유익한 곤충의 소멸로 오히려 해가 될 수 있다. 그리고 살충제는 곤충 간의 먹이사슬을 깨뜨려서 오히려 내성이 생긴 해충이 더 많아질 우려도 있다.

수목소독지침은 사람을 위해서도 필요하다. 수목소독에 쓰이는 농약은 사람에게도 해롭다. 특히 어린이와 노약자에게 더 해롭다. 무엇보다 살충제를 살포하는 작업자가 가장 악영향을 받는다. 그러므로 살충제 살포는 필요한 최소한으로 해야 한다. 지금은 여러 약재를 섞어서 모든 수목에 포괄적으로 살포하고 있다. 아프기도 전에 항생제와 해열제를 먹는 격이다.

반면에 정원의 경관성과 병충해 관리를 위해서 최소한의 수목소독은 필요하다. 독성 문제가 적고 잔류성이 없는 약재를 가능한 적은 종류를 써서 병충해가 있는 곳만 살포하면 안 될까? 나머지는 새와 여러 곤충이 만드는 먹이사슬로 관리하면 어떨까? 현재는 이에 대한 지침이 없다. 물론 단순한 추측만으로 이러한 지침이 마련될 수는 없다. 그래서 전문가들의 심층적인 논의를 거쳐 생태적 시각을 반영한 수목소독지침이 수립 전파되었으면 한다.

사람과 정원이 모두 건강해지는 길이다. 수목소독지침을 정하고 이를 지키는 아파트에 대해 생태정원 인증을 하면 어떨까? 아파트 가치를 높이기 위해 환경친화적으로 정원을 관리하려는 노력을 끌어내리라 본다.

인공새집 재배치

새들의 번식이 끝난 후 가을에 인공새집 내부를 청소했다. 인공새집을 청소해서 깨끗이 해주어야 다음 해에 새들이 둥지를 튼다고 한다. 청소 후에 인공새집을 옮겨서 재배치했다. 한 해 경험하고 나니 산아래아파트의 어떤 곳이 박새류 번식에 적합한지 감이 왔다. 사람이 많이 사는 아파트에서 박새류는 무엇보다 안전을 중시해서 둥지 자리를 잡았다. 그래서 인공새집 배치의 통상적 기준에 더해서 새가 심리적 안정감을 느낄만한 장소를 찾는 데 중점을 두었다. 그래서 다음과 같은 기준으로 인공새집을 재배치했다.

- 정자 지붕처럼 사람 손이 닿지 않는 높은 곳이나 여러 나무에 가려 사람의 눈이 닿지 않는 곳에 설치할 것
- 구석진 곳이라도 아파트 창문이 인공새집을 향한 장소는 피할 것. 새는 사람의 시선과 소리를 꺼린다.
- 인공새집 구멍은 인도의 반대편으로 할 것. 새들은 둥지를 드나드는 모습을 보이길 꺼린다. 구멍을 인도 반대편으로 하면 수목소독 시에 새끼들이 농약에 맞을 가능성도 줄어든다.
- 가로등이 주변에 있다면 밤에 빛의 방해를 받지 않도록 인공새집 구멍이 향하지 않게 등을 지어 설치할 것

이러한 기준으로 재배치해 보니 인공새집 대부분을 아파트 외곽에 두게

되었고, 특히 뒷산과의 경계부에 많이 설치되었다. 아파트단지 내부에 설치한 장소도 여러 나무에 가려 사람들이 잘 볼 수 없는 곳이었다. 이렇게 은폐된 곳을 찾다가 보니 대부분 어두웠다. 보통 햇빛이 잘 드는 곳에 인공새집을 설치하라고 해서 마음에 걸렸지만, 목표종인 박새류가 산림성이기 때문에 좀 어두운 곳도 괜찮으리라 보았다. 높은 곳에는 작업 부담이 있어 인공새집을 설치하지 않았다. 그냥 손으로 밀어서 인공새집을 최대한 올릴 수 있는 정도의 높이에 설치했다.

다음 해에는 사람의 눈이 닿지 않는 곳으로 인공새집을 재배치했다.

딱 한 곳은 사람에게 잘 보이는 곳으로 했다. 비록 새가 들어오지 않더라도 아파트에 인공새집이 있음을 주민들에게 알리고 싶었다. 아파트 정원에 인공새집이 있어 보기 좋다는 주민들을 보았기 때문이다. 비록 새가 둥지를 안 틀더라도 인공새집은 아파트 정원 소품으로 예쁠 뿐 아니라, 다른 생명과 같이 살려는 인정스러운 느낌을 주민에게 준다.

이듬해 3월에 추운 겨울 동안 어떤 변화가 있었을지 몰라 인공새집을 열어보았다. 두 곳에서 새똥이 가득한 것을 발견하고 다시 청소했다. 겨울에 추위를 피해 인공새집에서 잔 것으로 보였다. 새들은 자기 배설물을 그리 꺼리지 않는 듯했다. 주행성 동물인 새가 배설하려고 밤에 이동하는 일은 위험하다. 그래서 일단 인공새집에서 잠을 자면 그냥 배설한다고 한다. 겨울 동안 배설물이 쌓일 수 있으니, 번식기 전에 한 번은 인공새집 내부를 확인하고 청소해 주면 좋다.

인공새집마다 새가 들어오다

재배치 후 어떤 변화가 있을지 기다렸다. 이듬해 봄 정말 놀라운 변화가 있었다. 4월 말 퇴근길에 인공새집 한 곳에서 문틈으로 이끼가 삐져나온 모습을 보았다. 박새류가 둥지를 짓고 있는 징후였다. 한동안 잊고 있다가 문득 발견하자 너무 신이 나서 아파트 정원을 돌았다. 그런데 10곳 중 5곳의 인공새집에서 이끼가 삐져나와 있었다. 두 곳에선 새끼들의 울음소리도 들렸다. 둥지를 짓는 기간, 산란, 포란 기간을 역산하면 이미 3월에 예상보다 빨리 번식을 시작한 셈이다. 그리고 5월이 되자 3곳에서 더 번식 징후가 보였다. 새끼 소리가 먼저 들리던 두 곳은 이소가 이루어졌다. 그리고 얼마 후 두 곳 중 한 곳에서 이차 번식도 진행되었다. 인공새집 10곳 중 무려 8곳에서 번식이 이루어졌고 이차 번식을 포함하면 9번의 번식이 있었다. 일반 공원에서보다 월등히 높은 번식률이었다.

어떤 이유로 이러한 결과가 나왔을까? 아마도 아파트에서 번식할 수 있는 인공새집이 매우 희소한 자원이기 때문으로 보인다. 숲이나 공원에서는 인공새집 외에도 번식할 나무 구멍이 꽤 있지만, 아파트에서는 인공새집이 거의 유일한 번식장소이다. 인공새집을 새들이 심리적 안정을 느낄 만한 장소에 적절히 배치하면 이용할 가능성이 꽤 크다. 그래서 이전 해와 달리 나무 구멍과 곤충이 많은 뒷산으로 가지 않고, 박새류의 상당 개체가 아파트에 남아 번식했다. 인공새집이 그들을 머물게 했다.

새들은 봄 여름에는 둥지를 틀 자리가 많은 곳에 머물고, 겨울에는 다양한 먹이가 있는 곳으로 모인다. 그래서 봄 여름에는 뒷산으로 갔다가, 가을 겨울에는 조경수의 열매를 찾아 아파트로 왔다. 그런데 인공새집이 주어지자 박새류들이 봄 여름에도 아파트 정원에 머물렀다. 경쟁의 회피가 한몫했다고 본다. 뒷산이 번식처로 모든 점에서 좋지만 그만큼 동종 간의 경쟁도 심하고 천적도 많다. 그래서 곤충밀도가 다소 낮더라도 안전한 장소만 제공되면 박새류도 아파트 정원에서 번식을 시도한다고 추측되었다.

인공새집을 가을에 일찍 재배치한 점도 유리하게 작용했다. 번식기 전에 박새류는 둥지 자리를 탐색하는데 이때 미리 인공새집을 번식할 곳으로 점찍었으리라 본다. 반면 인공새집을 단 첫해에는 3월에 설치해서 박새류가 탐색할 시간이 부족하지 않았을까 싶다. 그러므로 인공새집을 겨울에 미리 설치해서 그 지역에 사는 새들이 인공새집에 익숙해질 시간을 주면 좋다.

이끼가 삐져나온 모습을 발견하면, 그 후로 한 달이 조금 지날 때부터 인공새집을 좀 더 유심히 관찰했다. 박새류는 육추를 위해 먹이를 나를 때 자주 볼 수 있는데, 둥지 짓는 기간, 산란 기간, 포란 기간을 더해 얼추 한 달 정도 지나면 육추 시기에 접어든다. 먹이를 나르려 인공새집을 드나드는 어미를 포착해서 무슨 종이 번식했는지를 파악했다. 육추가 시작되고 20일 정도가 지나면 인공새집을 열어 이소가 종료되었음을 확인했다. 이소가 끝난 곳은 청소해서 이차 번식을 유도했다. 이렇게 해서 한 곳에서 이차 번식이 있었다.

전체 총 9건의 번식 중 4건은 곤줄박이, 5건은 박새였다. 쇠박새, 딱새, 참새 등 인공새집을 이용하는 다른 종이 아파트에 살지만, 박새와 곤줄박이만 인공새집에서 번식했다. 여러 새 중에서 두 종이 인공새집을 가장 적극적으로 선호했다. 주변의 환경도 영향을 주었으리라 본다. 아무래도 주변에 많이 서식하는 조류가 이용 가능성이 크다. 근처에 논이 많은 박임자 단장의 아파트에서는 참새가 주로 인공새집을 이용했다고 한다. 반면에 숲이 가까운 산아래아파트에서는 산림성인 박새류가 인공새집을 주로 이용하였다.

그 전해와 비슷한 시기인 6월 29일로 모든 인공새집 번식이 끝났다. 너무 신나고 재미있는 경험이었다. 아쉽고 안타까운 점도 있었다. 곤줄박이가 번식하던 인공새집 한 곳을 무언가가 문을 열고 둥지를 훼손했다. 처음에는 사람이 그랬다고 생각해 몹시 화가 났다. 그런데 인공새집 문이 그대로 열려있고 둥지도 파헤쳐진 상태로 땅바닥에 그대로 있었다. 사람이라면 은폐하려 했을 법한데 그런 시도가 전혀 없었다. 어쩌면 길고양이, 쥐, 어치나 까치 같은 다른 동물일 수도 있겠다는 생각이 들었다. 탐조 선배들에게 사진을 보이니 의견이 엇갈려 결론을 내릴 수는 없었다. 둥지가 훼손된 곳의 인공새집은 더 안전한 곳으로 옮기기로 했다.

무언가에 의해 훼손당한 인공새집. 사람인지 다른 동물인지는 결론 내리기 어려웠다.

둥지를 틀지 않은 두 곳 중 하나는 지하 주차장 입구와 가까운 곳이다. 차량 진출입 시 나는 경계 사이렌 때문에 기피했을 가능성이 크다. 다른 한 곳은 이끼가 일부 쌓여 있었다. 둥지를 틀려다 포기한 행동이다. 유일하게 사람들에게 노출되도록 연못 뒤에 설치한 그곳이다. 역시 사람들의 잦은 시선이 부담스러웠던 것 같다. 사이렌 소리가 들리는 곳의 인공새집도 다음 해에는 다른 장소로 옮기기로 했다.

왜곡된 서식조건의 회복

도시녹지의 건강성을 가늠하는 데는 박새류가 적합하다. 일단 박새가 보이면 그곳이 숲의 성격을 갖기 시작했다고 볼 수 있다. 그리고 녹지로서의 농도가 짙어질수록 쇠박새, 곤줄박이, 진박새 등의 다른 박새류가 나타난다. 이러한 새들이 잘 살기 위해서는 인간에 의해 서식지가 왜곡된 부분을 회복해야 한다. 논화분과 인공새집이 그런 역할을 할 수 있다.

논화분처럼 새가 물을 마시고 목욕할 수 있는 공간을 만들었으면 한다. 모든 물을 수도꼭지 안으로 가두었으니 대신하여 새가 물을 마시고 목욕할 수 있는 도시 오아시스를 만들자. 연못을 설치하여 관리하면 좋겠지만 그럴 여건이 안 되거나 관리가 어렵다면, 물확이나 수경식물 화분같이 작은 물공간도 새에게 큰 도움이 된다.

인공새집 설치도 왜곡된 서식 환경을 보완하는 일이다. 건물의 작은 빈틈도 시멘트로 메우고 죽은 나무와 늙은 나무를 베었으니 새가 둥지를 틀 곳이 없다. 인공새집을 적정 개소에 설치하면 해충을 억제하면서 정원 소품으로서 좋은 느낌을 줄 수 있다.

수목소독도 적정 수준으로 줄이고 어떤 공간은 조경관리를 덜 하고 자연에 맡겨야 한다. 모두 인간 욕구의 억제와 수고로움이 필요하다. 아마 많은 사람이 탐탁지 않아 하거나 무신경해지기 쉬운 일이다. 그러나 새를 사랑하는 사람이 많아진다면 이에 관한 생각도 달라지리라 본다. 탐조가 새를 사랑하는 사람이 많아지는 데 큰 몫을 하리라 본다.

4. 서식지 보호

수라갯벌 들기

해천갯벌을 메꾸고 치른 2023년 잼버리대회에서 어떤 일이 있었는지는 다들 알 것이다. 그해 6월에 해천갯벌처럼 새만금방조제 안쪽에 있는 수라갯벌에 들렀다. 그 해는 탐조인들 사이에서 황윤 감독의 독립영화 '수라'에 대한 관심이 뜨거웠다. 새만금 신공항 건설로 수라갯벌이 매립될 위기에 있는 상황에서, 영화는 수라갯벌이 얼마나 아름답고 생명이 넘치는 곳임을 알리면서, 꼭 지켜내야 한다는 메시지를 전하고 있다.

시사회에서 보고 영화의 현장인 수라갯벌을 가보고 싶어서 '수라갯벌에 들기' 프로그램을 신청했다. '수라갯벌에 들기'는 그곳을 지키려는 현지 활동가들과 함께 갯벌을 걸으며 탐방하는 프로그램이다. 오후 2시에 있는 프로그램에 참가하려고 이른 아침에 고속버스를 탔다. 근산에 도착해서 가정식 백반집을 찾아 점심을 먹었다. 일반 백반집인데도 호남지방 특유의 풍성한 점심이 나왔다. 주인 할머니는 내게 어디서 왔고 어디로 가냐 물으셨다. 서울서 왔고 새만금에 간다고 말씀드린 후, 갑자기 민심이 궁금해 새만금 간척사업에 대해 어찌 생각하시냐 물었다. 할머니는 새만금 간척사업은 해서는 안 될 일이었다고 하셨다. 새만금에는 조개 캐고 고기 잡는 어촌 사람들이 많이 살았는데, 간척사업 때문에 살 자리를 다 잃었다고 하셨다. 그렇게 많은 돈을 들여 공사했지만, 일자리가 만들어질 만한 별다른 개발도 없이 빈 땅만 잔뜩 있다고 하셨다. 내륙에도 놀고 있는 땅이 많은데 뭐 하려고 그 큰 돈을 들여 간척공사를 했는지 모르겠다고 하셨다. 할머니 말씀처럼 간척공사가 없었다면 지금까지 모두 잘살고 있을지도 모른다. 어민도, 물새도, 물고기도, 조개도…

그날 탐방은 새만금시민생태조사단의 여러 활동가의 안내로 진행되었다.

새만금시민생태조사단은 2006년 새만금방조제 완공으로 해수가 차단된 뒤에도 수라갯벌을 모니터링하면서, 이곳이 살아있고 살릴 수 있다고 말해오고 있다.

수라갯벌은 약 5분의 1 정도가 갯벌의 형태로 남아 있다. 그마저도 해수 유통이 일부 되면서 갯벌로 남을 수 있었다. 새만금 공사 초기에는 방조제 안에 담수호를 만들어 대규모 경작지를 만들려 했다. 그러나 해수 유통이 끊기자, 극도로 수질이 나빠져 경작지 조성이 불가능해졌다. 무려 4조 원에 이르는 막대한 비용을 투입해도 수질이 개선되지 않자, 해수 유통을 일부 하게 되었고 그 후 남아 있는 갯벌의 수질이 나아질 수 있었다. 자연은 끊으면 죽고 이으면 살아난다.

수라갯벌은 해수 유입이 되는 곳에서부터 갯벌, 염습지, 갈대숲으로 이어지는 모습을 하고 있었다. 이중 염습지는 갯벌에 비해 수분이 적고 염분이 있는 땅에 사는 염생식물이 사는 곳을 말한다. 방조제로 인해 파괴되었지만, 자연의 회복력이 그나마 이러한 모습을 만들어냈다. 그런 염습지 또한 아름다웠다. 해수 유통을 전면적으로 하면 다시 예전의 갯벌로 되돌릴 수 있다고 한다.

장화를 신고 갯벌에 들 때 무수한 민물가마우지들이 갯벌 곳곳에 앉아 있는 모습을 보았다. 그 사이로 10여 마리의 저어새가 휘휘 부리를 저으며 먹이를 찾고 있었다. 갯벌에 들어가니 흰물떼새가 반겨주었다. 수라갯벌에는 멸종위기종 1급인 저어새를 포함해 큰뒷부리도요, 쇠제비갈매기, 넓적부리도요 등 17종의 멸종위기 조류가 서식한다. 수많은 도요물떼새가 쉬어가는 곳이기도 하다. 수라갯벌은 아름답고 생명이 넘치는 곳이었다. 탐조에 관심을 가지고 우선 새를 찾았으나 그날은 새 이외의 다양한 생물들을 보느라 시간 가는 줄 몰랐다. 탐조만이 아니라 자연 관찰이란 넓은 범주의 취미도 재미있으리라 생각되었다. 탐조하다보면 주변의 다른 생명과 자연이 같이 눈에 들어올 때가 있다. 자연을 읽으며 걷는 느낌이 좋다. 새는 자연이란 책 속의 여러 단어 중 핵심 요약어와 같은 존재가 아닐까 싶다.

수라갯벌에는 많은 포유류가 살고 있었다. 고라니, 너구리의 발자국을 보았다. 멧돼지가 갈대숲 뿌리를 뜯어 먹은 자리도 보았다. 이곳에는 멸종위기종인 삵도 산다고 한다. 칠게, 갈게, 흰발농게가 먹이를 먹고 흙을 뱉어낸 자리인 취식흔을 보았다. 숨기 위해 굴을 판 자리인 굴착흔도 보았다. 흙뭉치는 굴착흔이 취식흔보다 더 컸다. 해안에 사는 거미가 풀을 꺾어 알집을 만든 모습도 보았다. 거미의 종류에 따라 풀을 꺾는 모습이 다르다고 한다. 모습을 드러내는 새와 달리 다른 동물은 흔적으로 자신의 존재를 알렸다.

인솔하는 활동가들이 알려주어 해옥나물, 함초, 세발나물, 천일사초 등 다양한 염생식물을 보았다. 생합, 복털조개, 떡조개 등 다양한 조개껍데기도 보았다. 인솔자 중 한 명이 조개껍데기에도 나무의 나이테처럼 나이를 알려주는 선이 있다고 말했다. 그날은 5년 된 생합이 가장 나이 든 조개였다. 수라갯벌에는 조개가 풍부해 집중적으로 모니터링하면 하루에 30~50종류가 채집된다고 한다. 예전에는 이런 조개를 해루질하며 많은 어민이 수라갯벌에 기대어 살았다고 한다.

수라 탐방은 물과 땅이 만나는 물끝선을 걸으며 마무리했다. 갯벌을 걷는 느낌이 정말 상쾌했다. 숲길을 걷듯 시원하고 평화로웠고 하나도 피곤하지 않았다. 그럴 수밖에 없는 것이 갯벌은 숲 이상의 탄소 흡수원이다. 우리나라 갯벌은 일 년에 무려 자동차 11만 대의 탄소를 흡수한다. 그래서인지 수라갯벌의 공기는 아주 맑고 깨끗했다. 이러한 환경가치 때문에 우리나라 갯벌은 세계자연유산으로 등재되었다. 대기를 맑게 하고 수많은 생명이 사는 갯벌은 반드시 보전해야 할 소중한 곳이다.

수라갯벌은 갯벌과 염습지, 갈대숲이 어우러져 아름다웠다.

이렇게 소중한 수라갯벌을 없애고 굳이 새만금공항을 세워야 할 이유가 있을까? 국내공항 15곳 중 11곳이 적자 상태이다. 새만금공항 예정지 바로 옆의 미군기지 내에 있는 군산공항도 역시 수요부족으로 적자이다. 적자 공항 옆에 또 다른 공항을 만들면 적자가 뻔하다. 군산공항에서 1시간 반 정도 거리에 있는 무안공항도 적자이다. 막대한 경비를 들여 갯벌을 훼손하고 세금을 낭비하는 적자 공항을 만드는 일이 타당할까?

더 이상의 공항 건설에 대해 전면적인 재고가 필요하다. 현재 추진되거나 논의 중인 공항이 9개라고 한다. 모두 건설되면 우리나라에 24개의 공항이 있게 된다. 우리나라 국토 면적에 공항 24곳이 타당한가? 우리나라는 철도와 도로가 사통팔달로 있어 어디든 빨리 갈 수 있다. 철도역은 대부분 시내에 있어 접근성이 좋다. 시내로 바로 직결되는 도로는 말할 것도 없다. 반면에 공항은 소음 때문에 도심으로부터 멀리 있어 접근성이 나쁘다. 수속 등 탑승을 위한 대기 시간도 길어 불편하고 느리다. 이런 상황에서 공항이 생긴다고 없던 수요가 생길 리 만무하다. 적자가 뻔하며 유지관리 때문에 계속 세금이 들어가 국민에게 큰 짐이 된다. 더구나 항공운송은 다른 교통수단보다 에너지도 많이 소비하여 환경 측면에서도 부하가 크다. 이런 상황에서 도

대체 왜 공항을 더 만들어야 하는가?

갯벌 탐조를 마친 후에는 옥녀봉 저수지로 이동해 민물가마우지 군집을 보았다. 옥녀봉의 민물가마우지 군집은 어마어마했다. 한강에서 보았던 군집보다도 훨씬 더 큰 군집이어서 옥녀봉 나무와 절벽을 민물가마우지가 빽빽이 덮고 있었다. 한때 그 수가 3만 8천 마리에 이르렀다고 한다. 신기한 점은 옥녀봉 저수지를 처음 만들었을 때는 물고기가 없었는데, 시간이 지나면서 물고기 많아졌다고 한다. 그날도 잉어로 추정되는 커다란 물고기가 펄떡펄떡 물 위로 치솟았다 내려가길 반복했다. 인공 저수지에 없던 물고기가 어떻게 생겨났을까? 그런데 이런 현상은 꽤 여러 곳에서 발생하고 있다. 민물가마우지와 같은 새가 그런 일을 가능하게 하는 것으로 추정되고 있다. 새는 몸에 묻히거나, 소화 안 된 알을 배설하거나, 펠릿으로 배출하는 등 여러 방식으로 물고기의 알을 옮길 수 있다. 식물의 종자 산포만이 아니라 새는 여러 생명체를 다른 장소로 옮기는 역할을 한다.

민물가마우지는 옥녀봉과 수라갯벌을 포함한 인근 해안을 오가며 먹이활동을 한다. 그래서 군산공항의 전투기와 민물가마우지가 부딪히는 버드스트라이크 사진도 찍힌 바 있다. 새만금공항이 생기면 민항기가 버드스트라이크를 당하지 말라는 법이 없다. 새만금공항은 경제성이 없을 뿐 아니라 위험하다.

갯벌은 귀중한 자연이면서 어업 공간으로서 가치가 높다. 우리나라 갯벌은 어업자원 제공, 탄소 흡수, 오염물질 정화, 생물서식지 제공 등으로 경제적 가치가 10조 5천억 원에 달한다고 추산된다. 갯벌의 이러한 가치 때문에 여러 지역에서 간척지를 다시 갯벌로 되돌리는 역간척이 모색되고 있다. 22조가 넘는 비용이 들어간 새만금 공사는 우리에게 어떤 혜택을 가져왔는가? 잘못된 방향으로 계속 투자한들 결과는 좋아질 수 없다. 이제라도 방향을 바꾸어야 한다. 적자가 뻔한 새마금공항을 중단하고 해수를 전면 유통한다면 얼마나 멋진 일일까. 자연은 위대한 회복력을 가지고 있다. 갯벌이 복원되면 뭇 생명들이 돌아오고 어촌도 살아난다. 이러한 일은 생태복원의 위대한 역사가 될 것이다. 우리나라의 여러 갯벌과 어촌이 간척으로 훼손되었다. 이제는 간척이 아니라 갯벌을 되살리는 역간척을 해야 한다.

갈대숲 위로 날아가는 민물가마우지 떼. 언제든 비행기와 새의 출동 가능성이 있었다.

가능한 한 그대로 두기

탐조를 다니면서 우리 국토의 여러 곳을 만났고 그곳에 깃들어 사는 새들을 보았다. 새들이 있는 곳에 무수히 많은 다른 생명체들이 같이 살고 있음도 알았다. 그러면서 새들이 살아가는 곳들을 잘 지켜야 한다고 생각했다. 수라갯벌처럼 서식지가 훼손되는 모습을 볼 때마다 마음이 무거웠다.

서식지 훼손은 대부분 경제적 이익을 위한 개발행위로 인해 생긴다. 그러나 지구 온난화 문제에서 보듯이 자연이 없으면 인간의 삶도 경제도 없다. 눈에 보이는 경제적 이익보다 잘 느끼지 못하는 자연이 인간을 생존하게 한다. 작은 편익을 위해 자연을 훼손하지 말고 국토를 가능한 원형 그대로 보존하고 복원하면서 우리의 삶도 행복하게 하는 방법을 찾아야 한다. 간척이 아닌 역간척을 통해 갯벌과 어촌을 살리는 것과 같은 방법이다.

설악산 오색케이블카 설치가 2023년 2월 허가되면서 다른 국립공원이 있는 지역들도 케이블카 설치를 연이어 추진하려 하고 있다. 아름다운 자연이 좋으니, 자연을 훼손해서라도 더 잘 보겠다는 모순된 행동이다. 다른 동식물에 대해 염려가 있다면 이러한 결정을 할 수 있을까? 케이블카가 없어도 우리는 산을 즐길 수 있다. 그리고 산은 인간의 것이 아니라 원래 다른 생명들의 땅이다. 우리는 그들의 땅에 잠시 들렸다 나오는 존재이다. 인간이 더 잘 즐기려고 다른 동식물의 생존을 위협하는 일은 없어야 한다. 대구 도심의 습지인 '팔현습지'는 수리부엉이를 비롯한 다수의 멸종위기종이 서식하는 곳이다. 이곳에도 주민 통행 불편을 해소한다는 명목으로 서식지를 가로지르는 자전거도로와 산책로 설치가 추진되고 있다. 꼭 그래야만 할까? 인간의 작은 편의를 위해 다른 생명의 삶을 모두 파헤치는 일이다. 이와 유사한 일이 곳곳에서 벌어지고 있다.

자연을 가능한 한 그대로 두었으면 한다. 인간의 영향을 최소로 할수록 자연은 더 좋아진다. 인간은 이미 너무 많은 몫을 자연에서 뺏어 향유하고 있다. 이제 필요한 것이 있다면 우리가 이미 사용하는 것을 더 효율적으로 써서 해결하는 방법을 찾자. 그래도 개발해야만 한다면 다른 생명을 배려하는 방법을 최대한으로 찾아야 한다.

물리적 접근을 편리하게 하는 것보다 자연에 대한 인식을 깊이 하는 쪽이 질적으로 더 나은 경험을 하게 한다. 그런 점에서 탐조는 자연에 대한 마음의 눈을 밝게 하는 창이 될 수 있다. 새들이 사는 있는 그대로의 모습을 즐기면서 자연에 대한 감수성과 지식을 키우기 때문이다.

5. 유리창 충돌

청딱다구리의 유리창 충돌

탐조에 재미를 붙이면서 취미가 탐조라고 직장 동료들에게 말하곤 했다. 그런데 하루는 직장 동료가 새 사진 하나를 스마트폰으로 보내왔다. 깃털이 회갈색이고 날갯깃은 황록색인 새 한 마리가 머리를 날개 죽지 안에 넣고 눈을 감고 앉아 있었다. 그때 나는 왜 그 새가 직박구리로 보였을까? 황당하게도 그때는 직박구리가 염색 물감에 빠졌다가 충격을 받고 앉아 있는 모습으로 보였다. 자신할 수 없어서 알아보겠다고 하고 사진을 박임자 단장에게 보냈다. 청딱다구리가 유리창 충돌을 당한 모습 같다는 답이 왔다.

실전은 정말 어려웠다. 유리창 충돌 문제에 대해서도 이미 들어 알고 있었고, 직박구리와 청딱다구리 모습도 아는데 왜 그런 이상한 생각을 했을까? 동료에게 청딱다구리가 유리창 충돌을 당한 모습이라 알려주고 구조기관 목록을 전달했다. 시간이 지난 후 동료에게 어떻게 되었는지 물어보았다. 동료는 내가 전달한 구조기관 목록에 있는 곳에 전화하지 않고, 서울시 민원 대표전화에 전화했다고 했다. 민원 대표전화에서 구청 담당부서를 안내했고, 구청 담당부서에 얘기하니 구조기관에서 구조해 가도록 조치했다고 한다. 생각해 보니 지역별 구조기관 목록을 확보하고 연락하는 것보다 간편했다. 민원 대표전화에만 연락하면 구조 절차가 연속하여 진행되기 때문이다. 또 민원 처리에 대해 통계관리가 되기 때문에 좀 더 확실하게 조치 결과를 알 수 있다. 무사히 구조되어 다행스러웠지만, 청딱다구리를 염색 물감에 빠졌던 직박구리로 오해한 점이 좀 부끄러웠다.

유리창 충돌은 우리나라 새에게 가장 큰 물리적 위협 중 하나이다. 우리나라에서 연간 약 800만 마리의 새가 유리창에 충돌하여 상해를 입고 있다고 한다. 다른 나라도 상황은 같아서 미국은 1년에 약 10억 마리, 캐나다는 약

2천5백만 마리가 충돌로 희생되고 있다. 새는 우리창을 통해 보이는 풍경과의 사이에 유리창이 있음을 알아보지 못해서 충돌한다. 더구나 새는 날기 위해 조직이 얇고 엉성한 뼈를 가지고 있는데, 두개골도 마찬가지이다. 그런 새가 빠른 속도로 날아와 유리창에 부딪히면 치명타를 입게 된다. 외벽을 유리창으로 두른 건물과 투명유리로 된 도로 방음벽이 늘면서 유리창 충돌을 당하는 새가 많아졌다.

유리창 충돌을 당한 새를 보면 상자에 넣고 보호하는 것이 좋다. 세게 부딪히지 않았다면 시간이 지나면서 다시 기운을 차려 날아갈 수 있다. 구조할 때 새를 만지는 시간을 최소화해야 한다. 새를 오래 만지면 격심한 스트레스로 아드레날린 농도가 치솟고 근육에 장애가 생겨 급사할 수 있다. 새를 만질 때는 목장갑이나 수건을 사용해 조심해서 만지도록 한다. 또 새에게 있는 세균이나 바이러스에 감염되지 않도록 새를 만진 후에는 꼭 손을 씻도록 한다. 상자에 수건이나 신문지를 깔고 뚜껑을 덮어 어둡게 하면 새가 안정을 찾고 기운을 회복하는 데 좋다. 네이처링에서는 유리창 충돌사고를 접하면 해당 장소를 기록하는 미션을 진행하고 있다. 이렇게 축적된 자료는 유리창 충돌사고가 빈발하는 곳을 파악하여 방지대책을 세우는 데 도움이 된다.

산솔새의 죽음

그리고 몇 달 후 회사 근무 중에 역사 출구 주변을 점검하다가 보도에 죽어 있는 작은 새를 발견했다. 유리창 충돌을 당한 새를 처음으로 직접 보았다. 분명 솔새류인데 정확히 어떤 새인지 알 수 없었다. 솔새류는 주로 숲속에 있는데 어쩌다 시가지로 나왔을까? 우선 국립생태원에서 진행하는 네이처링 유리창 충돌 조사 미션에 죽은 새의 사진과 사고가 난 위치를 올렸다. 그리고 얼마 안 있어 산솔새라는 답변이 왔다. 여러 방향에서 사진을 찍어서 올려주면 동정을 더 잘할 수 있으니, 앞으로는 그렇게 해달라는 부탁의 말도 같이 왔다. 내가 올린 사진을 보고 나중에 다른 새 같다는 사람도 있는 것을 보면, 가능한 여러 부위를 찍었어야 했다. 국립생태원에서는 사체 옆에 두어 크기를 비교할 수 있는 조사용 자를 보내줄 수 있으니 필요하면 신청하라고 했다. 바로 신청했다.

유리창 충돌이 일어난 건물을 보았다. 건물 외벽이 푸른색 반사유리로 둘러싸여 있었다. 도로방음벽의 투명유리는 뒤의 경치를 그대로 보여주어 새가 유리가 없는 줄 알고 날아가 충돌한다. 그런데 요즘 건물 외벽에 많이 쓰이는 반사유리는 다른 위험이 있었다. 건물 외벽 유리창이 거울 역할을 해서 도로 건너편의 가로수가 그대로 반사되어 보였다. 산솔새는 이를 진짜 가로수로 알고 날아든 것 같았다. 창틀로 유리창이 잘게 떨어져 있는 일반 건물과 달리, 그 건물은 외벽이 유리로 완전히 덮여 있어 더 진짜 나무처럼 반사되어 보였다.

새로 지어지는 건물 중에는 그 건물처럼 외벽 전체를 빈틈없이 유리로 두른 건물들이 많다. 앞으로 조류 유리창 충돌이 점점 늘어날 것으로 보였다. 어떻게 해야 할까? 유리창 충돌을 막기 위해 가장 많이 시행되는 방법은 스티커 부착이다. 5×10 규칙을 적용하여 세로 5㎝, 가로 10㎝ 이하 간격으로 점을 찍거나 작은 스티커를 붙이는 방법이다. 새가 그보다 작은 간격을 통과하지 않으려는 습성을 이용한 방법이다. 이 방법을 사용하면 사람의 시야를 막지 않으면서 새의 유리창 충돌을 막을 수 있다. 환경부에서 몇몇 지역에 방음벽 유리창 충돌 방지사업을 지원하고 있고, 시민들이 나서서 스티커를 붙이는 활동도 하고 있다. 그 외에 유리창에 그물이나 낙하산 줄을 달아 새의 접근을 막는 방법도 사용되고 있다.

산솔새가 부딪힌 건물의 주인에게 스티커를 붙이라고 하면 들을까? 외벽에 스티커를 붙이려면 사람을 써야 하는데 인건비를 부담하면서 건물주가 그렇게 할까? 스티커는 시간이 지나면 훼손이 되어 유지보수도 필요하다. 그러므로 애초에 새가 부딪히지 않는 유리창을 만들어서 설치하면 좋으리라 본다. 반투명 유리를 쓰거나 유리창에 무늬를 넣는 방법이 있다. 또 사람은 볼 수 없지만 새는 볼 수 있는 자외선이 반사되는 유리창 설치도 방법이다. 이러한 유리창은 투명해서 사람의 시선이 막히는 문지도 없다. 유리창 충돌을 막을 수 있도록, 창호 설치에 대한 법적 기준의 마련이 필요하다.

6. 길고양이에 대하여

길고양이가 새에게 치명적일까

길고양이로 인한 조류 피해를 걱정하는 탐조인들의 말을 종종 들었다. 길고양이가 많이 늘어나 새를 공격하는 경우가 늘고 있다고 한다. 해외에서는 길고양이에 의한 조류 피해 사례가 많이 보고되고 있다. 미국에서는 길고양이가 매년 조류 24억 마리를 죽이고 호주에서도 100만 마리를 희생시키고 있다고 한다. 그렇다면 우리나라에서는 어떨까? 내가 사는 동네를 보면 길고양이 피해가 그리 심각해 보이지는 않았다. 길고양이에게 사냥당한 것으로 보이는 멧비둘기와 집비둘기 사체가 드물게 보이기는 한다. 그러나 빈도가 아주 낮고 실제로 길고양이를 관찰한 바로는 사냥에 적극적이지 않았다.

산아래아파트 앞쪽 주택가에는 꽤 많은 길고양이가 살고 있다. 주택가 어귀의 경로당 옆에는 '이쁜이'라고 불리는 길고양이가 사는데, 캣맘이 놓아준 사료를 집비둘기가 몰려와서 뺏어 먹어도 멀거니 보기만 한다. 뒷산에도 동네 사람들이 '망고'라고 부르는 길고양이가 사는데, 역시 까치나 멧비둘기가 사료를 뺏어 먹어도 관심이 없다. 진지한 사냥을 하려는 듯 새에게 접근하는 길고양이도 간혹 있지만, 대부분은 그냥 호기심이나 장난으로 새에 접근하거나 사냥하는 시늉을 했다. 그런 행동에는 살기 위해 사냥하려는 적극적인 의지가 없었다. 도시의 길고양이는 음식물쓰레기나 캣맘이 주는 사료를 주로 먹어서 그다지 사냥 능력이 뛰어나지 않다. 길고양이가 단순히 장난으로 수많은 새를 죽인다는 얘기에는 의문이 든다.

문제는 길고양이의 사냥 능력보다 개체수이다. 사냥 능력이 떨어지더라도 길고양이 수가 많아지면, 그들이 하는 사냥 시늉의 성공 횟수가 늘게 되어 조류 군집에 피해를 준다.

도시 길고양이에 의한 조류 피해를 막으려면, 그들이 야생동물로서 자연

이쁜이는 집비둘기가 사료를 뺏어 먹어도 가만히 있었다

의 법칙에 따라 살도록 사료 급여를 하지 말아야 한다. 사료 급여를 하게 되면 그만큼 길고양이 개체수가 늘어나서 조류 피해가 발생한다. 굶주린 길고양이에게 먹이를 준다는 선의로 밥을 주지만 다른 동물에게는 해가 된다. 만일 길고양이에게 먹이를 꼭 주고 싶다면, 주민이 울음소리 때문에 힘들어하지 않을 적정한 장소에 고양이급식소를 설치하고, 그곳에서만 제한적으로 사료를 주어야 한다. 그리고 TNR(포획해서 중성화 수술 후 재방사하는 프로그램)을 강도 높게 하야 한다. 그 지역 길고양이의 75% 이상이 중성화 상태를 유지해야 개체수 억제 효과가 있다. 중성화되지 않은 길고양이가 번식하거나, 다른 지역에서 새로운 개체가 유입되기 때문이다. 실행하기 만만치 않은 기준이다.

 이러한 기준을 충족한 성공사례는 분명한 관리주체가 있고, 대학 캠퍼스나 공원처럼 경계가 분명한 구역에서 꾸준히 중성화를 시행한 경우이다. 이보다 더 넓은 지역사회에서는 이루어지기 상당히 어렵다. 그리고 성공한 사례도 개체군을 안정화한 것이지 개체수를 확연히 줄인 경우는 아니다. 어떤 지역의 개체수는 정확히 먹이의 양에 의해 결정된다. TNR을 하든 하지 않든 동일하다. TNR로 개체수가 억제되더라도, 그 빈자리는 새로운 개체의 유입과 성체와의 경쟁에서 도태되었을 새끼들의 생존으로 채워지기 때문이다.

 나는 길고양이가 도시의 삶이 되었으면 한다. 길고양이는 그대로 놓아두면 스스로 살아갈 수 있는 야생동물이다. 고양이는 그 원종인 아프리카야생고양이가 인간의 거주지 주변에 길고양이 형태로 살면서 시작된 종이다. 그리고 지금도 반려동물로 키우는 집고양이보다 오히려 길고양이가 더 많다. 결코 길고양이가 이상한 상태가 아니다. 길고양이와 집고양이 모두 고양이의 생활형이며, 고양이는 두 생활형을 오가며 산다. 둘 중 오히려 길고양이가 고양이의 보편형에 가깝다. 야생동물인 길고양이는 야생의 법칙에 따라 사는 게 맞다. 길고양이에게 먹이를 안 주면 개체수가 줄겠지만, 인간에 의지하지 않고 독자적으로 사는 도시의 최종 포식자가 될 수 있다. 길고양이는 주로 땅을 걷는 조류를 공격 대상으로 한다. 도시에서 집비둘기 증가가 문제되는데 쥐와 함께 비둘기를 포식한다면, 길고양이에 대한 사람들의 시선도 훨씬 좋아지리라 본다.

집비둘기를 물리친 오복이

집비둘기가 모여드는 점도 길고양이에게 밥을 주었을 때 생길 수 있는 문제이다. 한 해는 산아래아파트 분리수거장 뒤에 캣맘이 고양이밥을 주기 시작했는데, 언제부턴가 그 사료를 먹기 위해 집비둘기들이 모여들었다. 캣맘은 사료를 밤에 두고 가는 듯했는데, 집비둘기들이 아침이면 모여들어 남은 사료를 다 먹어 치웠다. 사료를 먹고 나면 가까운 아파트 벽체의 돌출된 턱에 앉아 오전 내내 쉬다가 오후에 어디론가 날아갔다. 집비둘기가 머물던 자리 아래에 배설물이 떨어져서 이런 상황이 계속되면, 그 건물에 사는 주민이 불편하리라 생각되었다.

길고양이에게 선의로 먹이를 주었지만 의도치 않게 집비둘기가 모여들게 하였다. 우선은 캣맘을 만나면 밤에 주는 사료 중 남는 것을 번거롭겠지만 아침에 회수해달라고 부탁해야겠다고 생각했다. 집비둘기는 주행성이기 때문에 해가 뜨기 전에 고양이밥을 치우면 먹을 수 없게 되어, 분리수거장 주변으로 모여들지 않게 되기 때문이다.

그런데 한 달쯤 뒤에 분리수거장 근처 건물에 자리 잡았던 집비둘기들이 사라졌다. 내가 오복이라고 이름 붙인 뒷산에 살던 개 덕분이다. 북한산이나 한라산의 들개가 진돗개와 비슷한 외모인 데 반해, 오복이는 황색 얼룩무늬가 있는 발바리 계열의 작은 개였다. 뒷산은 면적이 작아서 북한산처럼 들개 군집이 있을 수는 없다. 따라서 오복이는 들개가 번식해서 생긴 개체가 아니라 반려견이었다 버려진 유기견으로 보였다. 다만 자신의 영역을 확보하고 스스로 삶을 꾸려가는 야생화 과정에 있었다. 오복이는 마치 들개처럼 사람을 보면 멀리 달아나서 눈치를 보며 쳐다보았다. 오복이는 작고 공격성도 없는 데다, 주택가로 내려오지 않고 뒷산 언저리에만 머물러 위험하지는 않아 보였다.

오복이는 뒷산에 숨어 있다가 저녁이면 분리수거장 뒤의 길고양이 사료를 먹고 갔다. 분리수거장이 뒷산에 붙어 있어서 큰 부담을 느끼지 않고 내려오는 듯했다. 뒷산에는 길고양이 밥자리가 몇 군데 더 있었다. 오복이는 이런 밥자리를 돌면서 고양이 사료를 먹으며 사는 것 같았다. 밤사이 오복이가 사료를 깨끗이 먹어 치우자, 집비둘기들이 모이지 않았다. 오복이가 집비둘기가 모여서 배설물이 건물에 떨어지는 문제를 해결해 주었다.

캣맘이 오복이의 존재를 알아차렸을까? 집비둘기가 사라진 뒤 얼마 후 분리수거장 뒤 사료도 안 보였다. 나는 비둘기를 물리쳐 준 데다 모습도 귀여운 오복이가 정이 갔다. 그러나 몇 달 후 오복이는 보이지 않았다. 다른 유기견처럼 포획되어 안락사당하는 불행이 오복이에게 없었으면 한다. 좋은 주인을 만났거나, 아니면 어딘가에서 스스로 삶을 굳건히 꾸려가는 들개가 되었기를 바란다. 집비둘기들이 모여들었던 일을 보면서 길고양이에게 밥을 주지 않는 것이 최선이지만, 꼭 급식 장소를 만든다면 집비둘기 피해도 고려해야 한다고 생각했다. 집비둘기가 모여들 소지가 없는 곳을 골라 밤에만 사료를 주어야 한다. 강도 높게 중성화 수술을 동시에 해야 함은 물론이다.

4장 새와 함께 살기

들고양이 문제

조류 피해는 도시보다는 흔히 '들고양이'라고 불리는 길고양이에 의해 산이나 들 같은 자연에서 발생하는 경우를 더 우려한다. 그러나 우리나라에서는 이런 경우를 크게 우려할 필요가 없다고 본다. 들고양이라고 하지만 사실 그들은 산림 깊이 살지 않고 마을을 중심으로 하여 숲을 오가며 활동한다. (사)한국야생동물연구소의 2001년 조사에 의하면 들고양이의 먹이 중 음식물쓰레기와 포유류가 각각 20.9%로 가장 비중이 높고 조류는 12.7%에 그쳤다. 포유류는 대부분은 설치류였다. 설치류는 조류의 알과 새끼에 심각한 피해를 주는데, 들고양이가 설치류를 억제해서 조류에게는 오히려 긍정적인 영향을 줄 가능성도 있다고 한다.

무엇보다 들고양이 개체수가 생각보다 많지 않다. 2017년 조사에 의하면 전국 국립공원에 서식하는 들고양이는 322마리에 불과했다. 멸종위기동물 2급인 삵도 아마 이 정도는 살지 않을까? 고양이는 5~6세기 삼국시대에 우리나라에 들어온 것으로 추정된다. 들고양이가 압도적인 경쟁력을 가지고 있다면 지금쯤 국립공원 조사 결과와 달리 어마어마한 수가 산림에 번성하고 있어야 한다. 그러나 우리나라 숲에는 삵, 너구리, 오소리, 멧돼지와 같은 쟁쟁한 경쟁자들이 있고, 담비는 들고양이를 사냥까지 한다. 들고양이가 너무 늘어나 생태계를 지배할 일은 일어나기 어렵다.

위에서 보듯이 국립공원처럼 자연이 잘 보전된 곳일수록 들고양이는 적다. 생태계를 잘 보전하면서 또한 연결해야 한다. 야생동물은 서식지가 연결될수록 더 잘 산다. 특히 담비와 같은 상위포식자는 단절되지 않은 넓은 서식지가 필요하다. 생태통로를 많이 만들어 숲을 연결해서 담비와 삵이 많이 산다면, 들고양이는 쉽사리 숲으로 치고 올라갈 수 없다.

도시의 길고양이든 산림의 들고양이든 사람 가까이 사는 야생동물로 받아들이고 함께 흘러가도, 우리나라에서는 조류 피해가 크지 않으리라 본다. 다만 경쟁자가 없는 섬 지역에서는 길고양이에 의한 조류 피해가 발생할 여지가 확실히 커서 관리가 필요하다. 특히 철새나 나그네새가 심각한 해를 당할 수 있다. 긴 비행으로 기진맥진해서 섬에 내린 새들은 빨리 못 난다. 평소라면 멧비둘기처럼 땅 위를 걷는 새나 사냥할 수 있는 길고양이가 작고 날렵한 새도 쉽게 잡을 수 있다. 따라서 섬 지역에서는 길고양이 중성화사업을 적극적으로 해서 개체수를 억제해야 한다. 또 길고양이만이 아니라 집고양이도 반드시 중성화해야 한다. 섬 지역에서는 실외에 풀어서 키우기 때문에 집고양이가 언제든지 길고양이로 변한다. 그리고 풀어 키우는 집고양이도 새를 공격하기 때문에 개체수를 억제해야 한다. 섬에는 동물병원이 없는 경우가 많으므로 주기적으로 방문해서 중성화수술을 하는 등 지원이 필요하다.

나는 야생동물과는 가족 같은 밀접한 관계보다는 좋은 느낌의 이웃으로 지냄이 더 맞다 본다. 애틋한 마음으로 돕는 행동은 자칫하면 자연의 질서를 왜곡한다. 서로의 존재를 인정하고 좋은 시선으로 바라보며 같이 흘러가는 정도가 좋다. 간혹 아파트에서 족제비를 보았다. 꽤 큰 포유류가 재빠르게 움직이는 모습이 역동적인 느낌이었다. 족제비가 요즘 도시에서 많이 목격되고 있다. 길고양이와 달리 적극적으로 사람을 피하는 성질로 볼 때, 도시에 생각보다 족제비가 많이 살지도 모른다는 추측이 있다. 족제비는 설치류와 음식물쓰레기를 주로 먹겠지만 부분적으로 새도 잡아먹는다. 그러나 족제비의 조류포식도 자연의 한 부분이다. 받아들이고 간섭하지 말아야 할 일이다. 자연은 스스로 그러하다. 길고양이와의 관계도 인간과 족제비와의 관계와 비슷하면 좋으리라 본다.

7. 집비둘기와의 갈등

모든 동물은 그 수가 많아지면 인간과 갈등을 일으킬 수 있다. 앞서 왕송호 민물가마우지 사례에서 보듯 새도 그러하다. 인간은 다른 동물이 증가하여 문제가 생기면 흔히 포획하여 제거하려 한다. 이런 방법은 비인도적일 뿐 아니라 해결책도 아니다. 개체수가 늘어나 문제 되는 종은 그만큼 번식력과 적응력이 뛰어나다. 포획해 제거한 만큼 다른 개체들이 자리를 메꾼다. 어느 정도 그들의 존재를 용인하고 자연에 맡기면서 생태적 거리를 만드는 방법이 현명하다. 그들이 인간을 찾아오지 않게 하고 서로의 접촉을 줄이는 방법이다. 그러한 시각에서 도시에서 인간과 가장 충돌을 많이 일으키고 있는 집비둘기에 대해 생각해 보았다. 다른 종도 같은 관점에서 접근하면 되리라 본다.

집비둘기는 사랑받던 새였다

길고양이가 집비둘기를 포식하면 좋겠다고 말했지만, 나는 집비둘기를 싫어하지 않는다. 단지 인간의 개입 없이 자연의 먹이사슬에 따라 흘러감이 가장 바람직하다고 생각할 뿐이다. 산아래아파트 근처 놀이터에는 30여 마리의 집비둘기 무리가 있다. 간혹 이들을 관찰하기도 했다. 한 번은 집비둘기가 구애하는 모습을 보았는데 좀 재미있었다. 수컷이 목의 깃털을 잔뜩 부풀리고 가슴을 펴고 꽁지깃을 벌려서 몸이 더 커 보이도록 했다. 허세를 잔뜩 넣고는 고개를 올렸다 내렸다 하면서 암컷을 끈질기게 따라다녔다. 이렇게 해서 마음이 통하면 짝을 맺는다. 짝을 맺은 집비둘기는 단짝이 되어 상대의 깃털을 다듬어 주는 살가운 행동을 한다.

요즘은 '닭둘기', '날아다니는 쥐'라 하며 사람들이 싫어하지만, 과거에 집비둘기는 상당히 호감 받던 새였다. 집비둘기에 대한 긍정적인 이미지는 예전 노래에 잘 나타나 있다. '비둘기처럼 다정한 사람들이라면 장미꽃 넝쿨 우거진 그런 집을 지어요.'로 시작하는 투에이스의 '비둘기집', '이 세상을 비둘기처럼 살 수만 있다면 그 누가 그 누가 화를 내겠나'로 끝나는 둘하나의 '그 누가'에서도 비둘기가 나온다. 모두 집비둘기가 평화롭고 따듯한 이미지로 묘사된다.

이런 이미지는 동서고금을 통해 같았다. 고대 메소포타미아인은 비둘기를 다산의 상징으로 여겨 다산의 여신상 팔에 비둘기를 만들어 놓았다. 구약성서에서 노아에게 대홍수가 지나갔음을 알려준 새는 비둘기이다. 흔히 어떤 국면에 대한 태도에 따라 비둘기파, 매파로 구분하는데 비둘기파는 평화적인 방법을 선호하는 쪽을 지칭한다. 후한서(後漢書)의 예의지(禮儀志)에는 매년 8월 각 고을의 여든 살과 아흔 살 노인에게 비둘기 모양으로 장식한 옥지팡이가 하사되었다는 기록이 있다. 비둘기가 죽지 않는 새라고 여겨졌기에 장수를 축원하는 의미였다. 이처럼 비둘기는 동서양을 각론하고 평화, 희망, 장수 등의 긍정적인 의미를 상징했다. 이렇게 좋은 이미지가 있다 보니 각종 행사에서 비둘기를 놓아주는 관습이 있었다. 중국의 열자(列子)를 보면 이미 기원전에 비둘기를 정초에 놓아주는 풍습이 있었다는 기록이 있다.

집비둘기는 억울해

호감 받던 집비둘기가 언제부턴가 그 수가 많아지면서 미움을 받는 새가 되었다. 집비둘기가 과도하게 많아진 데는 인간의 책임이 크다. 집비둘기에 대한 호감이 크다 보니 인류 화합의 축제인 올림픽의 점화식에는 성화대 주변에 항상 집비둘기가 있었다. 올림픽이 아니어도 예전에는 각종 행사에서 축하의 의미로 집비둘기를 하늘로 날려 보냈다.

우리나라에서도 86아시안게임과 88올림픽 때 각각 3,000여 마리의 집비둘기가 날려졌다. 이 외에도 1985년부터 2000년까지 각종 행사에서 모두 90차례 축하의 의미로 집비둘기가 방사되었다. 이렇게 날려 보낸 집비둘기들이 번식하여 지금처럼 많아졌다. 더군다나 캣맘과 대비되어 '피존대디(Pigeon Daddy)'라고 불리는 사람들이 밥을 주면서 집비둘기는 더욱 늘어났다. 이런 인간의 행동으로 집비둘기가 늘어났는데 과거에는 좋아했다가 이제는 싫어한다. 변덕스럽고 야박한 모습이다.

도시의 집비둘기 중에는 발가락이 없는 개체가 많다. 도시에는 실과 같은 긴 모양의 물체가 많다. 집비둘기는 날기보다 주로 걸어 다니는데, 도시에서 발생하는 실 같은 물질이 엉켜서 오래 풀리지 않으면 발가락이 괴사한다. 이 또한 의도하지는 않았지만, 인간에 의해 생긴 일이다.

집비둘기와의 갈등은 주로 배설물 때문이다. 산아래아파트 근처 놀이터에는 많은 사람이 머물다 간다. 그 사람들이 이런저런 음식물을 흘리고 간다. 어떤 이는 비둘기밥으로 일부러 곡식을 바닥에 뿌리고 간다. 놀이터 바닥에는 이런 것을 먹은 집비둘기의 배설물이 떨어져 있다. 놀이터 근처에 거주자 우선주차구역이 있는데 다들 차량에 보호비닐을 씌워놓고 있다. 그렇지 않고 며칠 주차하면 집비둘기 배설물을 뒤집어쓰게 된다.

배설물 문제는 집비둘기가 큰 무리를 이루기 때문에 더 주목받는다. 집비둘기는 귀소성이 강해서 한번 정착한 곳을 잘 떠나지 않는다. 이에 따라 특정 장소에 배설물이 대규모로 생기면서 사람들이 비둘기를 혐오하게 되었다. 건축물 안전에도 위험이 된다는 우려도 있다. 비둘기 배설물에는 요산이 들어 있는데 건축물에 부식을 발생시킬 수 있다고 한다. 질병을 우려하는 목소리도 있다. 비둘기 배설물에서 생겨난 진균성 포자에 의해 각종 질병이 발생할 수 있다는 우려다.

사실 집비둘기에게는 도시환경에 잘 적응한 죄밖에 없다. 집비둘기는 번식 성공률이 높다. 집비둘기는 평균 한 배에 2개 정도로 알을 적게 낳는다. 그러나 피전밀크(pigeon milk)를 만들어 먹여 새끼의 생존율이 높다. 피전밀크는 포유류의 젖에 해당하는데 모이주머니의 점막에서 벗겨진 세포로 만들어진다. 다른 새는 곤충이 많은 봄철에만 1~2회 번식한다. 반면 집비둘기는 도시의 음식물쓰레기를 피전밀크로 바꿀 수 있어 일 년에 4~6회 번식한다. 이렇게 번식에 강점이 있는데, 도시에 음식물쓰레기까지 많으니, 집비둘기는 늘어날 수밖에 없다. 앞서 언급했듯이 도시가 집비둘기의 원종인 바위비둘기의 서식지와 비슷하기까지 하다.

집비둘기는 28~32일이 지나야 둥지를 떠나며, 생후 7주가 지나 독립적인 개체가 되어도 어미와 같이 이동하곤 한다. 또한, 무리생활하면서 노련한 개체들의 행동을 모방해 더 완성도 있는 성체로 자란다. 둥지를 허술하게 짓는 것과 달리 집비둘기는 번식과 양육을 잘한다. 그 외에 시속 117㎞의 속도로 10시간을 날 수 있는 엄청난 비행능력도 갖추고 있다. 귀소 본능이 강하고 방향을 파악하는 능력도 뛰어나다. 지능도 우수하다. 인간과 갈등해서 그렇지 그 자체로만 보면 탁월한 능력을 지닌 매력적인 생명체이다. 이러한 집비둘기가 인위적인 방사와 도시의 서식조건을 만나면서 폭증하였다. 좋아하고 방사할 때는 언제고 이제는 불결하다면서 싫어하니 집비둘기로서는 억울할 수밖에 없다.

집비둘기와 함께 살기

집비둘기와 인간의 갈등은 너무 많은 비둘기가 인간 근처에 살기 때문에 생긴다. 갈등의 해결을 위해서는 비둘기의 개체수가 예전 수준으로 줄어들고, 사람과 가능한 한 거리를 두고 살아야 한다. 그러기 위해서는 길고양이에 대해 적은 것처럼 간섭하지 않고 흘러가야 한다. 도획이나 제거는 해결책이 아니다. 집비둘기는 무서운 생존력을 가지고 있어 아무리 포획하여도 금방 개체수를 회복한다.

우선 먹이를 주지 말아야 한다. 집비둘기 개체수 조절을 위해 포획과 제거, 불임약을 넣은 먹이, 둥지에 모조알을 넣은 방법, 매와 같은 천적 방사 등 다양한 방법이 시도되었지만, 별 효과가 없었다. 먹이원을 통제하였을 때 개체수 조절이 가장 잘 되었다. 스위스 바젤의 경우가 그런 성공사례이다. 바젤에는 약 2만 마리의 집비둘기가 서식하여 배설물로 인한 각종 피해가 발생했다. 이를 해결하기 위해 1961년에서 1985년까지 집비둘기 10만 마리를 사살했지만, 개체수 조절에 실패했다. 사살을 통해 일시적으로 수가 줄어도, 성체 비둘기가 죽은 자리를 성체와의 경쟁으로 도태되었을 어린 새들이 채우거나, 다른 지역으로부터 개체들이 유입되어 금방 원래 수로 회복되었다.

이에 1988년 바젤 시당국, 바젤 대학, 바젤 동물보호협회가 제휴하여 집비둘기 개체수 조절 프로그램을 추진했다. '비둘기에게 먹이를 주는 것은 동물 학대'라는 슬로건으로 먹이 주기 금지 캠페인을 시작하고, 팸플릿과 포스터를 배포했다. 홍보물에 질병과 기생충에 감염된 새끼 집비둘기의 사진이 실렸는데, 먹이 주기가 개체수 과잉을 낳고 이에 따라 생존조건이 열악해지는 인과성을 설명하였다. 또한 아파트형 비둘기집을 만들고 이곳에서만 먹이를 줄 수 있도록 했다. 아파트형 비둘기집에서는 집비둘기가 알을 낳으면 제거하고, 모조알로 바꾸어서 계속 품게 해 번식을 억제했다. 그리고 비둘기집을 청결히 관리하고, 질병이나 기생충이 발생하면 수의사가 조치하게 해 집비둘기 군집을 건강하게 유지했다. 이러한 조치로 먹이 공급이 줄면서 집비둘기 간의 경쟁이 심해졌다. 먹이활동에 많은 시간을 보내면서 번식 활동이 줄었다. 그 결과 바젤의 집비둘기 수는 2만 마리에서 1만 마리로 줄었다.

누군가는 집 비둘기에게 먹이를 주려 한다. 직접 먹이를 주는 행동은 동물을 돕는다는 의도와 달리 여러 문제를 낳을 때가 많다. 집비둘기의 발가락이 없는 것도 먹이 주기가 살기 적합하지 않은 곳으로 집비둘기가 모이게 한 결과이다.

    우리나라도 먹이 주기가 집비둘기와 사람 모두에게 좋지 않은 행동임을 팸플릿, 현수막, 게시물을 통해 적극적으로 알려야 한다. 행정기관에 의한 단속도 있어야 한다. 아울러 집비둘기 출현이 많은 곳에서는 현장을 점검하고 음식물이 노출되지 않도록 조치해야 한다. 도시를 가능한 자연의 숲과 닮게 하는 것도 방법이다. 집비둘기는 철도역 광장, 공원 잔디밭 같은 개활지에 사는 새이다. 나무가 많은 숲에는 살지 않는다. 집비둘기가 모여 문제가 되는 시설에는 버드스파이크, 그물이나 철망 등을 설치해 접근을 차단하는 것도 방법이다. 이러한 시도를 통해 집비둘기의 수를 예전 수준으로 줄이고, 인간과의 거리를 확보하면 문제가 완화될 수 있다.

    비둘기 배설물을 흡수할 수 있는 물과 흙이 있는 도시하천 주변이 그나마 집비둘기가 인간과의 갈등을 덜 일으키면서 도시에서 살 수 있는 장소로 보인다. 물론 교각에 비둘기 배설물이 묻는 문제가 있기는 하다. 외관이 나빠지기도 하지만 비둘기 배설물에 있는 요산이 건축물을 부식시킨다는 우려도 있다. 비둘기 배설물이 실제로 교각의 안전성에 문제가 될 정도인지 과학적으로 검증해 볼 필요가 있다. 개인적인 생각으로는 비둘기 배설물에 의한 부식 피해는 미미하리라 본다. 그 어마어마한 건축물들이 비둘기 배설물 때문에 무너질까? 아직 그러한 사고사례를 들은 바 없고 그런 우려가 있다고 구체적으로 제시된 장소도 못 들었다. 과학적인 근거를 가지고 실제로 위험함이 확인된다면, 버드스파이크나 철망 설치와 같은 조치가 필요하고 그렇지 않다면 불필요한 불안을 버려야 한다.

청계천 풀밭에서 먹이활동 하는 집비둘기. 도시하천 주변은 먹이를 주지 않아도 집비둘기가 스스로 살아갈 수 있는 서식처이다.

생태적 거리두기

서로간의 공간을 간접화하는 방법은 다른 조류에게도 동일하게 적용할 수 있다. 갈등을 일으키는 새가 사람 주변에 오는 원인을 없애고, 우리도 그들을 간섭하지 않아야 한다. 그래서 그 조류 종이 적절한 장소에서 적정 개체수만큼 살게 유도해야 한다.

우리나라의 모든 조류 중 가장 큰 피해를 일으키는 새는 까치이다. 까치에게도 비슷한 방식을 적용하면 어떨까 한다. 까치는 사과, 배 등 과수에 피해를 주지만, 가장 큰 피해는 전기시설에 일으킨다. 까치는 둥지를 지을 때 옷걸이나 철사 같은 금속 물질도 사용하는데 전선과 접촉하면 합선, 정전 등 전기피해가 발생한다. 이로 인한 생산 차질과 보수비 등으로 손실액이 연간 400억 원 가까이 되어 까치가 모든 야생동물 중 가장 큰 피해를 일으키고 있다.

직접 포획은 좋은 해결책이 아니다. 한전 자료에 의하면 2019년에서 2021년 3년 동안 전문수렵기관을 통해 79만 7,260마리의 까치를 포획하고, 49억 4천만 원의 포상금을 지급했다고 한다. 엄청난 수의 까치가 목숨을 잃었지만, 그렇다고 전기시설 피해를 해결하지 못했다. 직접 포획보다는 버드스파이크, 둥지 방지코일, 빛반사 테이프처럼 까치가 전기시설에 둥지를 틀 수 없게 하는 방법을 개발 적용해야 한다. 포획에 쓰는 소모성 포상금을 이런 방지시설에 연차적으로 투자함이 더 효과적이지 않을까? 과수 피해도 방조봉지, 빛반사테이프, 조류기피제, 초음파발성기 등으로 까치의 접근을 막으면 어떨까 한다. 향후로도 과수 피해에 적용하기 쉽고 효과적인 방법의 연구개발이 진행되었으면 한다.

다소의 피해가 있더라도 어떤 생물종을 박멸하려 하기보다는 그들의 존재를 인정하고 피해를 최소화하는 방향이 맞다. 까치만이 아니라 물까치, 직박구리, 큰부리까마귀 등 다양한 새가 피해를 일으키고 있다. 그렇다고 그들을 모두 포획해야 할까? 까치를 포함한 그 새들은 우리나라 생태계에서 중요한 생태적 비중을 가지고 있는 동물이다. 그들이 사라진다면 어떤 일이 일어날지 아무도 모른다.

1950년대 중반 중국에서는 마오쩌둥의 지시에 따라 곡식에 피해를 준다고 참새를 대대적으로 포획했다. 징과 세숫대야를 두드리고 함성을 질러 계속 참새를 날게 해 탈진시켜서 잡아들였는데, 1958년 한 해에만 2억 1천만 마리를 잡았다고 한다. 그런데 참새가 거의 절종하자 곡식 생산이 늘기는 커녕 오히려 대기근이 왔다. 참새들이 해충을 잡아먹지 않자, 병충해가 창궐해 곡식 생산이 급감했다. 결국 무려 2천만~6천만 명에 이르는 아사자가 발생했다. 마찬가지로 까치를 비롯한 과수 피해 조류를 잡아들여도 뜻하지 않은 결과를 낳을 수 있다. 신중해야 한다. 조류와 인간이 갈등한다면 포획이나 제거보다 이들과 어떻게 하면 생태적 거리를 확보할 수 있을지 고민해야 한다.

맺는 글

탐조는 계속해서 새로운 즐거움을 주었다. 앞으로도 그 즐거움이 늘어나고 풍부한 경험을 하리라 기대한다. 아름다운 모습으로 사람을 이끄는 새는 자연으로의 초대자이다. 초대에 응한 사람은 자연과 교감하는 멋진 경험을 하게 된다. 초보 탐조 시기 동안 새를 사랑하게 되면서 그들이 깃들어 사는 시간과 공간이 좋아졌다. 봄, 여름, 가을, 겨울이 좋아졌고, 공원과 야산, 숲과 하천, 논과 갯벌, 섬과 바다를 사랑하게 되었다. 그리고 자연이 전하는 여러 에피소드를 들었다. 그러면서 그 시간과 공간 속에서 새들이 잘 살아가는 일에도 자연스레 관심을 두게 되었다.

새는 그들이 사는 생태계를 대표한다. 새를 잘 살게 하는 일은 생태계를 살리는 일이다. 어떻게 하면 새들이 잘 살게 할까? 이를 위해서는 인간의 절제가 필요하다. 인간은 다른 동물에 비해 일방적으로 강한 힘을 가지고 있다. 그래서 매번 인간이 원하면 그 욕구가 관철되었고 다른 동물은 희생되었다. 다른 동물의 삶을 존중하는 양심과 적정한 선에서 인간의 이익을 제어하는 이성이 인간과 새가 공존할 수 있게 한다. 나아가 자연을 살리고 인간을 살리게 한다. 자연이 있어야 인간도 생존할 수 있다. 이미 자연이 많이 훼손되었다. 하지만 인간이 절제하면 자연은 위대한 회복력으로 다시 살아나리라 기대한다.

내게 탐조는 앞으로도 계속할 재미있고 멋진 취미이다. 새는 워낙 종류가 많고 행동도 다양하다. 그래서 탐조하면 새의 새로운 면을 계속 접하게 된다. 탐조가 품고 있는 영역도 다양하다. 아직 가보지 않은 탐조지도 많다. 그러니 탐조를 어떻게 즐길 것인가? 자기 마음대로 자유롭게 즐기면 된다. 탐조하면 여러 방향에서 새로운 즐거움을 만날 수 있다. 탐조 방법은 워낙 다양하고 사람마다 관심과 여건이 다르다. 새를 모습으로 알아보기, 소리로 구분하기, 동네 탐조하기, 먼 곳 탐조하기, 개체수 모니터링, 새 그림 그리기, 사진찍기, 인공새집 설치 등 탐조를 즐기는 방법은 무궁무진하다. 이 중 원하는 바를 각자의 상황에 맞추어 마음이 내키는 대로 즐기면 된다.

다만 새에게 피해를 주지 않게 조심하면서 탐조해야 한다. 나아가 탐조의 즐거움이 새를 잘 살게 하는 관심으로 이어졌으면 한다. 사실 탐조하다 보면 저절로 그렇게 된다. 새를 만나다 보면 정이 든다. 그리되면 새들의 일이 남 일 같지 않아 차마 모른 척할 수 없어진다. 탐조에는 재미와 위안, 염려가 있다. 누구에게든 탐조를 권한다!

참고 문헌

책 및 보고서

1. 김성현 외 2명. 2013. 『새, 풍경이 되다』. 자연과생태.
2. 김성현. 2017. 『김성현이 들려주는 참 쉬운 새 이야기』. 철수와 영희.
3. 김성호. 2017. 『생명과학자 김성호 교수와 함께하는 우리 새의 봄·여름·가을·겨울』. 지성사.
4. 김재일. 2001. 『자연과 인간의 더불어 삶 생태기행』. 당대.
5. 데이비드 앨런 시블리 저. 김율희 역. 2020. 『새의 언어』. 월북.
6. 멜리사 마인츠 저. 김숲 역. 2023. 『깃털 달린 여행자』. 가지.
7. 박완서. 2007. 『호미』. 열림원.
8. 박임자, 정맹순. 2023. 『맹순 씨네 아파트에 온 새』. 피스북스.
9. 박찬열 외 3명. 2013. 『시민과 함께하는 인공새집 모니터링』. 국립산림과학원.
10. 박종길. 2014. 『야생조류 필드 가이드』. 자연과생태.
11. 방윤희. 2019. 『내가 새를 만나는 법』. 자연과생태.
12. 뱅상 브르타뇰 저. 정은비 역. 2021. 『새는 왜 울까?』. 민음인.
13. 삽사롱. 2023. 『탐조일기』. 카멜북스.
14. 샬럿 울렌브럭 저. 양은모 역. 2005. 『동물과의 대화』. 문학세계사.
15. 송인주 외 24명. 2015. 『조류 도심유입 위한 서식환경 개선방안』. 서울연구원.
16. 스티븐 부디안스키 저. 이상원 역. 2005. 『고양이에 대하여』. 사이언스북스.
17. 알도 레오폴드 저. 송명규 역. 2000. 『모래 군의 열두 달』. 따님.

18. 야마네 이키히로 저. 홍주영 역. 2019.『고양이 생태의 비밀』. 끌레마.
19. 오영조. 2021.『늦깎이 까치 부부와의 만남』. 지성사.
20. 올린 세월 페팅길 저. 권기정 외 3명 역. 2000.『조류학』. 아카데미서적.
21. 우재욱. 2017.『수목장·자연장 숲이 되는 묘지』. 어드북스.
22. 우재욱. 2020.『들개를 위한 변론』. 지성사.
23. 우재욱. 2022.『사람동네 길고양이』. 지성사.
24. 유정칠 외 7명. 2009.『유해 집비둘기 관리방안』. 경희대학교조류연구소
25. 이우만. 2019.『새들의 밥상』. 보리.
26. 이우신. 1994.『우리가 정말 알아야 할 우리 새 백 가지』. 현암사.
27. 이우신 외 7명. 2017.『야생동물 생태 관리학』. ㈜라이프사이언스.
28. 이우신 외 2명. 2020.『한국의 새』. LG상록재단
29. 이치니치 잇슈 저. 전선영 역. 2022.『동네에서 만난 새』. 가지.
30. 정민. 2009.『새 문화사전』. 글항아리.
31. 최원영. 2023.『사계절 기억책』. 블랙피쉬.
32. 최종수. 2016.『새와 사람』. 그린홈.
33. 콘라트 로렌츠 저. 유영미 역. 2004.『야생 거위와 보낸 일 년』. 한문화.
34. 티모스 비틀리 저. 김숲 역. 2022.『도시를 바꾸는 새』. 원더박스.
35. 필립 후즈 저. 김명남 역. 2015.『문버드』. 김명남.
36. 프란스 드 발 저. 이충호 역. 2017.『동물의 생각에 관한 생각』. 세종서적.
37. 한성용 외 12명. 2001.『들고양이 서식실태 및 관리방안연구』. (사)한국야생동물연구소.
38. 히다카 도시다카 저. 배우철 역. 2005.『동물이 보는 세계, 인간이 보는 세계』 청어람미디어.
39. Rob Hume. 2013. RSPB Birdwatching for Beginners. DK.

논문

1. 송원경. 2020. "도시공원에 번식하는 박새의 이소 전후 어미 행동권 분석". 한국환경복원기술학회지 23(1).
2. 이옥준. 2021. "도시 생태계 회복력 향상을 위한 공동주택단지의 조류 다양성 증진 식재방안 연구". 단국대학교 대학원. 박사학위 논문.
3. 임성수. 2013. "야생조류 서식을 위한 대학 캠퍼스 녹지 및 식재구조 개선 연구". 서울시립대학교 대학원. 석사학위 논문.
4. 허윤서. 2014. "서울시; 남북녹지축을 연결하는 도시형 생태통로의 평가 및 활성화 방안". 서울대학교 환경대학원. 석사학위 논문.
5. 홍석환 외 3명. 2009. "야생조류 이동통로 예측을 통한 도시녹지네트워크 설정 연구". 한국지리정보학회지 12(2).

기사 및 웹

1. 고은경. "제주는 잡아 태웠고 울산은 관광자원으로… 전깃줄 떼까마귀 어찌할꼬〔위기의 도심동물들〕". 한국일보(2023.9.7).
2. 김기범. "흔해서 잘 몰랐던 '이웃새' 참새, 천적 피해 '더 무서운' 사람 곁에 산다". 경향신문(2019.8.22).
3. 김대환. "탐조, 낚시 인구만큼 늘어날 수 있다". 인천in(2022.3.2).
4. 김유영, "대한민국에 공항이 24개나 필요한가". 동아일보(2023.8.25).
5. 김정석. "벚꽃 이어 사과꽃도 빠른 개화… 이상고온에 농작물 냉해 비상". 중앙일보(2023.4.5).
6. 김창회. "짝 못 찾은 수컷들, 남의 둥지에 '육아 도우미'로 취직해요". 조선멤버스(2019.4.19).

7. 박찬열. "새마을운동 그후 … 그 많던 참새는 어디로 갔을까". 경향신문(2019.9.19).

8. 송인걸. "역간척 시대 연 천수만… 방조제 허물어 생명의 갯벌로". 한겨레(2018.11.13).

9. 신혜정. "벚꽃 매화 개나리 등 일찍 꽃 피고, 봄이 사라졌다… 전 세계 이상고온". 한국일보(2023.4.2).

10. 송경은. "체르노빌 원전사고 29년, 야생동물이 돌아왔다". 동아사이언스(2015.10.6).

11. 유경종. "콘크리트 도로에 파묻힌 생태둑방길, 아, 공릉천하구". 고양신문(2022.2.18).

12. 유영규. "박새, 여러 울음소리 종합해 '문장'으로 이해하는 능력 있어". SBS(2017.9.11.)

13. 윤순영. "작품 사진으로 보이십니까?… 조류 학대 현장입니다". 한겨레(2022.6.20).

14. 윤재현. "정전사고 골칫거리 까치, 최근 3년간 까치 등 조류 정전 피해 1433건 발생. 12만호 정전 피해". 전기신문(2022.1.31).

15. 이병우, "한국에 '탐조협회'가 필요한 이유". 한겨레(2018.12.13).

16. 이재영. "철새가 텃새된 '골칫거리' 민물가마우지… 둥지 없애 개체수 조절". YTN(2022.7.12).

17. 이재형. "한국의 갯벌, 유네스코 세계유산 등재의 의미". 대한민국정책브리핑(2021.8.4.)

18. 이태무. "새에 푹 빠진 대학생, BBC 같은 다큐 찍는 성덕 될래요". 한국일보(2019.12.21).

19. 이환직. "야간 해루질은 목숨 걸어야…자전거 속도로 물 들어차 '아차' 하면 이미 늦어". 한국일보(2023.6.14).

20. 주영재. "최후의 보루 수라갯벌 위에 기어이 새만금공항을 짓겠다고?". 경향신문(2023.8.20).

21. 하상윤. "만성적자에 환경파괴까지… 케이블카, 욕망의 행렬". 한국일보 (2023.4.1).

22. 하상윤. "도로 뚫린 대구 갈라파고스… 수리부엉이가 기가 막혀". 한국일보 (2023.8.19).

23. 한대광 외 2명. "15곳이나 있는데… 정치권은 또 공항타령". 경향신문 (2023.3.22).

24. 허은주. "새 800만 마리 즉사… 피도 거의 없는, 유리벽 앞 무덤을 보라". 한겨레(2022.7.1).

25. 홍준석. "민물가마우지 유해야생동물 지정… 포획 가능해진다". 연합뉴스 (2023.7.31).

26. 국립생물자원관(https://nibr.go.kr).

27. 네이처링(https://naturing.net).

28. eBird(https://ebird.org).

29. Wikipedia(https://en.wikipedia.org)

강의 및 영화

1. 김성현. 〈참 쉬운 맹금강의〉. 아파트탐조단(2023.3.28).

2. 김성현. 〈도요물떼새〉. 서울의새(2023.10.7.).

3. 김장훈. 〈도시 생태정원 이야기〉. 아파트탐조단(2022.4.26).

4. 박종길. 〈도심 속 아파트 단지를 찾는 조류(나그네새를 중심으로)〉. 아파트 탐조단(2021.4.19).

5. 박종길. 〈아파트 단지를 찾는 조류(여름철새를 중심으로)〉. 아파트탐조단 (2021.6.7.).

6. 박종길. 〈맹금류〉. 서울환경운동연합(2023.10.28).

7. 박진영. 〈기후변화 지표종 강의〉. 서울환경운동연합(2023.8.26).

8. 박찬열. 〈조류다양성을 고려한 도시숲〉. 아파트탐조단(2022.4.19).

9. 조성식. 〈겨울철새〉. 서울환경운동연합(2023.10.23).

10. 최진우. 〈아파트숲, 나무는 행복한가, 새들은 사람은〉. 아파트탐조단 (2022.5.24).

11. 하정문. 〈아파트 단지에서 들을 수 있는 새소리〉. 아파트탐조단(2022.6.7).

12. 한영식. 〈도시곤충의 생태〉. 아파트탐조단(2022.5.9).

13. 황윤. 2023. 〈수라〉.